“十一五”普通高等教育本科国家级规划教材

高等学校化工安全类专业系列教材

化工环境保护与安全技术概论

（第3版）

赵彬侠　　王　晨

黄岳元　　保　宇　编著

U0321105

高等教育出版社·北京

内容简介

本书第一版为普通高等教育"十一五"国家级规划教材。本书根据现代化工生产的特点,结合典型实例,系统而又简明地论述了化工过程中的环境保护和安全生产技术的基础理论和基本方法。全书共分两篇10章。第一篇为化工环境保护技术,重点论述了化工废水、废气、废渣的处理及环境质量评价等;第二篇为化工安全生产技术,重点论述了化工防火防爆、防职业中毒、压力容器和化工检修等安全技术。此外,还以一定的篇幅介绍了化工清洁生产和化工系统安全分析与评价等内容。

本书可作为普通高等学校的化工类、制药类和轻工类及其他相关专业的教材或教学参考书,也可供从事相关专业的研究、设计和管理等工作的工程技术人员参考。

图书在版编目(CIP)数据

化工环境保护与安全技术概论/赵彬侠等编著.--
3版.--北京:高等教育出版社,2021.3(2023.12重印)
ISBN 978-7-04-055401-4

Ⅰ.①化⋯ Ⅱ.①赵⋯ Ⅲ.①化学工业-环境保护-
高等学校-教材②化工安全-高等学校-教材 Ⅳ.
①X78②TQ086

中国版本图书馆 CIP 数据核字(2020)第 273257 号

Huagong Huanjing Baohu yu Anquan Jishu Gailun

| 策划编辑 刘 佳 | 责任编辑 刘 佳 | 封面设计 张 志 | 版式设计 王艳红 |
| 插图绘制 邓 超 | 责任校对 刘丽娴 | 责任印制 田 甜 | |

出版发行	高等教育出版社	网 址	http://www.hep.edu.cn
社 址	北京市西城区德外大街 4 号		http://www.hep.com.cn
邮政编码	100120	网上订购	http://www.hepmall.com.cn
印 刷	北京市白帆印务有限公司		http://www.hepmall.com
开 本	787mm×1092mm 1/16		http://www.hepmall.cn
印 张	19.75	版 次	2006 年 5 月第 1 版
			2021 年 3 月第 3 版
字 数	410 千字	印 次	2023 年 12 月第 5 次印刷
购书热线	010-58581118		
咨询电话	400-810-0598	定 价	38.50 元

本书如有缺页、倒页、脱页等质量问题,请到所购图书销售部门联系调换
版权所有 侵权必究
物 料 号 55401-00

第三版前言

2020年是不同寻常的一年，疫情、自然灾害及各类不安全事故严重影响了人们的生命、健康和社会经济发展，气候变化也使世界粮食安全受到严重威胁。经济复苏离不开实体工业的安全生产，可持续发展离不开环保理念的深入与践行。在此情况下，我们与时俱进，在前两版的基础上，对本书进行修订。如何把丰富的数字化资源和纸质教材内容有机结合，更好地适应当代读者的学习需求，是本次修订重点探讨的问题。

本次修订主要体现如下：

1. 本书以最新研究进展为基础，针对近年环境保护与安全理论和技术的发展及应用，增加和删减了本书第二版部分内容。如增加了光催化、电凝聚浮选法、EM菌剂、非选择性与选择性氧化还原法在污水或废气处理中的应用；粉尘性质表征中安息角、滑动角的概念；清洁生产中原子经济性、生态产业园的循环经济介绍；泡沫灭火剂、防火防爆及相关设备等专业知识。删除了酸碱灭火剂、火灾危险场所区域等级等不再使用或有较大变动的内容。

2. 本书采用国家新标准、新规范、新法规和新的统计数据(截至2020年6月底)对原有相关内容进行了更新、补充和调整。

3. 本版书保持了第二版的基本章节及内容，提供了大量的视频、动画、图片、文档等数字化资源，读者通过扫描页边二维码即可观看，数字化资源拓展了第二版教材的内容，希望借此达到激发读者学习热情的目的。

限于修订者的学识水平，恳请广大读者对书中存在的不足或错误之处给予批评指正，以便在后期的修订中改正、完善。

感谢大家多年来对本书的厚爱，希望本书能够继续得到大家的支持和认同！

编　者

2020年9月

第二版前言

本书自 2006 年出版以来,至今已有 8 年了。8 年来,随着我国全社会对环境保护和安全生产日益高涨的关注和重视,相关科学理论和工程技术有了长足的进步。为了及时反映当今化工环境保护与安全生产技术新进展,我们结合近几年教学和社会实践的体会,对本书部分内容进行修订,修订情况如下:

1. 本书保持第一版的基本章节不变,坚持理论联系实际、系统而又简明的特色,目的是使读者了解、掌握化工环境保护和安全生产工作的基础理论和基本技术,以及相关法规标准。

2. 本书所引用的国家相关法规标准,都依据最新版本(截至 2013 年底)对相应内容进行了修订。例如,环境空气质量标准、安全生产事故管理、空气中有害物质容许浓度、压力容器分类等。

3. 本版书充实并增加了部分内容,以适应社会发展的需要。例如,增加了废水中氮磷的脱除、清洁生产审核、安全生产标准化建设等。

4. 本版书充实、完善了部分相关的基本概念、基本知识,以便于读者自学掌握。

5. 本版书带"＊"章节由第一版的 3 章增至 4 章,增加了选学范围。本书作为教学用书,我们对内容安排的推荐意见是:本课程的基础内容是不带"＊"章节,包括 1 个绪论、2 个概述和 6 个无"＊"章节。

本次修订中,尽管我们做了许多努力,但由于水平有限,书中仍会有不少错误和不妥之处,敬请各位读者批评指正。

编　者
2014 年 3 月

第一版前言

　　化工环保与安全课程是我国面向 21 世纪"化学工程与工艺"专业培养方案中新设置的一门必修工程基础课。本书是针对相关专业的要求,为满足该课程的教学需要而编写的。本书根据现代化工生产的特点,结合典型实例,比较完整、系统而又简明地介绍了化工生产过程中的环境保护和安全生产技术的基本概念、基础理论和基本方法。全书共分两篇十章。第一篇化工环境保护技术,重点介绍了化工废水、废气、废渣的治理及环境质量评价等;第二篇化工安全生产技术,重点介绍了化工防火防爆、防职业中毒、压力容器和化工检修等安全技术。此外,还以一定的篇幅介绍了化工清洁生产、循环经济和化工系统安全分析与评价等内容。本教材着眼于新世纪高素质化工高级专门人才的培养,兼顾理论性、先进性和实用性,特别强调了"源头解决、以防为主"的思想。通过本课程的学习,使学生牢固树立起环境保护意识和安全生产第一的思想观念,掌握化工环境保护和化工安全生产技术的基本原理和基本方法。

　　本教材基本内容是按 2 学分教学所需安排的,但全书内容留有余地,可满足 3 学分教学需要。使用时,可根据不同专业、不同计划和不同要求选择教学内容。推荐其中带"＊"章节作选学内容。本书可作为普通高等学校的化工类、制药类和轻工类及其他相关专业的教材或教学参考书,也可供从事相关专业研究、设计和管理等工作的工程技术人员参考。

　　本书由西北大学黄岳元、保宇编著,华东理工大学何仁龙教授主审。何教授提出了许多中肯、宝贵的意见和建议。在编写过程中,郭人民教授、高新教授参与讨论策划,谢建榕、王亚平、宋桂贤、王燕、黄宇亮等同学参与本书的插图绘制、校对修改等工作;高等教育出版社的翟怡同志对本书的编写编辑给予了大力的帮助,花费了大量的心血。在此一并表示深切的感谢。

　　由于编者水平有限,书中难免出现缺点和错误,敬请读者批评指正。

编　者

2006 年 3 月

目录

第一篇　化工环境保护技术

第二篇　化工安全生产技术

绪论

　　化学是自然科学最重要的组成部分之一,是研究物质的结构、组成、性质及其变化规律的科学,是一门历史悠久而富有活力的学科。化学原理是研究现代化学学科的理论体系,其基本部分包括无机化学、有机化学、分析化学、物理化学、生物化学和化学工程学等。

　　化学品是指各种化学元素、由元素组成的化合物及其混合物,包括天然的和人造的。化学工业(简称化工)是主要依据化学原理人工生产符合一定质量指标的化学品的工业。应该指出,冶金(包括钢铁、有色金属及稀有金属的冶炼)、硅酸盐(玻璃、水泥、陶瓷、耐火材料等)、造纸、制革和制糖等工业,其生产基本原理和过程与化学工业相同,应包含在广义大化工的范畴。但为便于管理和协调,现在已从化学工业中分离出去了。尽管如此,化学工业仍是一个多行业、多品种,为国民经济各部门和人民生活各方面服务的工业。在现代社会里,人们生活和生产都离不开化工产品:化肥农药保障和促进农作物丰产高产;质地优良、品种繁多的合成纤维极大地丰富了人们衣着服饰;合成药品提高了人们抗病防病的能力;各种合成材料普遍应用于建筑业及汽车、轮船、火车、飞机等制造业,一些化学品具有耐高温、耐低温、耐腐蚀、耐磨损、高强度、高绝缘等特殊性能,使其成为现代航天航空技术、核技术及电子技术等尖端科学技术不可缺少的材料……

　　化学工业是国民经济建设的支柱产业之一,为现代社会生活和经济发展做出了巨大的贡献。但与世界上其他一切事物一样都具有两重性,化工生产的蓬勃发展也同时附带着相当大负面作用的隐患,即化工生产时,如若处理不好,会对周围的人和环境造成或大或小的损害。按一般习惯,人们把这种损害中过程较慢、影响范围大(超出化工厂的范围)、持续时间长的,称为环境污染与环境保护问题;把短时就造成人员伤亡和财产损失、损害范围相对小、持续时间相对短的,称为生产事故,属安全生产问题。因此,环境保护问题实质也是安全问题,即环境安全问题。虽然这两个问题研究的出发点与侧重点有所不同,但总目标是一致的,即以人为本,科学发展化工生产、造福人类社会。没有安全生产就不可能有正常的化工生产,化工环境保护问题不解决就难以有可持续发展的化学工业。化学工业整体是这样的,对具体的个别的化工产品生产也是如此。此外,在化工行业,生产事故与环境污染事件常是相互伴生、互为因果的,重大的化工生产事故往往引发重大的环境污染事件,而严重的环境污染首先伤害的是生产现场人员及设备。另外,化工污染的防治与化工安全生产的实施,在依据的基本原理和采用的基本方法等方面有不少是相通的,是可以互相借鉴的。

一、现代化学工业的生产特点

人类用化学方法进行生产活动最早始于公元前 8000 年前的陶器制作,其后又发明金属冶炼、烧石灰、晒盐、加工天然碱等,这些均是以手工生产为主的传统化学工业。18 世纪末(1791 年)法国的路布兰制碱法工业化,标志着以机器生产为主的现代化学工业时代开始,从此化学工业得到空前快速持久的发展。与传统的化学工业相比,现代化学工业一般具有以下四个特点。

(1)生产所涉物料多、有害危险品多:目前,全世界有文献登录的化学品已有 1 000 余万种,作为商品上市的有 14 余万种,而且现在每年都有 1 000 多种新化学品被投放市场,这些化学品基本都采用了化工方式生产。化工生产同一种产品往往可采用多种不同的原料和方法,而同一种原料也可制取多种产品。因此化工生产涉及的原料、中间产品和成品等物料种类繁多。这些满足了现代社会多样化需求,但所涉物料许多属易燃易爆、有毒害、有腐蚀、有放射性的危险化学品。我国国家安全生产监督管理总局 2015 年 2 月公布的《危险化学品目录(2015 版)》列出的危险化学品有 28 类共 2 828 种,再加上生产场所各种粉尘等就更多了。其总量占化工生产所涉物料的 70% 左右。

《危险化学品目录(2015 版)》

(2)生产工艺条件苛刻:现代化工广泛采用高温、高压、深冷、真空等工艺条件,显著提高了单机效率,缩短了产品生产周期,使化工生产获得更佳经济效益。如由轻柴油裂解制乙烯,进而在生产聚乙烯的生产过程中,轻柴油在裂解炉中的裂解温度为 800 ℃;裂解气要在深冷(−96 ℃)条件下进行分离;纯度为 99.99% 的乙烯气体在 295 MPa 压力下聚合,制取高压聚乙烯树脂。同时,这些苛刻的工艺条件不言而喻是发生爆炸、火灾等事故的危险源。

2019 世界化工 50 强

(3)生产规模大型化、综合化:20 世纪 60 年代以来化工单系列生产装置规模大型化发展迅速。以化肥为例,20 世纪六七十年代,我国建成投产了 2 000 余座 3×10^3 t/a 合成氨的小氮肥厂。而 20 世纪 80 年代以后,合成氨生产装置标准设计规模为 $3 \times 10^5 \sim 5 \times 10^5$ t/a,而两者设计定员相近。乙烯装置的单机生产能力也已从 20 世纪 50 年代的 10^5 t/a,发展到 20 世纪 70 年代后的 10^6 t/a 以上。炼油装置的标准生产能力则从 20 世纪 50 年代的 10^6 t/a 发展到 20 世纪 90 年代以后的 10^7 t/a。同时,大多化工厂的生产综合性很强,产品种类繁多,涉及范围很广。采用大型装置显著降低了单位产品的建设投资、能耗和生产成本,极大地提高了经济效益。另一方面,大型装置一旦发生事故,造成的损害要比中小装置大得多。

（4）生产过程连续化、自动化:化工,尤其是基础大化工的生产已经从过去主要靠人工操作、间断生产转变为高度自动化、连续化生产,生产设备由敞开式变为密闭式,生产装置从室内走向露天,生产操作由分散控制变为集中控制,进而又发展为计算机控制,如 SCADA（数据采集与监控系统）、DCS（分布式控制系统）、PLC（可编程逻辑控制器）等控制系统在化工企业都得到了广泛的应用,某些生产工段的控制甚至采用了人工智能（AI）系统。极大地提高了劳动生产率。但如果有一个仪器、仪表或软件发生故障,就可能造成全系统的生产事故。

现代化工这些特点存在的负面效应是:化工生产过程处处存在危险因素、事故隐患,一旦失去控制,事故隐患就会转化为事故。而这些事故往往是燃烧、爆炸、毒害、污染等多种危害同时发生的,会对人身和环境造成巨大的损害,对财产造成巨大的损失。因此,化学工业较其他工业生产部门对人员和环境的安全具有更大的危险性。

二、典型化工环境污染与安全生产事故的危害

1. 典型化工环境污染事件的严重危害性

环境污染作为一个重大的社会问题受到世人关注,是从产业革命时期开始的。产业革命的故乡——英国伦敦市早在 1873 年发生第一次煤烟型大气污染事件,导致 268 人死亡,其后又于 1880 年、1882 年、1891 年和 1892 年连续发生了一系列类似污染事件,每次都造成成百上千人员的伤亡。

进入 20 世纪,特别是第二次世界大战之后,科学技术、工业生产、交通运输都有了迅猛的发展,尤其是化学工业的崛起,随着工业分布过分集中,城市人口过分密集,环境污染由局部逐步扩大到区域,由单一的大气污染扩大到大气、水体、土壤和食品等各方面的污染,酿成了不少震惊世界的公害事件。所谓世界八大公害事件,就是指 20 世纪 30 年代至 60 年代被媒体曝光的在一些工业发达国家中发生的对公众造成严重危害的典型环境污染事件,其简介见表 0-1。

表 0-1　世界八大公害事件简介

事件	概况	主要原因
比利时 马斯河谷烟雾事件	1930 年 12 月 1—5 日,该河谷地区大气烟雾笼罩,一周内几千人发病,63 人死亡	该地区集中多家炼焦、炼钢、硫酸、化肥、发电等工厂,排出大量烟尘、SO_2 等,再加持续逆温层（无风）笼罩
美国 多诺拉镇烟雾事件	1948 年 10 月 26—31 日,该小镇烟雾笼罩,全镇 14 000 人中 10 天内就有 6 000 人发病,20 人死亡	该小镇地处山谷中,又是硫酸、炼钢、炼锌等工厂集中地,排出大量烟尘、金属颗粒、SO_2 等,再加持续逆温层笼罩

续表

事件	概况	主要原因
英国伦敦烟雾事件	1952 年 12 月 5—9 日，该市烟雾笼罩，前 4 天死亡 4 000 人，此后 2 个月又死亡 8 000 人	伦敦市时值冬季取暖并多个大电厂耗用燃煤，排出大量烟尘、SO_2 等，再加持续逆温层笼罩
美国洛杉矶光化学烟雾事件	仅 1955 年 9 月一次，该市由于大气中弥漫浅蓝色烟雾，短短两天内 65 岁以上老人就死亡 400 余人。此前及后，曾发生多次	该市面临大海，三面环山，拥有密度最高的汽车及较多工业，排出大量的 NO_x、CO 和碳氢化合物，在低湿高温及强紫外线作用下，生成含 O_3、NO_x、乙醛等有毒烟雾
日本水俣病事件	1953—1968 年在日本水俣湾地区，出现大量神经受损患者。据 1972 年统计，重病者 1 000 余人，死亡 206 人，实际远超此数	该地的日本氮肥公司向水体排放含汞废物，经水生生物食物链，转化为剧毒的甲苯汞，最后进入人体，破坏神经系统
日本富山事件	1955—1977 年，日本富山县发现许多人全身骨骼奇痛，而后畸形骨折，最后疼痛而死。统计有 200 多人死亡	当时有多家锌、铅冶炼厂排放含镉废水污染水体，当地居民长期饮用含镉河水和食用含镉稻米所致
日本四日市烟雾事件	1955—1972 年，该市天空终日污浊不堪，哮喘病患者剧增。统计有患者 6 376 人，死亡数十人	四日市以石油化工城著称，每日排放大量烟尘、SO_2 等，危害当地居民呼吸道所致
日本米糠油事件	1968 年 3 月起，日本九州、四国地区出现许多肝和皮肤病变患者。统计有患者 5 000 余人，死亡 16 人及许多牲畜	九州一食用油厂生产时，因操作失误，致使米糠油中混入工艺中用作热载体的多氯联苯。人、畜食用后致中毒

还原型烟雾（伦敦型）和氧化型烟雾（洛杉矶型）比较

可见世界八大公害事件中有 6 件直接由化工（及广义化工）造成。其实世界上大的污染事件远不止这些。20 世纪 60 年代以后也发生过许多更严重的环境污染事件。但这八大事件均发生在发达国家工业化、城镇化快速发展时期，其发生过程和内外原因及治理对策，均极具典型性和启示性。

近三四十年来，我国的经济建设进入快车道，政府也一直积极主导环境污染治理，但环境形势仍很严峻。2013 年 1 月 14 日，亚洲开发银行和清华大学联合发布的环境分析报告指出：世界上污染最严重的 10 个城市中，我国占 7 个，我国 500 个大型城市中，只有不到 1% 达到世界卫生组织制定的空气质量标准。我国 82% 的江河湖泊受到不同程度污染，水质达饮用标准的不到 40%，近年来也发生多次由于工业企业未做好三废防治工作造成的严重环境污染事件。如 2004 年 2 月四川某大型化工厂在一次设备泄漏事故中向沱江里排放了大量高浓度的氨水，使 600 余千米长江段的水 26 天无法饮用,水中绝鱼,造成直接损失 2 亿多元人民币。又如,20 世纪 70 年代,唐山市一化工厂堆放的铬酸酐废渣污染地下水事件,污染面积达 14 km²,水中 Cr^{6+} 含量高达 45 mg/L,为国家标准的 900 倍。近几年,国内有些地方甚至谈"化"色变,如基本化工原料 PX(对二甲苯)项目,因被质疑污染重而招致厦门、大连等多地居民反对的群体事件。这既显示现在社会大众环保意识的增强,也表明化工已到了不搞好污染治理就无法生存的地步了。

2. 典型化工安全生产事故的巨大破坏性

一些发达国家(如日本)的统计资料表明,在工业企业发生的爆炸事故中,化工企业占了 1/3,每起事故的受害人数约为 27 人,单起化工安全生产事故造成的人身伤亡和财产损失量之大是其他部门无法比拟的。随着生产技术的发展和生产规模大型化,安全生产已成为社会问题,因为一旦发生火灾和爆炸事故,不但导致生产停止、设备损坏、原料积压,造成社会生产链中断,使社会生产力下降,而且还会造成人身伤亡、环境污染,产生无法估量的损失和难以挽回的影响。例如,1984 年 12 月印度博帕尔农药厂异氰酸甲酯泄漏事件,受害人数达 200 000,死亡人数 6 000,双目失明 50 000 人,150 000 人终身残疾。1973 年南非一家化肥厂发生爆炸,造成 82 人死亡。近年来,我国化工产业发展势头迅猛,2018 年全国化工总产值约占世界的 40%,居世界第一位。虽然我国在安全生产方面取得了长足的进步,但化工和危险化学品安全生产形势依然严峻,重特大事故时有发生,如 2015 年的天津滨海"8·12"事故,2019 年的江苏响水"3·21"事故、山东济南"4·15"事故、河南三门峡"7·19"事故、2020 年浙江温岭"6·13"槽罐车爆炸事故等重特大化工安全事故,严重影响到化工产业的健康发展,也给人民生命财产造成了重大损失。

可见,安全生产已成为化工生产发展的关键问题。因为,装置规模的大型化,生产过程的连续化无疑是化工生产发展的方向,但要充分发挥现代化工生产的优越性,必须实现安全生产,确保装置长期、连续、安全运行。否则规模越大、生产越连续,涉及的物料能量越大,一旦发生事故,损失也越大。例如,年产 30 万吨的合成氨厂因一个设备事故而停产一天,就会少生产合成氨 1 000 t。开停车越频繁,经济上损失也越大。因此安全生产是现代化工生产发展的前提和保证。

印度博帕尔
事故视频

天津滨海
"8·12"
事故

江苏响水
"3·21"
事故

浙江温岭
"6·13"
事故

三、我国的环境保护与安全生产事业

1. 我国的环境保护事业

随着环境问题的暴露,人们对环境问题的认识也在不断发展。一些发达国家在 20 世纪 60 年代后期,先后制定了有关环境保护的条例和法规,如日本在 1967 年制定了《公害对策基本法》;美国国会在 1969 年通过了《国家环境政策法》等。1972 年 6 月联合国在斯德哥尔摩召开了人类环境会议,会议通过了《人类环境宣言》,唤起全世界对环境问题的关注。许多国家相继把环境问题摆上了国家的议事日程,建立环保管理

机构,制定相关法律,加强管理和指导,采用新技术,使部分(主要是工业发达地区和国家)环境污染得到有效控制。

我国的环境保护事业起步较晚。1972 年 6 月,我国派出代表团出席了斯德哥尔摩的联合国人类环境会议。从此,环境保护工作正式列入我国议事日程,得到了较快的发展。

中华人民共和国生态环境部

1973 年以来,我国从中央到地方陆续建立了环境管理机构和科研教育机构。1984年成立国务院环境保护委员会,并将城乡建设环境保护局改为国家环境保护总局,2008年升格为环境保护部。2018 年,为进一步加强环境治理,保障国家生态安全,在整合原有分散职能部门的基础上,组建了国家生态环境部,统一负责生态环境监测和执法工作,监督管理污染防治、核与辐射安全,组织开展中央环境保护督察等。同时,我国各省(区)、市(地)县也成立了相应的环境保护厅(局),形成了完整的环境管理体系。

《中华人民共和国环境保护法》

1978 年 3 月和 1982 年 12 月全国人民代表大会通过的《中华人民共和国宪法》(以下简称《宪法》)都明确规定:国家保护环境和自然资源,防治污染和其他公害。国务院宣布"保护环境是我国的一项基本国策"。全国人民代表大会在 1989 年 12 月 26 日正式通过了《中华人民共和国环境保护法》,并在 2014 年 4 月进行了新的修订。这些基本的环保法,为制定环境保护的其他法规提供了依据。如最新的《中华人民共和国固体废物污染环境防治法》在全国人大 2020 年 4 月 29 日修订并通过,自 2020 年 9 月 1 日起开始施行。随着我国社会经济的发展,相关的环保法律法规也在不断健全和完善,迄今已逐步形成了由国家法律、国际条约和地方法规相结合的环境保护法律法规体系。

我国环境保护方针是"三同步"和"三统一",即:经济建设、城乡建设和环境建设同步规划、同步实施、同步发展,实现经济效益、社会效益与环境效益的统一。我国环境保护的基本政策是:预防为主,防治结合;谁污染,谁治理;强化环境监督管理。我国的环境保护原则是:环境保护坚持保护优先、预防为主、综合治理、公众参与、损害担责。

为保障国家环境法的贯彻,国家环保部门建立、完善了环保管理制度,如常说的 8 项制度:"三同时"(即建设项目中防治污染的设施,必须与主体工程同时设计、同时施工、同时投产使用)制度;环境影响评价制度;排污收费制度;环境保护目标责任制;排放污染物许可证制度;城市环境综合治理定量考核制度;污染集中控制制度;污染限期治理制度等。

此外,我国《刑法》也设置了"环境污染罪"(最高为有期徒刑 7 年)。这样,违法造成重大环境污染的单位及责任人不仅要受到行政处罚和民事(经济)处罚,而且可能受到刑事处罚。中央政府相关部局多次联合提出数批限期治理的严重污染环境的企业名单,并下令关闭一大批严重污染环境而又无法(或不值得)改造的小企业,而且有相当数量的环境污染责任人被追究了相应的刑事责任。

近 50 年来,我国的环境保护事业从无到有,经历了由浅入深、由"小环境"到"大环境",由片面到全面的过程。达到了目标明确、有法可依的较成熟阶段,并取得了相当的成效。

2. 我国的安全生产事业

可能是由于安全生产事故危害的直观性和直接性,与环境保护问题相比较,人们对安全生产问题的研究要早得多,认识也深刻得多。早在 1931 年,我国中央苏区政府就颁布了第一部《劳动法》。中华人民共和国成立后,《宪法》明确规定:国家要加强劳动保护,改善劳动条件等。此外,我国先后颁布了《中华人民共和国安全生产法》《石油化工企业设计防火规范》《石油化工企业职业安全卫生设计规范》《石油化工剧毒、易燃、可燃介质管道施工及验收规范》等一系列有关劳动保护和安全生产的法律、法规、标准、规范。除了各种国家级的安全生产法律法规以外,各地方政府也在国家法律法规的框架下,建立起适合本地安全生产的相关法律体系。迄今,我国已经形成了较为完备的安全生产法律法规体系,逐步使安全生产走上了法制化、规范化、标准化、科学化、系统化的轨道。

《中华人民共和国安全生产法》

与此同时,我国的安全生产管理部门也在不断发展健全。例如,从 1999 年 12 月成立的国家煤矿安全监察局开始,到 2001 年 2 月经国务院批准组建的国家安全生产监督管理局,再到 2018 年 3 月成立的中华人民共和国应急管理部。另外,各个行业和地方均已建立起相应的安全监督管理部门。各部门依法施政,已经形成了综合监管与行业监管互动的管理体制和“政府统一领导,部门依法监督,企业全面负责,群众监督参与,社会广泛支持”的安全生产工作格局,使我国的安全生产事业不断进步。

中华人民共和国应急管理部

我国的安全生产指导方针经过几次修改,在 2014 年修订实施的《中华人民共和国安全生产法》第一章,第三条明确提出了安全生产方针,即:安全生产工作应当以人为本,坚持安全发展,坚持安全第一、预防为主、综合治理的方针,强化和落实生产经营单位的主体责任,建立生产经营单位负责、职工参与、政府监管、行业自律和社会监督的机制。为达到安全生产目的,与时俱进地建立并完善了一系列行之有效的管理制度。例如,安全生产责任制、安全评价制度、安全教育制度、安全生产检查和监督制度、事故报告处理制度、工伤保险制度等。生产经营单位的安全生产要坚持三个基本原则,即工程建设“三同时”原则:凡是新建、改建、扩建的工矿企业和技改工程项目,都必须有保证安全生产和消除有毒有害物质的设施,这些设施要与主体工程同时设计、同时施工、同时投产使用。而在生产活动中,企业的各级领导必须实行安全和生产的“五同时”,即在计划、布置、检查、总结、评比生产时,同时计划、布置、检查、总结、评比安全工作。万一发生了事故,除必须按规定向各级安全生产监督管理机构及时报告外,还必须贯彻事故处理“四不放过”原则,即事故原因分析不清不放过、事故责任者和群众没有受到教育不放过、没有落实防范措施不放过、事故责任人没有受到严肃处理不放过。以吸取教训、防止同类事故再次发生。

我国《刑法》中设置有多种重大责任事故罪,规定由于违法违规发生重大安全事故的责任人,最高处 7 年有期徒刑。即重大事故责任人,不仅面临行政、经济处罚,还可能有刑事处罚。

经多方努力,我国安全生产形势近十年来已有明显好转。例如,过去我国因各类事故每年死亡人数一直徘徊在 13 万人左右,2009 年已降至 10 万人以下,2019 年全年我国各类生产安全事故共死亡 29 519 人。虽然我国的安全生产取得了长足的进步,但是事故总量仍处在高位,重特大事故时有发生,必须保持思想上警钟长鸣,工作上常抓不懈,严格遵守实施各项安全法律法规,践行各项生产安全管理规章制度,各监管部门和生产部门通力合作,才能使安全生产不断稳定趋好。

四、贯彻预防战略,搞好化工环境保护和安全生产

人们对环境保护和安全生产重要性的认识,有一个从不重视到重视、从少数精英重视到普通大众普遍重视的过程;人们对解决环境保护和安全生产问题的方针,也有一个从事后治理、被动处理到事前消除、防范的过程。现在我国对建设项目的环境保护和安全设施均要求执行"三同时"的方针,均要搞风险评估,即安全评价和环境影响评价。这就是说,从项目的规划开始,就要考虑环保和安全问题。而且,这种意识要贯穿于项目设计、施工、投产各个阶段;不仅搞环保和安全的专业人员要考虑,而且工艺、设备、建筑、仪表、控制等各个专业人员都要考虑,尤其是工艺技术人员负有特别重要的责任。因为工艺路线和原料路线的选择、厂址的选择、车间和设备布置、设备类型的选择及设备、电气、仪表、建筑等设计条件的提出和确定都是工艺专业的责任,而这些因素都与环保和安全问题息息相关。作为一名负责任的、有作为的化工企业经营管理和技术管理者,应主动认真地贯彻环保和安全的预防战略,充分认识环保和安全是现代化工生产技术的两个必要组成部分,从源头解决环保和安全问题,采用本质安全和环保的"绿色产品、技术、工艺、工程",实现化工清洁生产。只有这样,化工生产才能在环保和安全问题上真正变被动为主动。

复习思考题

1. 试分析现代化工生产的特点。
2. 为什么说安全生产已成为化工生产发展的关键问题?
3. 举例说明现代化工已到了不搞好污染治理就无法生存的地步了。
4. 简述我国环境保护指导方针和基本政策。
5. 简述我国安全生产的指导方针和三个基本原则。
6. 谈谈你对贯彻预防战略、搞好化工环境保护和安全生产的认识。

第一篇

化工环境保护技术

概述

化工环境保护技术就是在发展化工生产的同时,保护环境不受损害的科学原理和方法措施。

一、环境与环境保护

环境保护科学中的环境一词是相对于人类而言的,即环境是以人类为主体的客观物质体系。在《中华人民共和国环境保护法》中对环境的内涵作了如下规定:"所称环境,是指影响人类生存和发展的各种天然和经过人工改造的自然因素的总体,包括大气、水、海洋、土地、矿藏、森林、草原、野生生物、自然遗迹、人文遗迹、自然保护区、风景名胜区、城市和乡村等"。

《中华人民共和国环境保护法》

环境,这个自然因素的总体,有两个基本特性:一是具有相对稳定合理的结构和组成;二是具有一定的功能,其最主要的功能是保障人类和其他生物的生存和发展。两者紧密联系、相互影响,而前者又是后者的基础。环境原有结构或组成破坏了,则原有功能就会削弱,甚至消失,这就会发生环境危机。为了应对此情,人们开展了环境保护工作,其根本任务是防止破坏环境原有基本结构和组成,维护环境正常功能。

现在的世界是由人类和环境组成的体系,这是个相互作用、相互影响、相互依存的对立统一体。人类的生存发展是以环境为物质基础的。人类生产生活所需原料、能量取自环境,同时排出的废物最终又回到环境。随着生产、生活水平的不断提高,这种摄取和返回的流量不断增大。但环境的供给和容纳的能力不是无限的,而是存在一个极值,叫环境承载力(即在一定条件下,在不引发环境功能质的改变前提下,环境所能承受的人类活动的阈值。其量度主要有自然资源供给、污染承受能力和社会支持条件三类指标)。当人类活动所摄取和排弃量超过环境承载力时,环境原有功能会发生质的变化,即人类的生存条件恶化,这就是环境危机。环境危机分为两类:一类是由于环境资源被过度开发摄取造成的;另一类是由于环境被排入过多的废物造成的,这就是通常所说的环境污染。由于种种原因,现在环境危机主要表现是环境污染问题。人们开展的环境保护工作也主要是促进减排,治理污染。

2019 年全国
生态环境质
量简况

环境承载力中的污染承受能力,也常用环境容量来表示。环境容量定义是:在人类生存和自然生态不致受害的前提下,某一环境所能容纳污染物的最大负荷量。此外,由于环境本身是个动态平衡系统,对其中各种物质的变化有一定的调节能力,即对进入环境的废物(包括非人工废物)经一系列的物理、化学和生物作用变化而分解和转化掉,环境自动恢复到原来状态。这就是环境的自净能力,它与环境容量意义相当,两者在数值上成正比。当环境中被排入超过当地环境容量的废物时,环境不能自净,就被污染了。环境容量是可以估算的,如有专家指出,要使我国全年每天都达到可适于户外活动的 Ⅲ 级天气,使可作自来水水源的地表水都符合 Ⅲ 级的水质指标,需分别控制 SO_2 和 COD(化学需氧量)的年排放量在 1 200 万吨和 800 万吨以下。这两个数字就是我国 SO_2 和 COD 的环境容量。

2019 年全国
地表水、环
境空气质量
状况

当前,世界大多数国家正处在工业化、城镇化快速发展时期,人类活动排出的废物量远超环境容量,且越来越严重。由于事关人类生存和发展,为了有效抑制“三废”排放,给环境减负,做好环境保护工作,全人类都行动起来了。如各国环保管理机构和世界协调机构均已建成并有效运行,研究环境保护理论和技术的专门学科日趋成熟,各国环境保护产业发展势头强劲。

二、化工环境保护工作和化工污染物

化工环境保护是社会整体环境保护事业中的重要部分。根据美国排放毒性化学品目录(Toxics Release Inventory,TRI)在 1994 年发表的统计结果,世界上排放废物最多的 10 类工业中,化学工业名列榜首,而且,其每年排放的废物是其余 9 个工业行业的总和。化工环保工作任重道远。化工环境污染治理工作做好了,将对整体工业的环境保护事业起决定性影响。这不仅是化工环保工作所占的比例大,而且还在于它的污染物的多样性及污染治理工作的复杂性。化工环境污染物的种类几乎包括所有工业污染物种类,而且数量极其巨大。另外,在目前治理工业污染的工程技术中主要是化学工程和生化工程技术。所以化工污染治理方法必将为其他工业污染治理所采用或借鉴。搞好化工环境保护工作不仅是化学工程技术人员的本职工作,也是化工技术人员承担的光荣的社会职责。

第二次全国
污染源普查
公报

据统计,我国的工业污染在环境污染中占 70%。我国对工业污染的治理十分重视,经各方努力,已取得了比较明显的效果。截至 2010 年底,我国污染治理率为:社区城市污水 77.5%,工业废气 71%,工业废渣综合利用率 61%。

如前所述,化学工业是环境污染最为严重的工业行业,从原料到产品,从生产到使用,都有造成环境污染的因素。现代化工的特点是量大和多样化。原料消耗量大、产品量大、废物也多。产品多样化、原料多样化、生产方法也是多样化。随着化工产品、原料和生产方法的不同,所产生的污染物也多种多样。弄清这些污染物的来源和种类对于防治是必要的。

化工污染物的种类,按污染物的性质可分为无机物污染和有机物污染;按污染物的形态可分为废气、废水及废渣。化工污染物都是在生产过程和使用过程中产生的,其产生的原因和污染环境的途径是多种多样的。化工污染物的主要来源可分为以下两个方面。

（一）化工生产的原料、半成品及产品

1. 化学反应不完全

目前,所有的化工生产中,原料不可能全部转化为半成品或成品,其中有一个转化率的问题,即原料实际转化率<原料平衡转化率≤100%。未反应的原料,虽有部分可以回收再用,但最终总有一部分因回收不完全或不可能回收而被排放掉,其排放后便会造成环境污染。化工生产中的"三废",实际上是生产过程中流失的原料、中间体、副产品,甚至是宝贵的产品。例如,农药行业的主要原料利用率一般只有 30%～40%,有60%～70%可能会以"三废"形式排入环境。因此,对"三废"的有效处理和利用,既可减少环境污染,又可创造经济效益。例如,某药业公司生产喹乙醇,每吨产品所需的原料消耗达 7.2 t,除掉原料中的水分,实际原料消耗达 3 t,故原料的实际利用率只有 33% 左右,剩余的 67% 原料以"三废"形式排入环境。这其中还不包括辅料及能源的消耗。又如,氮肥工业利用氨与硫酸的中和反应制取硫酸铵时,虽然反应过程比较简单,技术也比较成熟,但原料 260 kg 氨＋750 kg 硫酸,其质量有 1 010 kg,生产的硫酸铵却只有1 000 kg,还有约 1% 的原料不能有效反应,随着废气排到空气中去了。再如,硫酸工业制造硫酸时,最后的工序是用硫酸吸收三氧化硫,吸收后的废气排入空气中,其中既含有硫酸不吸收的二氧化硫,也含有吸收不完全而随着废气排掉的三氧化硫和硫酸雾。

2. 原料不纯

化工原料常常含有杂质。这些杂质因一般不参与化学反应,最后也要排放掉,而且许多杂质为有害的化学物质,对环境会造成严重污染。有些化学杂质还会参与化学反应,而生成的反应产物同样也是目的产物的杂质,也是有害的污染物。例如,氯碱工业电解食盐溶液制取氯气、氢气和烧碱,只能利用原料食盐中的氯化钠,其余约占原料10% 的杂质则排入下水道,成为污染源。

3. 物料泄漏

由于生产设备、管道等封闭不严密,或者由于操作水平和管理水平跟不上,物料在储存、运输及生产过程中,往往会造成相关物料的泄漏,习惯上称为"跑、冒、滴、漏"现象。这一现象不仅造成经济上的损失,同时还可能造成环境污染,甚至会引发安全生产事故。

4. 产品使用不当及其废物

化肥不合理使用,会使土壤板结,流入水体会产生"富营养化"问题;塑料制品用后随意废弃,会产生"白色污染";氟里昂大量使用,会破坏臭氧层,这些都是众所周知的典型事例。

白色污染

（二）化工生产过程中排放出的废物

这里讨论的是化工生产的原料、成品及半成品以外的生产过程废物。

1. 燃烧过程

白色污染——
塑料世界的
恐怖

化工生产过程一般需要在一定的压力和温度下进行,因此需要有能量的输入,从而要燃烧大量的燃料。但是在燃料的燃烧过程中,不可避免地要产生大量的废气和烟尘等有害物质,对环境造成危害。

烟气中各种有害物质的含量与燃料的品种和燃烧条件有很大关系。有人对我国使用的典型煤炭、燃油和天然气燃烧时产生的各种污染物的排放量进行统计,其结果列于表 I-1 中。

氟里昂

表 I-1　燃烧各种燃料的污染物排放量

污染物	排　放　量/kg					
	燃烧 1 t 煤炭		燃烧 1 m^3 燃油		燃烧 100×10^4 m^3 天然气	
	大用户	小用户	大用户	小用户	大用户	小用户
CO	0.23	22.7	0.05	0.238	甚微	6.3
NO_x	9.08	3.62	12.47	8.57	6 200	1 843
SO_2	16.72*		18.68*		630	
烟尘	3	11	1	1.2	239	302

臭氧层

注:1. 表中 * 指煤炭或重油中硫的含量;

2. 大用户指大型工业锅炉,小用户指小型锅炉。

2. 冷却水

化工生产过程中除了需要大量的热能外,还需要大量的冷却水。例如,生产 1 t 烧碱,大约需要 100 t 冷却水。在生产过程中,用水进行冷却的方式一般有直接冷却和间接冷却两种。采用直接冷却时,冷却水直接与被冷却的物料进行接触,这种冷却方式很容易使水中含有化工物料,而成为污染物质。但当采用间接冷却时,虽然冷却水不与物料直接接触,但因为在冷却水中往往加入防腐剂、杀藻剂等化学物质,排入环境水系也会造成污染。即便没有加入有关的化学物质,冷却水也会对周围环境带来热污染问题,它会影响到渔业生产,因水温升高使水中溶解氧减少;另一方面又使鱼的代谢率增高而需要更多的溶解氧。鱼在热应力作用下发育受到障碍,甚至死亡。一般水生生物能够生存的水温上限是 33~35 ℃,大约在此温度下,一般的淡水有机体还能保持正常的种群结构,超过这一温度就会丧失许多典型的有机体。藻类种群也随温度而发生变化,在具有正常混合藻类种群的河流中,20 ℃时,硅藻占优势;30 ℃时,绿藻占优势;35~40 ℃时,蓝藻占优势。蓝藻占优势时会发生水污染,水有不好的味道,不宜供作自来水,有些蓝藻种属对牲畜和人类还有毒害作用。

3. 副反应和副产品

化工生产中,所进行的反应并不一定是简单的化合反应,所以副产物的生成在所难免。而且很多反应也存在着人们并不希望发生的副反应,尤其在一些精细有机化工行业,副产物的数量不容忽视。虽然有些副产物经过回收之后可以成为有用的物质,但这些副产物往往成分比较复杂,要进行回收存在许多困难,经济上不划算,所以这些副产物常作为废料排弃。若这些废料处理不当,就会引起环境污染。

例如,磷肥工业中用硫酸与磷矿反应制取磷酸,同时还生成废渣磷石膏:

$$Ca_3(PO_4)_2 + 3H_2SO_4 + 6H_2O \Longrightarrow 2H_3PO_4 + 3CaSO_4 \cdot 2H_2O$$

又如,纯碱工业中利用氢氧化钙分解氯化铵回收氨时,同时生成氯化钙,氯化钙随水排放而形成废水:

$$Ca(OH)_2 + 2NH_4Cl \Longrightarrow 2NH_3 \uparrow + 2H_2O + CaCl_2$$

4. 催化剂和溶剂

现代化工生产过程中催化剂的应用极其广泛。催化剂在磨损、活性降低、中毒失活后如果不能再生利用,就将会成为一种废物存在。催化剂中的金属,Al_2O_3、SiO_2 或分子筛等载体都有污染环境的隐患,所以必须要进行合理的处置。

有些化工生产过程中会用到大量有机溶剂,这些溶剂在多次重复回收使用后也会因为性质改变或含杂量太高而废弃,处置不当也会导致环境污染,甚至造成着火爆炸的事故。

5. 生产事故造成的化工污染

化工中比较经常发生的事故是设备事故。由于化工生产的原料、成品或半成品很多具有腐蚀性,容器、管道等很容易被腐蚀坏。如检修不及时,轻则会出现"跑、冒、滴、漏"等现象,流失的原料、成品和半成品就会造成对周围环境的污染。重则会发生其他如火灾、爆炸等恶性事故,不但会造成严重的人员伤亡,直接财产损失,还往往造成重大的环境污染事件,如前文已提到的多次重大事故。例如,2005 年 11 月吉林石化公司双苯厂由于误操作引发爆炸事故,致 8 人死亡,60 人受伤,并引发重大的松花江水环境(苯类物)污染事件,江中形成 100 多千米长的污染团,严重影响沿江上千万人的饮用水和环境生态。再就是工艺过程事故,由于化工生产条件的特殊性,如反应条件没有控制好或催化剂没有及时更换,生成了非目的产物,需排放;或者因参数超标为了安全而大量排气、排液。这种废气、废液和非目的产物,数量比平时多,浓度比平时高,就会造成严重污染。

2005 年松花江水污染事件

三、化工环境保护技术内容简介

化工环境保护技术是环境保护学科的一个分支,是化工专业开设的环境保护工程学,它是一门以工程手段防止化工污染、保护环境的综合性的科学技术,主要包括 3 方面内容。

1. 化工污染的防治

化工污染的防治主要是:查清楚化工污染产生的原因,研究防治污染的原理和方法,设计消除污染的工艺流程及设备。化工废水污染防治、化工废气污染防治、化工废渣处理等为本篇的侧重部分。本书由于篇幅有限,对化工中影响相对小的噪声、电磁波及核辐射等污染的防治问题未予讨论。

2. 环境质量评价

环境质量评价工作是研究环境中污染物质的成分、性质、来源、含量和分布状况,变化趋势以及对环境的影响;按照一定的标准和方法对环境质量进行定量和半定量的评定和预测,为制定规划、采取措施和加强管理提供科学依据。

3. 化工环境系统工程

化工环境系统工程是利用系统工程的原理和方法,对化工生产的环境问题进行整体的系统分析,以求得综合整治的优化方案,最终实现化工清洁生产。

复习思考题

1. 请解释以下名词:环境,环境污染,环境承载力,环境容量,环境自净能力。
2. 简述化工环境保护技术研究的主要内容。
3. 简述化工污染物的主要来源。

第一章　化工废水处理技术

水是生命之源,没有水就没有生命,水是人类和一切生物生存、发展的最基本要素。但随着现代人类生产生活活动量激增,水环境也受到了严重污染。

根据《中华人民共和国水污染防治法》,"水污染"定义为:水体因某种物质的介入,而导致其化学、物理、生物或者放射性等方面特性的改变,从而影响水的有效利用,危害人体健康或者破坏生态环境,造成水质恶化的现象。2015年我国废水排放总量为735.3亿吨、COD总量为2 223.5万吨、氨氮总量为229.9万吨。其中,工业废水排放量为199.5亿吨、COD总量为293.5万吨、氨氮总量为21.7万吨。水污染造成的社会危害和损失极为惊人。

《中华人民共和国水污染防治法》

2006年9月,我国国家环境保护总局和国家统计局联合发布的第一份《中国绿色国民经济核算研究报告》表明,2004年全国因环境污染造成的经济损失为5 118亿元人民币,占当年GDP的3.05%。其中水污染占55.9%,大气污染占42.9%,废渣占1.2%。

2004《中国绿色国民经济核算研究报告》

化工生产过程一般需用大量的水,同时会排放出相当数量的废水。化工厂一般多集中布置在江、河、湖、海附近,生产废水就近排入水域,对水域造成污染。据统计,我国化工行业排出的废水量约占全部工业废水总量的22%,居第一位。事实上,化工废水对水系(包括地表水和地下水)的污染是许多地方最严重的环境污染现象,是进行环境治理的首要目标。

第一节　化工废水及其处理原则

化学工业是一个多品种多行业的工业部门。狭义化学工业包括化学矿山、石油化工、煤炭化工、酸碱工业、化肥工业、塑料工业、医药工业、染料工业、涂料工业、橡胶工业、炸药和起爆药工业、感光材料等。化工生产离不开水,在目前技术和经济条件下化工生产也很难根除废水产生。

一、化工废水的种类

化工废水总的特点是量大、有害种类多,居各工业系统之首,废水中污染成分随产品品种、生产工艺等不同而千变万化。

化工废水按成分可分为三大类:第一类为含有机物的废水,主要来自基本有机原料、合成材料(含塑料、合成橡胶、合成纤维)、农药、染料等行业排出的废水;第二类为含无机物的废水,如无机盐、氮肥、磷肥、硫酸、硝酸及纯碱等行业排出的废水;第三类为既含有有机物又含有无机物的混合废水,如氯碱、感光材料、涂料等行业排出的废水。如果按废水中所含主要污染物分,则有含氰废水、含酚废水、含硫废水、含氟废水、含铬废水、含有机磷化合物废水、含有机物废水等。实际上,绝大多数化工废水均属于混合废水。表1-1列出了几种典型的化工生产所排出的废水的情况。

表 1-1　几种典型的化工生产所排出的废水的情况

行业	主要来源	废水中的主要污染物
氮肥	合成氨、硫酸铵、尿素、氯化铵、硝酸铵、氨水、石灰氮	氰化物、挥发酚、硫化物、氨氮、固体悬浮物、CO、油
磷肥	普通过磷酸钙、钙镁磷肥、重过磷酸钙、磷酸铵类、氮磷复合肥、磷酸、硫酸	氟、砷、P_2O_5、固体悬浮物、铅、镉、汞、硫化物
无机盐	重铬酸钠、铬酸酐、黄磷、氰化钠、三盐基硫酸铅、二盐基亚磷酸铅、氯化锌、七水硫酸锌	六价铬、元素磷、氰化物、铅、锌、氟化物、硫化物、镉、砷、铜、锰、锡和汞
氯碱	聚氯乙烯、盐酸、液氯、烧碱	氯化物、乙炔、硫化物、汞、固体悬浮物、烧碱
有机原料及合成材料	脂肪烃、芳香烃、醇、醛、酮、酸、烃类衍生物及合成树脂(塑料)、合成橡胶、合成纤维	油、硫化物、酚、氰、有机氯化物、芳香族胺、硝基苯、含氮杂环化合物、铅、铬、镉、砷
农药	敌百虫、敌敌畏、乐果、氧化乐果、甲基对硫磷、对硫磷、甲胺磷、马拉硫磷、磷胺	有机磷、甲醇、乙醇、硫化物、对硝基酚钠、NaCl、NH_4Cl、粗酯
染料	染料中间体、原染料(含有机颜料)、商品染料、纺织染整助剂	卤化物、硝基物、氨基物、苯胺、酚类、硫化物、硫酸钠、NaCl、挥发酚、固体悬浮物、六价铬
涂料	涂料:树脂漆、油脂漆 无机颜料:钛白粉、立德粉、铬黄、氧化锌、氧化铁、红丹、黄丹、金属粉、华蓝	油、酚、醇、醛、悬浮物、六价铬、铅、锌、镉

续表

行业	主要来源	废水中的主要污染物
感光材料	三醋酸纤维素酯、三醋酸纤维素酯片基、乳胶制备及胶片涂布、照相有机物、废胶片及银回收	明胶、醋酸、硝酸、照相有机物、醇类、苯、银、乙二醇、丁醇、二氯甲烷、卤化银、悬浮物
焦炭、煤气粗制和精制化工产品	用冷却水喷洒冷却煤气产生稀氨水；回收煤气中化工产品产生的冷却水；粗制提取和精制蒸馏加工的产品分离水；煤气水封和煤气总管冷凝水	酚、氰化物、氨氮、COD_{Cr}、油类、硫化物
硫酸(硫铁矿制酸)	净化设备中产生的酸性废水	pH(酸性)、砷、硫化物、氟化物、悬浮物

二、化工废水污染的特点

1. 有毒害性

化工废水中含有许多污染物，有些是有毒或剧毒的物质，如氰、酚、砷、汞、镉和铅等，这些物质对生物和微生物有毒性或剧毒性。有的物质不易分解，在生物体内长期积累会造成中毒，如六六六、滴滴涕等有机氯化物；有些据称是致癌物质，如多环芳烃化合物、芳香族胺及含氮杂环化合物等；此外，还有一些有刺激性、腐蚀性的物质，如无机酸、碱、盐类等。实际上，污水中的污染物没有绝对无毒害性的，所谓无毒害作用是相对的、有条件的，如多数的污染物，在其低浓度时，对人身无毒害，但达到一定浓度后，即能够呈现出毒害作用。

2. 有机物含量都较高

化工废水特别是石油化工生产废水，含有各种有机酸、醇、醛、酮、醚和环氧化物等，它们有的以溶解态，有的以油污态存在。这种废水一经排入水体，就会在水中进一步氧化分解，从而消耗水中大量的溶解氧，直接威胁水生生物的生存。

3. pH 超标

适合人和生物生存的水的 pH 为 6~9。化工生产排放的废水，有的呈强酸性，有的呈强碱性，无法饮用，对水生生物和农作物都有极大的危害。

4. 营养化物质多

化工生产废水中有的含磷、含氮量过高，造成水域富营养化，使水中藻类和微生物大量繁殖，严重时还会形成"赤潮"，造成鱼类窒息而大批死亡。

5. 废水温度较高

由于化学反应常在高温下进行，排出的废水水温较高。这种高温废水排入水域后，会造成水体的热污染，使水中溶解氧降低，从而破坏水生生物的生存条件，有的鱼类在水温 30 ℃以上就会死亡。

6. 恢复比较困难

由于废水会渗入河床,在地下扩散,受化工有害物污染的水域,即使停止污染,要恢复到水域原来状态仍需很长时间,特别是重金属污染物,停止排放后仍很难消除污染状态。

三、废水处理原则

1. 水质指标

水质指标

水质是指水及其所含杂质成分共同表现出物理、化学和生物的综合特性。水质的良莠由一组水质指标来判断。水质指标表示水中杂质的种类和数量,也是衡量水体被污染程度的数值标示,同时也为控制和检测水处理设备运行状态的重要依据。水质指标项目繁多,总共有100多种,各种废水适用的水质指标不同。目前,国际上通用的水质指标可分为三类:物理性指标,主要包括温度、色度、臭和味、固体物质等;化学性指标,主要包括有机物指标(生化需氧量BOD、化学需氧量COD、总需氧量TOD、总有机碳TOC、石油和动植物油组成的油类污染物、酚类物质等)和无机物指标(污水中的N、P植物营养元素、pH、重金属等);生物性指标,包括细菌总数和大肠杆菌群数等指标。部分常用的水质指标介绍如下:

pH:表示污水的酸碱性。用电化学或pH试纸测定。

色度:纯水是无色的,当混入杂质后往往呈现一定的颜色。废水的色度用稀释倍数法测定,即把水样用清洁水稀释至无色时体积倍数为该水样的色度。

悬浮固体(SS):在103~105 ℃下将一定体积的水样蒸发至干时残余的固体物质量,单位为mg/L。

生化需氧量(BOD):表示在有饱和氧条件下,好氧微生物在20 ℃,经一定天数降解每升水中有机物所消耗的游离氧的质量,常用单位mg/L,常以5日为测定BOD的标准时间,以BOD_5表示。

化学需氧量(COD):表示用强氧化剂把水中有机物氧化为H_2O和CO_2所消耗的相当氧的质量。常用的氧化剂为重铬酸钾或高锰酸钾,分别表示为COD_{Cr}(或简写为COD)和COD_{Mn}(也称耗氧量,简称OC),单位为mg/L。化学需氧量的优点是测定快(小于2 h)。另外,由于高锰酸钾难以分解含氮有机物,故同一废水用不同方法检测其有机物,其结果一般是$COD>BOD_5>OC$。

总需氧量(TOD):当有机物完全被氧化,C、H、N、S分别被氧化为CO_2、H_2O、NO和SO_2时每升所消耗氧的质量,单位为mg/L。

有毒物质:表示水中所含对生物有害物质的含量,如氰化物、砷化物、汞、镉、铬、铅等,单位为mg/L。

大肠杆菌群数:指每升水中所含大肠杆菌的数目,单位为个/L。

油类、氨氮等:单位为mg/L。

2. 废水处理的方法分类

针对不同污染物质的特征,发展了各种不同的废水处理方法,特别是对化工废水的处理,这些处理方法可按其作用原理划分为 4 大类,即物理处理法、化学处理法、物理化学法和生化处理法。

(1) 物理处理法:通过物理作用,以分离、回收废水中不溶解的呈悬浮状态污染物质(包括油膜和油珠)。根据物理作用的不同,又可分为重力分离法、离心分离法和筛滤截流法等。

属于重力分离法的处理单元有沉淀、上浮(气浮、浮选)等,相应使用的处理设备是沉沙池、沉淀池、除油池、气浮池及其附属装置等。

离心分离法本身就是一种处理单元,使用的处理装置有离心分离机和水旋分离器等。

筛滤截流法分截留和过滤两种处理单元,前者使用的处理设备是隔栅、筛网,而后者使用的是沙滤池和微孔滤池等。

(2) 化学处理法:通过化学反应去除废水中呈溶解、胶体状态的污染物质或将其转化为无害物质。如以投加药剂进行化学反应为基础的处理方法——混凝、中和、氧化还原等。化学处理法各处理单元所使用的处理设备,除相应的池、罐、塔外,还有一些附属装置。

(3) 物理化学法:以传质作用为基础的处理单元具有化学作用,而同时又有与之相关的物理作用,即运用物理化学的作用使污水得到净化的方法。如萃取、汽提、吹脱、吸附、离子交换及电渗析和反渗透等。后两种处理单元又统称为膜处理技术。采用本法前,废水一般均需预处理,先除去水中的悬浮物、油渍、有害气体等,有时还需调整 pH,以便提高处理效果。

(4) 生化处理法:通过微生物的代谢作用,使废水中呈溶液、胶体及微细悬浮状态的有机污染物质转化为稳定、无害的无机物的废水处理方法。根据起作用的微生物不同,生化处理法又可分为好氧生化处理法和厌氧生化处理法。

3. 废水处理的一般原则

废水中的污染物质是多种多样的,所以往往不可能用一种处理方法就把所有的污染物质去除干净。一般一种废水往往需要通过由几个处理单元组成的处理系统处理后,才能够达到规定要求。采用哪些方法或哪几种方法联合使用,需根据废水的水质和水量、排放标准、处理方法的特点及处理成本和回收经济价值等,通过调查、分析、比较后决定,必要时要进行试验研究。

化工废水处理的主要原则:首先是从清洁生产的角度出发,改革生产工艺和设备,减少废水的产生,这方面的潜力相当大。其次,对产生的废水进行规范的去害净化处理、达标排放或回收利用。废水处理方法随水质和要求而异。按处理深度又可分为一级处理、二级处理和三级处理(见表 1-2)。

表 1-2　废水处理方法分级表

分级	常用操作单元	作用
一级处理	隔栅、筛网、气浮、沉淀、预曝气、中和	除去漂浮物、油,调节 pH,为初步处理
二级处理	活性污泥法、生物膜法、厌氧生化法、混凝、氧化还原	除去大量有机污染物,为主要处理
三级处理	氧化还原、电渗析、反渗透、吸附、离子交换	除去前两级未去除的有机物、无机物、病原体,为深度处理

《国家水污染物排放标准制订技术导则》(HJ 945.2—2018)

《地表水环境质量标准》(GB 3838—2002)

《污水综合排放标准》(GB 8978—1996)

GB 8978—1996 中石化工业 COD 标准值修改单

（1）一级处理:主要分离水中的悬浮固体物、胶状物、浮油或重油等,可以采用隔栅、筛网、沉淀、气浮等方法。许多化工废水呈极强的酸性或碱性需要进行中和处理。经一级处理的污水中污染物往往存留很多,而必须进行二级处理。

（2）二级处理:主要是去除可生物降解的有机溶解物和部分胶状的污染物,通常采用生物化学法处理,这是含有机物废水处理的主体部分。化学混凝和化学沉淀也属于二级处理的方法,如含磷酸盐废水和含胶体物质的废水需用化学沉淀法和化学混凝法处理。对于环境卫生标准要求高,而废水的色、臭、味污染严重,或 BOD 和 COD 比值甚小(小于 0.2~0.25),则需采用三级处理方法予以深度净化。

（3）三级处理:主要是去除二级处理后水中残余的有机污染物和废水中溶解的无机污染物,常用的方法有吸附和氧化还原,也可以采用离子交换或反渗透技术等。

含多元污染物的废水,一般先用物理方法部分分离,然后用其他方法处理。各种不同的工业废水可以根据具体情况,选择不同的组合处理方法。

4. 化工废水处理标准

化工废水处理的目标有两类:一类是在厂内重复利用,另一类是向厂外排放。对前一类的要求,原则上只要满足厂内应用标准即可。对后一类的要求最低也要符合我国环境保护的相关标准,包括废水接纳方和排放方两方面的标准。我国现在已制定了比较完善的水系环境保护的质量标准,对化工废水处理来说,最基本的是《地表水环境质量标准》(GB 3838—2002)和《污水综合排放标准》(GB 8978—1996),其数据见附录 1、2。

（1）《地表水环境质量标准》(GB 3838—2002):是国家生态环境部经多次修订颁布的现行最基本的水质标准。共有包括重金属、营养物和有机污染物在内的 109 项指标,其中基本指标 24 项。该标准依据地表水水域环境功能和保护目标,按功能高低依次划分为 5 类:

Ⅰ类　主要适用于源头水、国家自然保护区;

Ⅱ类　主要适用于集中式生活饮用水地表水源地一级保护区、珍稀水生生物栖息地、鱼虾类产卵场、仔稚幼鱼的索饵场等;

Ⅲ类　主要适用于集中式生活饮用水地表水源地二级保护区、鱼虾类越冬场、洄游通道、水产养殖区等渔业水域及游泳区;

Ⅳ类　主要适用于一般工业用水区及人体非直接接触的娱乐用水区;

Ⅴ类　主要适用于农业用水区及一般景观要求水域。

对应地表水上述 5 类水域功能,将地表水环境质量标准基本项目标准值分为 5 类,不同功能类别分别执行相应类别的标准值。水域功能类别高的标准值严于水域功能类别低的标准值。同一水域兼有多类使用功能的,执行最高功能类别对应的标准值。实现水域功能与达标功能类别标准为同一含义。

(2)《污水综合排放标准》(GB 8978—1996):是国家环境保护总局(部)修订颁布现行的重要的污水排放标准。该标准按污水排放的去向,分年限规定了 69 种水污染物,最高允许排放浓度及部分行业最高允许排水量。我国也已制定了许多行业废水排放标准。现已明确:有行业排放标准的企业就执行本行业的标准,其他则执行本排放标准。

《污水综合排放标准》对向地表水体和城市下水道排放的污水,分别规定了执行的级别(分别为一级、二级和三级)标准。它还将排放的污染物按其性质分为两类:第一类污染物是指能在环境和动植物体内积蓄,对人体健康产生长远不良影响者,如汞、镉、铬、铅、砷、苯并[a]芘等;第二类污染物是指对人体健康影响较小的。各类污染物都分别列出了对应各类接受水域的最高允许浓度及最大排水量。例如,排入 GB3838 Ⅲ类水域的污水执行一级标准;排入 GB3838 中Ⅳ、Ⅴ类水域的污水执行二级标准;排入设置二级污水处理厂的城镇排水系统的污水,执行三级标准;GB3838 中Ⅰ、Ⅱ类水域和Ⅲ类水域中制定的保护区,禁止新建排污口,现有排污口应按水体功能要求,实行污染物总量控制,以保证受纳水体水质符合规定用途的水质标准。需指出的是,现在对水体(空气也类似)质量评价,我国采用的是单因子评价法,俗称一票否决制,即所有参评指标中,只要有一项超标,则该水体为不合格。

第二节　物理处理法

在工业废水的处理中,物理处理法占有重要的地位。与其他方法相比,物理处理法具有设备简单、成本低、管理方便、效果稳定等优点。它主要用于去除废水中的漂浮物、固体悬浮物、沙和油类等物质。物理处理法一般用作其他处理方法的预处理或补充处理。物理处理法包括重力分离、离心分离、过滤等。

一、重力分离(沉淀)法

重力分离法利用污水中呈悬浮状的污染物与水密度不同的原理,借重力沉降(或上浮)作用使其从水中分离出来。此法常常被用作其他处理方法之预处理或再处理。本节以悬浮物沉降过程为例,讨论重力分离法相关理论和技术。

1. 沉淀法的分类

沉淀法又分为自然沉淀和混凝沉淀两种。

（1）自然沉淀：自然沉淀是依靠废水中固体颗粒的自身重力进行沉降。在沉降过程中颗粒的形状、尺寸、质量基本不变。此种方法对较大颗粒（粒径≥0.1 mm）的污染物可以达到去除目的，一般可使悬浮物除去2/3，有机物除去1/3，是典型的重力分离法。

（2）混凝沉淀：混凝沉淀的基本原理是在废水中投入电解质作为混凝剂，使废水中的微小颗粒（粒径<0.1 mm）在外加混凝剂的作用下，颗粒互相黏结，凝聚成较大颗粒。加速在水中的沉降。此法实质为化学处理方法，具体内容将在化学处理方法中介绍。

2. 沉淀设备

生产上用来对污水进行沉淀处理的设备称为沉淀池。根据池内水流的方向不同，沉淀池的形式大致可以分为5种，即平流式沉淀池、竖流式沉淀池、辐流式沉淀池及斜管式沉淀池、斜板式沉淀池等。沉淀池的操作区域可以大致分为沉淀部分和集泥部分。

（1）沉淀部分：废水在这部分内流动，悬浮固体颗粒也在这部分区域内进行沉降。为了使水流均匀地通过各个过水断面，一般均在污水的入口处设置挡板，并且要使进水的入口置于池内的水面以下。另外在沉淀池的出水口前，设置浮渣挡板，用以防止漂浮在水面上的浮渣及油污等随水流出沉淀池。

（2）集泥部分：沉降物在此部分集中和排放。排放方法与池底形式有关。采用机械排泥的沉淀池池底是平底。也可以采用泥浆泵或利用水的压力将污泥排出，此时池底应为锥形。另外还可以将两种排泥方式同时采用。

各类沉淀池的构造，简单介绍如下。

平流式沉淀池

图1-1为附有链条刮泥机的平流式沉淀池。废水由进水槽经进水孔流入池中。进水挡板的作用是降低水流速度，并使水流均匀分布于池中过水部分的整个断面。沉淀池出口可为多孔口，也可采用锯齿形（三角形）溢流堰，堰前设置浮渣管（或浮渣槽）及挡板，以拦阻和排除水面上的浮渣，使其不致流出水槽。在沉淀池前部设有污泥斗，池底污泥由刮泥机刮入污泥斗内，污泥借助池中静水压力从排泥管中排出。当有刮泥机时，池底坡度为0.01~0.02。当无刮泥机时，池底常做成多斗形，每个斗有一个排泥管，斗壁倾斜45°~60°，如图1-2所示。

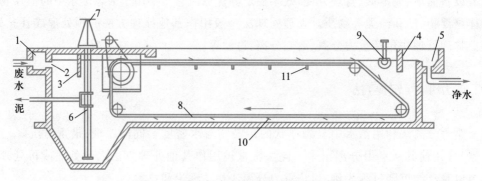

图1-1　附有链条刮泥机的平流式沉淀池

1. 进水槽；2. 进水孔；3. 进水挡板；4. 出水挡板；5. 出水槽；6. 排污管；7. 排泥闸门；8. 链带；
9. 排浮渣管槽（能转动）；10. 刮板；11. 链带支架

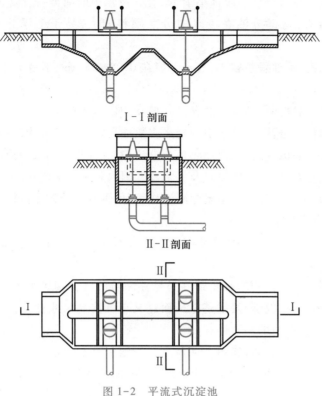

I-I 剖面

II-II 剖面

图 1-2　平流式沉淀池

平流式沉淀池的优点是结构简单,效果良好,但排泥较困难。

当废水含大量悬浮物且水量又大时,宜采用辐流式沉淀池(图 1-3);水量较小时可采用平流式沉淀池。实用中还有竖流式、斜板式沉淀池等,各有特点。

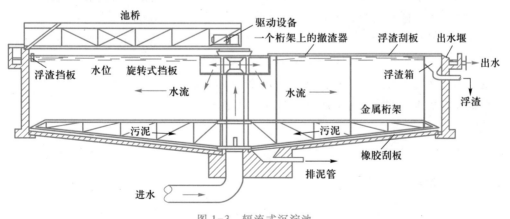

图 1-3　辐流式沉淀池

辐流初沉池

隔油池

3. 隔油池

石油开采与炼制、煤化工、石油化工及轻工业行业的生产过程排出大量的含油废水。除重油外油品相对密度一般都小于 1。化工废水中的油类一般以 3 种状态存在。

（1）悬浮状态：这部分油在废水中分散颗粒较大，易于上浮分离，占总含油量的80%~90%；

（2）乳化状态：油珠颗粒较小，直径一般在 0.05~25 μm，不易上浮去除，占总含油量的10%~15%；

（3）溶解状态：这部分油仅占总含油量的 0.2%~0.5%。

只要去除前两部分油，则废水中的绝大多数油类物质即被去除，一般能够达到排放要求。对于悬浮状态的油类，一般用隔油池分离；对于乳化油则采用浮选法分离。

常用的隔油池有平流式、竖流式及斜板式。国内多采用平流式隔油池，其构造与平流式沉淀池相似，在实际运行中主要起隔油作用，但也有一定的沉淀作用。

4. 沉淀池的基本计算

影响污水悬浮物沉降效率的主要因素有 3 方面：① 污水的流速；② 悬浮颗粒的沉降速度；③ 沉淀池的尺寸。

沉淀法分离水中悬浮物的必要条件是悬浮颗粒的沉降速度大于（极值是等于）水流速度，该速度差值越大沉降效果越好。而这又与沉淀池尺寸有关。为了解它们之间的关系，下面介绍沉淀池的基本计算。

设一沉淀池为一长方体，如图 1-4 所示。当池中原来在水面上的颗粒沉降到某一深度（h）后，该深度以上的水即变得澄清，此澄清量 $q_V^* = A \cdot h$。而单位时间的澄清量，即澄清液流量为

$$q_V = \frac{q_V^*}{t} = \frac{h}{t}A = uA \qquad (1-1)$$

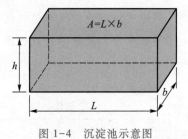

图 1-4　沉淀池示意图

式中：q_V——澄清液流量，m^3/s；

　　　h——颗粒在 t 时间内所沉降的距离，m；

　　　A——与沉降方向垂直的矩形容器的截面积，m^2；

　　　u——颗粒沉降速度，m/s。

从式（1-1）中可知，自由沉降的沉淀池，其澄清液流量与池深无关，仅为池表面积和颗粒沉降速度的函数。

颗粒在静水中沉降速度 u 可用 Stokes 公式表示：

$$u = \frac{g}{18\mu}(\rho_s - \rho)d^2 \qquad (1-2)$$

式中：d——颗粒直径，m；

　　　ρ_s——颗粒密度，kg/m^3；

　　　ρ——液体密度，kg/m^3；

　　　μ——水的动力黏度，Pa·s；

　　　g——重力加速度，m/s^2。

式(1-2)是固体颗粒在水中沉降速度的基础公式,说明影响颗粒从液体中分离的主要因素有:颗粒与液体的密度差、颗粒直径和液体的动力黏度。密度差$\rho_s-\rho$为负值时,颗粒将上浮,u为其上浮速度。从这个角度上说,水中颗粒的上浮或下沉,在分离本质上是一致的。由于 Stokes 公式的导出是基于均匀球形颗粒的假定,即计算出的是理想沉降速度,而现实的废水中颗粒的大小、形状、密度各不相同,故实际颗粒沉降速度比理想沉降速度要低,一般要低 50%~100%。另外,实际沉淀操作一般是污水连续流动的。因此,在确定沉淀池的尺寸时应考虑:一是最小颗粒沉降速度,二是水流速度小于此沉降速度,才能达到预期分离效果。因此在水处理工程实际中,沉淀池的设计并不直接采用这一公式,大多是根据实际水样的沉降试验或经验资料来进行的。

对于城市污水处理厂来说,沉淀池通常都按去除密度为 2 650 kg/m³、粒径 0.2 mm 以上的沙粒来考虑。沉淀量与气候、服务面积、街道清洁程度、垃圾状况、工业废水排入情况等因素有关,一般可按每 10^6 m³ 污水沉沙 15~30 m³ 计算,其含水率为 60%,容重为 1 500 kg/m³。生活污水的沉淀量则可按 0.01~0.02 L/(人·d)考虑。此时,沉淀池的处理能力为 1.0~3.0 m³/(m²·h)。

二、离心分离法

含悬浮物的废水在高速旋转时,悬浮颗粒所受到的离心力大小不同,质量大的被甩到外圈,质量小的则留在内圈,通过不同的出口将它们分别引导出来,利用此原理就可分离废水中的悬浮颗料,使废水得以净化。

在离心力场内,水中颗粒所受的离心力 F_c(N)为

$$F_c=(m-m_o)\cdot\frac{v^2}{r} \tag{1-3}$$

式中:m——颗粒质量,kg;

$\qquad v$——颗粒的圆周切线速度,$2\pi rn/60$,m·s^{-1};

$\qquad m_o$——颗粒排开同体积废水质量,kg;

$\qquad r$——旋转半径,m;

$\qquad n$——转速,r/min。

同一颗粒所受到的重力 F_g(N)为

$$F_g=(m-m_o)\cdot g \tag{1-4}$$

离心力与重力之比值称为分离系数 α

$$\alpha=\frac{F_c}{F_g}\approx\frac{rn^2}{900} \tag{1-5}$$

旋流沉砂池

　　在进行离心分离时,离心力对悬浮颗粒的作用远远超过重力,因而能大大强化悬浮颗粒的分离过程。由于离心力 F_c 与 r 成反比,所以离心分离设备的直径都不大,一般小于 0.5 m。

　　离心分离设备按离心力产生的方式不同可分为水力旋流器和离心机两种类型。水力旋流器(或称旋液分离器)有压力式(见图 1-5)和重力式两种,其设备固定,液体靠水泵压力或重力(进出水头差)由切线方向进入设备,造成旋转运动产生离心力。离心机依靠转鼓高速旋转,带动液体旋转使液体产生离心力。压力式水力旋流器可以将废水中所含的粒径 5 μm 以上的颗粒分离出去。进水的流速一般应在 6~10 m/s,进水管稍向下倾 3°~5°,以有利于水流向下旋转运动。

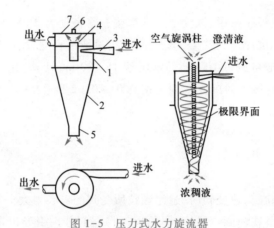

图 1-5　压力式水力旋流器

1. 圆筒;2. 圆锥体;3. 进水管;4. 上部清液排出管;5. 底部浓稠液排出管;
6. 放气管;7. 顶盖

　　压力式水力旋流器的优点是体积小,单位容积的处理能力高,处理能力可达 1 000 m³/(m²·h);其次构造简单,使用方便,易于安装维护;缺点是水泵和设备易磨损,设备费用高,耗电较多。

　　重力式水力旋流器也称水力旋流沉淀池。废水由切线方向进入池内,造成旋流,颗粒被抛向池壁并沉于池底。这种旋流器的离心力较弱,分离主要是靠重力,故其生产能力一般只有 20~30 m³/(m²·h)。

　　离心机处理废水,也称为机械旋转的离心分离方法,离心机的种类很多,按分离系数 α 的大小进行分类,离心机可以分为

　　① 常速离心机:$\alpha < 3\,000$;

　　② 高速离心机,$3\,000 \leqslant \alpha \leqslant 12\,000$;

　　③ 超高速离心机,$\alpha > 12\,000$。

　　因为离心机的转速高,所以分离效率也高,但设备复杂,造价比较昂贵。一般只用在小批量的、有特殊要求的、难处理的废水分离处理。

三、过滤法

废水中含有悬浮物和漂浮物时,常采用机械过滤的方法加以去除。过滤法常作为废水处理的预处理方法,用以防止水中的微粒物质及胶状物质破坏水泵,堵塞管道及阀门等。过滤法也常用在废水的最终处理,使滤出的水可以进行循环使用。

1. 隔栅过滤

隔栅一般斜置在废水进口处截留较粗悬浮物和漂浮物。栅条间净距 10~25 mm,它本身的水流阻力并不大,只有几厘米,阻力主要产生于筛余物堵塞栅条。一般当隔栅的水头损失达到 10~15 cm时就该清洗。现在一般采用机械,甚至自动清除设备。

粗隔栅集水井

2. 筛网过滤

选择不同尺寸的筛网(网丝净距 1~10 mm),能去除水中不同类型和大小的悬浮物,如纤维、纸浆、藻类等。相当于一个初沉池的作用。

筛网过滤装置很多,有振动筛网、水力筛网、转鼓式筛网、转盘式筛网、微滤机等。

细隔栅集水井

3. 颗粒介质过滤(简称过滤)

颗粒介质过滤适用于去除废水中的微粒物质和胶状物质,常用作离子交换和活性炭处理前的预处理,也能用作废水的三级处理。

颗粒介质过滤器可以是圆形池或方形池。过滤器无盖的称为敞开式过滤器,一般废水自上流入,清水由下流出。有盖而且密闭的称为压力过滤器,废水用泵加压送入,以增加过滤速度。

过滤介质的粒度及材料,取决于所需滤出的微粒物质颗粒的大小、废水性质、过滤速度等因素。在废水处理中常用的滤料有石英砂、无烟煤粒、石榴子石粒、磁铁矿粒、白云石粒、花岗岩粒及聚苯乙烯发泡塑料球等。其中以石英砂使用最广。砂的机械强度大,相对密度在 2.65 左右,在 pH2.1~6.5 的酸性废水环境中化学稳定性好。但废水呈碱性时,有溶出现象,此时一般常用大理石和石灰石。无烟煤的化学稳定性较石英砂好,在酸性、中性及碱性环境中都不溶出,但机械强度稍差,其相对密度因产地不同而有所不同,一般为 1.4~1.9。大密度滤料常用于多层滤料滤池,其中石榴子石和磁铁矿的相对密度大于 4.2,莫氏硬度大于 6。对含胶状物质废水则可用粗粒骨炭、焦炭、木炭、无烟煤等,在此情况下,过滤介质兼有吸附作用。

图 1-6 为常用的颗粒介质过滤设备,即普通快滤池。快滤池一般用钢筋混凝土建造,池内有排水槽、过滤层、承托层和排水系统;池外有集中管廊,配有进水管、排水管、冲洗水管、排水管等管道及附件。

砂滤塔

在废水的三级处理中,往往采用综合滤料过滤器,滤床采用不同的过滤介质,一般是以隔栅或筛网及滤布等作为底层的介质,然后在其上再堆积颗粒介质。采用的一种综合滤料的组成是:无烟煤(相对密度 1.55)占 55%~60%,硅砂(相对密度 2.6)占 25%~30%,钛铁矿石榴子石(相对密度 4 以上)占 10%~15%以上。滤床上层是相对密

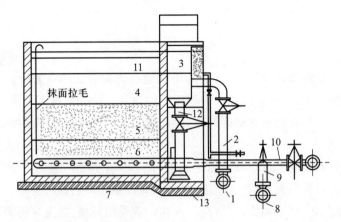

图 1-6 普通快滤池

1. 进水干管;2. 进水支管;3. 集水渠;4. 水层;5. 过滤层;6. 承托层;7. 排水系统;8. 滤过
水干管;9. 滤过水支管;10. 冲洗水管;11. 洗沙排水槽;12. 排水管;13. 废水渠

度较小的无烟煤粒,一般粒径为 2 mm;底层是相对密度较大的细粒材料,粒径为 0.25 mm;最下面是砾石承托层。三种滤料之间适当的粒径和相对密度的比例是决定因素,而两种相对密度较大的滤料中应包括严格控制的各种细粒径滤料,这样,在反冲洗后,滤床每一水平断面都有各种滤料形成混合滤料而无明显的交界面。综合滤料滤池接近理想滤池,沿水流方向有由粗至细的级配滤料的逐渐均匀减少的空隙,以提供最大截污能力,从而延长过滤周期,增加滤速,接受较大的进水负荷。这种滤池的滤速可达 15~30 m/h,为普通滤池的 3~6 倍。表 1-3 列出了普通快滤池的滤料组成和滤速范围。

表 1-3 普通快滤池的滤料组成和滤速范围

滤池类型	滤料及粒径/mm	相对密度	滤料厚度/m	滤速 m·h^{-1}	强制滤速 m·h^{-1}
单层滤池	石英砂 0.5~1.2	2.65	0.7	8~12	10~14
双层滤池	无烟煤 0.8~1.8	1.5	0.4~0.5	4.8~24	14~18
	石英砂 0.5~1.2	2.65	0.4~0.5	一般为 12	
三层滤池	无烟煤	1.5	0.42	4.8~24	
	石英砂	2.65	0.23		
	磁铁矿	4.75	0.07	一般为 12	
三层滤池	无烟煤	1.75	0.45	4.8~24	
	石英砂	2.65	0.20		
	石榴子石	4.13	0.10	一般为 12	

第三节 化学处理法

化学处理法是废水处理的基本方法之一。它是利用化学作用来处理废水中的溶解物质或胶体物质,可用来去除废水中的金属离子、细小的胶体有机物和无机物、植物营养素(氮、磷)、乳化油、色度、臭、酸、碱等,对于废水的深度处理有着重要作用。

化学处理法包括中和法、混凝沉淀法、氧化还原法、化学沉淀法、电化学法等。以下择化工废水处理常用化学法讨论。

一、中和法

在化工、炼油企业中,对于酸含量低于 3%~4% 和碱含量低于 2% 的低浓度含酸、含碱废水,在无回收及综合利用价值时,往往采用中和的方法进行处理。中和法也常用于废水的预处理,调整废水的 pH。中和法处理酸碱废水通常是在具有防腐性能的中和池内进行。中和池可以平行设计两套,交替使用。废水在池内停留时间一般为 15 min 左右,中和后的出水 pH 可控制在 5~8。

1. 酸性废水的中和处理方法

对酸性废水进行中和时,可采用以下一些方法:① 使酸性废水通过石灰石滤床;② 与石灰乳混合;③ 向酸性废水中投加烧碱或纯碱溶液;④ 与碱性废水混合,使废水 pH 近于中性;⑤ 向酸性废水中投加碱性废渣,如电石渣、碳酸钙、碱渣等。

通常,尽量选用碱性废水或废渣来中和酸性废水,以达到以废治废的目的。而烧碱或纯碱不仅价格昂贵,而且又是重要的工业原料,故不应轻易选用。

采用中和法时,应注意:① 中和时间一般要长。例如,对含有弱酸的废水,选用碳酸盐,反应速率很慢;如含醋酸废水,宜选用氢氧化物碱类进行中和。② 中和后,应避免产生大量沉渣,否则会影响处理效果,同时又带来沉渣的处理问题,故生成的盐要有一定大小的溶解度。例如,含硝酸、盐酸的废水,中和后产生的盐,一般多易溶于水,不产生沉淀。又如,含硫酸的废水,如果用石灰石中和时,则要产生大量的硫酸钙沉淀,因为硫酸钙在水中的溶解度比较小。

2. 碱性废水处理方法

对碱性废水,一般可以采用以下途径进行中和:① 向碱性废水中鼓入烟道废气;② 向碱性废水注入压缩的二氧化碳气体;③ 向碱性废水投入酸或酸性废水等。

对碱性废水进行中和时,首先考虑采用酸性废水的中和处理。若附近没有酸性废水时可采用投加酸进行中和。工业用硫酸是在碱性废水中和时应用比较多的中和物。

用烟道气中和碱性废水,主要是利用烟道气中的 CO_2 和 SO_2 两种酸性气体对碱性废水进行中和。这是一种以废治废、开展综合利用的好办法。既可以降低废水的 pH,

又可以去除烟道气中的灰尘,并使烟道气中的 CO_2 及 SO_2 气体从烟道气中分离出去,防止烟道气污染大气。例如,湖南省一印染厂的运行情况证明,烟道气中和法对降低碱性废水 pH 效果明显,pH 一般可由 $10\sim12$ 降至 $5\sim7$。存在的问题是废水经中和后,废水中的硫化物、色度、耗氧量都有所增加,这些问题仍需加以研究解决。

二、混凝沉淀法

混凝池

一般来说,水中 $100~\mu m$ 以上的颗粒可以直接用沉淀法除去,但更小的颗粒难于直接沉淀除去,特别是胶体颗粒(粒径 $1~\mu m$ 以下)必须采取别的措施才能除去。常采用的措施是混凝。

1. 混凝沉淀法原理

混凝沉淀法的基本原理是在废水中投入混凝剂,因混凝剂为电解质,在废水里形成胶团,与废水中的胶体物质发生电中和,形成绒粒沉降。混凝沉淀法不但可以去除废水中的粒径为 $10^{-6}\sim10^{-3}~mm$ 的细小悬浮颗粒,而且还能够去除色度、油分、微生物、氮和磷等富营养物质、重金属及有机物等。

废水在未加混凝剂之前,水中胶体颗粒的本身质量很轻,受水的分子热运动的碰撞而作无规则的布朗运动。而且水中的胶体颗粒表面都带有一层同性(如负)电荷,在其周围的溶液中又吸引众多的异号(如正)电荷离子形成双电层胶团,其中紧靠内层的反离子被牢固吸引成吸附层。吸附层表面与溶液主体之间的电位差称 ζ(动)电位。它们之间的静电斥力阻止颗粒间彼此接近而聚合成较大的颗粒;其次,带电荷的胶粒和反离子都能与周围的水分子发生水化作用,形成一层水化壳,阻碍各胶体的聚合。一种胶体的胶体颗粒带电荷越多,其 ζ 电位就越大;扩散层中反离子越多,水化作用也越大,水化层也越厚,因此扩散层也越厚,稳定性越强。图1-7是胶团结构及其电位示意图。

废水中投入混凝剂后,胶体因 ζ 电位降低或消除,破坏了颗粒的稳定状态(称脱稳)。脱稳的颗粒因范德华力相互聚集为较大颗粒的过程称为凝聚。未经脱稳的胶体也可形成大的颗粒,这种现象称为絮凝。不同的化学药剂能使胶体以不同的方式脱稳、凝聚或絮凝。按机理,混凝可分为压缩双电层、吸附电中和、吸附架桥、沉淀物网捕 4 种。

(1)压缩双电层机理:由胶体颗粒的双电层结构可知,反离子的浓度在胶粒表面最大,并沿着胶粒表面向外距离呈递减分布,最终与溶液中离子浓度相等。当向溶液中投加电解质,使溶液中离子浓度增高,则扩散层的厚度将减小。该过

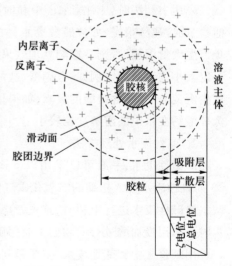

图 1-7 胶团结构及其电位示意图

程的实质是加入的反离子与扩散层原有反离子之间的静电斥力把原有部分反离子挤压到吸附层中,从而使扩散层厚度减小。

由于扩散层厚度的减小,ζ 电位相应降低,因此胶粒间的相互排斥力也减小。另一方面,由于扩散层减薄,它们相撞的距离也减小,因此相互间的吸引力相应变大。从而其排斥力与吸引力的合力由斥力为主变成以引力为主(排斥势能消失了),胶粒得以迅速凝聚。

(2)吸附电中和机理:胶粒表面对异号离子、异号胶粒、链状离子或分子带异号电荷的部位有强烈的吸附作用,由于这种吸附作用中和了电位离子所带电荷,减少了静电斥力,降低了 ζ 电位,使胶体的脱稳和凝聚易于发生。此时静电引力常是这些作用的主要方面。三价铝盐或铁盐混凝剂投量过多,混凝效果反而下降的现象,可以用本机理解释。因为胶粒吸附了过多的反离子,使原来的电荷变号,排斥力变大,从而发生了再稳现象。

(3)吸附架桥机理:吸附架桥作用主要是指链状高分子聚合物在静电引力、范德华力和氢键等作用下,通过活性部位与胶粒和细微悬浮物等发生吸附桥联形成较大聚集体的过程。

当三价铝盐或铁盐及其他高分子混凝剂溶于水后,经水解、缩聚反应形成高分子聚合物,具有线形结构。这类高分子物质可被胶粒所强烈吸附。聚合物在胶粒表面的吸附来源于各种物理化学作用,如范德华力、静电引力、氢键、配位键等,取决于聚合物同胶粒表面二者化学结构的特点。因其线形长度较大,当它的一端吸附某一胶粒后,另一端又吸附另一胶粒,在相距较远的两胶粒间进行吸附架桥,使颗粒逐渐变大,形成粗大絮凝体。

(4)沉淀物网捕机理:当采用硫酸铝、石灰或氯化铁等高价金属盐类作混凝剂时,当投加量大得足以迅速沉淀金属氢氧化物[如 $Al(OH)_3$、$Fe(OH)_3$]或金属碳酸盐(如 $CaCO_3$)时,水中的胶粒和细微悬浮物可被这些沉淀物在形成时作为晶核或吸附质所网捕团聚成絮凝体。

混凝的4种机理在水处理中往往可能是同时或交叉发挥作用的,只是在一定情况下某种机理为主而已。实际混凝过程包括凝聚和絮凝两个步骤:凝聚使胶体脱稳并聚集为微絮粒,而后絮凝使微絮粒通过吸附、桥联和网捕而成长为更大絮凝体而沉淀。低分子的混凝剂以压缩双电层作用产生凝聚为主;高分子聚合剂则以架桥联结产生絮凝为主。

2. 影响混凝效果的因素

在废水处理中,影响混凝效果的因素较多,一般有水样的成分、药剂投加量、水温、废水的 pH 及水力条件。各因素对不同药剂有不同的最佳值。

一般混凝过程分为混合与反应两个阶段:混合阶段持续 10~30 s,一般不超过 2 min,其水流速度梯度 $G = 700~1\ 000\ s^{-1}$,主要是使药剂迅速而均匀地扩散到水中;反应阶段通常为 10~30 min,其平均速度梯度的值为 10~75 s^{-1}(通常 30~60 s^{-1}),主要使水中微粒凝聚增大而沉淀（或上浮）的过程。

3. 混凝剂和助凝剂

混凝剂的品种目前不下二三百种，按其化学成分可分为无机及有机两大类。无机类主要是铝和铁的盐类及其水解聚合物；有机类品种很多，主要是高分子聚合物，可分为天然的及人工合成的两类。

无机混凝剂主要利用其中的强水解基团水解形成的微絮粒使胶粒脱稳，无机混凝剂以其价格低廉、原料易得等优点得以大量运用，目前常用的无机混凝剂见表 1-4。

有机混凝剂分为天然有机混凝剂与人工合成有机高分子混凝剂。天然有机混凝剂的使用量远少于人工合成的。人工合成有机高分子混凝剂都是水溶性聚合物，重复单元中常包含带电基团，因而也被称为聚电解质。包含带正电荷基团的为阳离子型混凝剂，包含带负电荷基团的为阴离子型混凝剂，既包含带正电荷基团又包含带负电荷基团的为两性混凝剂，有些人工合成有机高分子混凝剂在制备中并没有人为地引进带电基团，称为非离子型混凝剂。表 1-5 是常用的有机混凝剂。

表 1-4　常用无机混凝剂

类别	药品名称	分子式
高分子	聚合氯化铝（PAC）	$[Al_2(OH)_nCl_{6-n}]_m$
	聚合硫酸铝（PAS）	$[Al_2(OH)_n(SO_4)_{3-n/2}]_m$
	聚合氯化铁（PFC）	$[Fe_2(OH)_nCl_{6-n}]_m$
	聚合硫酸铁（PFS）	$[Fe_2(OH)_n(SO_4)_{6-n/2}]_m$
低分子	硫酸铝（AS）	$Al_2(SO_4)_3 \cdot nH_2O$
	三氯化铝（AC）	$AlCl_3 \cdot 6H_2O$
	明矾（硫酸铝铵）（AA）	$(NH_4)_2SO_4 \cdot Al_2(SO_4)_3 \cdot 24H_2O$
	硫酸铝钾（KA）	$K_2SO_4 \cdot Al_2(SO_4)_3 \cdot 24H_2O$
	含铁硫酸铝（MICS）	$Al_2(SO_4)_3 + Fe_2(SO_4)_3$
	硫酸亚铁	$FeSO_4 \cdot 7H_2O$
	硫酸铁（FS）	$Fe_2(SO_4)_3 \cdot 12H_2O$
	氯化铁（FC）	$FeCl_3 \cdot 12H_2O$
	氯化绿矾	$FeCl_3 + Fe_2(SO_4)_3$
	氯化锌（ZC）	$ZnCl_2$
	硫酸锌（ZS）	$ZnSO_4$
	氧化镁	MgO
	碳酸镁	$MgCO_3$
	电解铝	$Al(OH)_3$
	电解铁	$Fe(OH)_3$

表 1-5　常用有机混凝剂

名称	离子型	说明
聚丙烯酰胺(PAM)	非	主要非离子型混凝剂品种
聚氧化乙烯(PEO)	非	对某些情况很有效
聚乙烯吡咯酮	非	专用混凝剂
部分水解聚丙烯酰胺(HPAM)	阴	主要阴离子型混凝剂品种,均聚物
聚苯乙烯磺酸盐(PSS)	阴	M 为金属离子,负电性强,电荷对 pH 不敏感,均聚物
聚乙烯胺	阴	均聚物,电荷与 pH 有关
聚羟基丙基-甲基氯化铵	阳	均聚物,电荷与 pH 有关
聚二甲基二烯丙基氯化铵	阳	均聚物,正电性强,电荷对 pH 不敏感,主要阳离子品种
聚羟基丙基二甲基氯化铵	阳	均聚物,正电性强,电荷对 pH 不敏感
聚二甲基铵甲基丙烯酰胺	阳	主要阳离子型混凝剂品种,电荷与 pH 有关
聚二甲胺基丙基甲基丙烯酰胺	阳	水解为阳离子丙烯酰胺衍生物

　　为了提高混凝沉淀的效果,通常在使用混凝剂时还需加入一些助凝剂。助凝剂有 3 类:

　　(1) pH 调节剂:它是用来调整废水的 pH,以达到混凝剂使用的最佳 pH。常用的有石灰等。

　　(2) 活化剂:用来改善絮凝体的结构,增加混凝剂的活性,如活性炭、各种黏土及活化硅酸等,活化硅酸是由硅酸钠与硫酸中和并熟化,使硅酸钠转化成硅酸单体,聚合成高分子物质。其优点是絮凝体形成快,而且粒大、密实,在低温下也能很好凝聚,而且最佳 pH 的范围很广。若将其与硫酸亚铁或硫酸铝合用,凝聚效果更好。

　　(3) 氧化剂:如氯等,用来破坏其他对混凝剂有干扰的有机物质。

　　4. 混凝沉淀处理流程

　　混凝沉淀处理流程包括投药、混合、反应及沉淀分离几个部分,如图 1-8 所示。

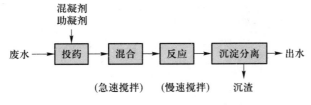

图 1-8　混凝沉淀处理流程示意图

三、氧化还原法

　　废水经氧化还原处理,可使其中所含有毒害的有机物质或无机物质转变成无毒或毒性较小的物质,从而达到废水治理的目的。各物质的氧化还原能力可从《物理化学手册》等文献资料查得。现在工业上用得比较多的氧化剂是氧气和氯气等。

1. 空气氧化法

空气氧化法是利用空气中的氧气氧化废水中的有机物和还原性物质的一种处理方法。因空气氧化能力比较弱,主要用于含还原性较强物质的废水处理,如炼油厂的含硫废水。空气中的氧与水中硫化物的反应如下:

$$2HS^- + 2O_2 \longrightarrow S_2O_3^{2-} + H_2O \tag{1-6}$$

$$2S^{2-} + 2O_2 + H_2O \longrightarrow S_2O_3^{2-} + 2OH^- \tag{1-7}$$

$$S_2O_3^{2-} + 2O_2 + 2OH^- \longrightarrow 2SO_4^{2-} + H_2O \tag{1-8}$$

有机硫化物与氧反应生成二硫化物,其在水中的溶解度很小,容易从水中分离出去,反应如下:

$$RSNa + R'SNa + 1/2O_2 + H_2O \longrightarrow RS\text{—}SR' + 2NaOH$$

反应过程中,式(1-6)与式(1-7)反应为主反应。根据理论计算,氧化1 kg硫化物为硫代硫酸盐,需氧量为1 kg,约相当于3.7 m³空气。由于部分硫代硫酸盐(约10%)会进一步氧化为硫酸盐,使需氧量约增加到4.0 m³空气。而实际操作中供气量往往为理论值的2～3倍。空气氧化脱硫在密闭的塔器(空塔、板式塔、填料塔)中进行。图1-9为某炼油厂的废水氧化装置。含硫废水经隔油沉渣后与压缩空气及水蒸气混合,升温至80～90 ℃,进入空气氧化塔,塔径一般不大于2.5 m,分4段,每段高3 m。每段进口处设喷孔,雾化进料,塔内气水体积比不小于15。增大气水体积比,则气液的接触面积加大,有利于空气中的氧向水中扩散,加快氧化速度。废水在塔内平均停留时间为1.5～2.5 h。

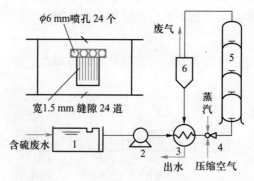

图1-9　空气氧化法处理含硫废水流程

1. 隔油池;2. 泵;3. 换热器;4. 射流器;5. 空气氧化塔;6. 分离器

2. 氯氧化法

氯气是普遍使用的氧化剂,既用于给水消毒,又用于废水氧化,主要起消毒杀菌的作用。通常的含氯药剂有液氯、漂白粉、次氯酸钠、二氧化氯等。各药剂的氧化能力用有效氯含量表示。氧化价大于-1 的那部分氯具有氧化能力,称之为有效氯。作为比较基准,取液氯(两个作用氯的氧化价均比-1 大 1)的有效氯含量为 100%(质量分数)。表 1-6 给出了纯的含氯化合物的有效氯含量。

表 1-6　纯的含氯化合物的有效氯含量

化学式	相对分子质量	有效氯的物质的量/mol	含氯量/%	有效氯含量/%
液氯 Cl_2	71	1	100	100
漂白粉 $CaCl(OCl)$	127	1	56	56
次氯酸钠 $NaOCl$	74.5	1	47.7	95.4
次氯酸钙 $Ca(OCl)_2$	143	2	49.6	99.2
一氯胺 NH_2Cl	51.5	1	69	138
亚氯酸钠 $NaClO_2$	90.5	2(酸性)	39.2	156.8
氧化二氯 Cl_2O	87	2	81.7	163.4
二氯胺 $NHCl_2$	86	2	82.5	165
三氯化氮 NCl_3	120.5	3	88.5	177
二氧化氯 ClO_2	67.5	2.5(酸性)	52.5	262.5

氯氧化法目前主要用在对含酚、含氰、含硫化物废水的治理方面。

(1) 处理含酚废水:向含酚废水中加入氯、次氯酸盐或二氧化氯等,可将酚破坏。根据理论计算投加的氯量与水中的含酚量之比为 6∶1 时,即可使酚完全破坏,但由于废水中存在其他化合物也与氯发生反应,实际上氯的需要量要超过理论量许多倍,一般要超出 10 倍左右。如果投氯量不够,酚不能完全被破坏,而且生成具有强烈臭味的氯酚。二氧化氯的氧化能力为氯的 2.5 倍左右,而且在氧化过程中不会生成氯酚。但由于二氧化氯的价格昂贵,故仅用于除去低浓度酚的废水处理。

(2) 处理含氰废水:用氯氧化法处理含氰废水时,将次氯酸钠直接投入废水中,也可以将氢氧化钠和氯气同时加入废水中,氢氧化钠与氯气反应生成次氯酸钠。由于这种氯氧化法是在碱性条件下进行的,故又称为碱性氯化法。

废水中含氰量与完成两个阶段反应所需的总氯及氢氧化钠的物质的量之比,理论上为 $n(CN)∶n(Cl_2)∶n(NaOH)=1∶6.8∶6.2$。实际上,为使氰化物完全氧化,一般投入氯的量为废水中所含氰量的 8 倍左右。

此外,废水处理中还有臭氧化、Fenton 及类 Fenton 氧化法、超临界水氧化法(SCWO)和高温高压氧化法等,这些方法对于 pH 较低、有机物含量高的废水处理的效果很好。目前看来,这些方法的投资和运转费用较高,但随着技术的不断革新与成熟,其应用也会越来越广泛。

其他几种用于处理废水的氧化还原法

超临界水氧化法

第四节　物理化学处理法

废水经过一般的物理和化学方法处理后,仍会含有某些细小的悬浮物和溶解的有机物。为了进一步去除残存在水中的污染物,可以进一步采用物理化学方法进行处理。常用的物理化学方法有吸附、浮选、电渗析、反渗透、超滤等。

一、吸附法

在废水处理中,吸附法处理的主要对象是废水中用生化法难以降解的有机物或用一般氧化法难以氧化的溶解性有机物,包括木质素、氯或硝基取代的芳烃化合物、杂环化合物、洗涤剂、合成染料、除莠剂、DDT 等。当用活性炭等对这类废水进行处理时,它不但能够吸附这些难以分解的有机物,降低 COD,还能使废水脱色、脱臭,把废水处理到可重复利用的程度。所以吸附法在废水的深度处理中得到了广泛的应用。

吸附法是利用多孔性固体物质作为吸附剂,以吸附剂的表面吸附废水中的某种污染物的方法。常用的吸附剂有活性炭、硅藻土、铝矾土、磺化煤、矿渣和吸附用的树脂等。其中以活性炭最为常用。

吸附原理在“物理化学”等课程中已论述,此处从略。

1. 吸附剂的选择

一切固体物质都具有吸附能力,但是只有多孔性物质或磨得极细的物质由于具有很大的表面积,才能作为吸附剂。

吸附剂的选择还应考虑以下要求:① 吸附能力强;② 吸附选择性好;③ 吸附平衡浓度低;④ 容易再生和再利用;⑤ 机械强度好;⑥ 化学性质稳定;⑦ 来源容易;⑧ 价格便宜。一般工业吸附剂难以同时满足这 8 个方面的要求,因此,应根据不同的场合选用。

目前常用的吸附剂很多,除人们熟悉的活性炭和硅胶外,还有白土、硅藻土、活性氧化铝、焦炭、树脂吸附剂、腐殖酸,甚至那些弃之为废物的炉渣、木屑、煤灰及煤粉等。

吸附剂的吸附能力常用静活性来表示,即在一定的温度及平衡浓度的静态吸附条件下,单位质量或单位体积吸附剂所能吸附的最大吸附质的量。

吸附过程的物料系统,包括废水(溶媒)、污染物质(溶质)及吸附剂,因此吸附是属于不同相间的传质过程,机理比较复杂,影响吸附过程的因素比较多,主要可以归纳为 3 方面的影响因素,即吸附剂的性质、污染物的性质,以及吸附过程的条件。

吸附剂的物理及化学性质,对吸附效果有决定性的影响,而吸附剂的性质又与其制作时所使用的原料与加工方法及活性化的条件有关。活性炭作为处理废水中常用的吸附剂,其吸附效果决定于吸附性、比表面积、孔隙结构、孔径分布等。

吸附剂在达到吸附饱和后,必须进行脱附再生才能重复使用。脱附是吸附的逆过程,即在吸附剂结构不发生变化或变化极小的情况下,用某种方法将被吸附物质从吸附剂孔隙中除去,恢复吸附剂的吸附功能。通过再生使用,可以大大降低废水的处理成本;可以减少废渣排放量;同时可以回收有用的吸附质。目前吸附剂的再生方法主要有反冲洗及加热再生、药剂再生、化学氧化再生、湿式氧化再生、生物再生等。在选择再生方法时,主要考虑3方面的因素:① 吸附质的性质;② 吸附机理;③ 吸附质的回收使用价值。

2. 吸附工艺及设备

在设计吸附工艺和设备时,应首先确定采用何种吸附剂,选择何种吸附和再生操作方法,以及废水的预处理和后处理措施。一般需通过静态和动态试验来确定处理效果、吸附容量、设计参数和技术经济指标。

吸附操作分间歇和连续两种。

(1)间歇吸附法:将吸附剂(多用粉状炭)投入废水中,不断搅拌,经一定时间达到吸附平衡后,用沉淀或过滤的方法进行固液分离。如果经过一次吸附排出的水还达不到排放要求时,则需要增加吸附剂投加量和延长停留时间,或对一次吸附排出的水进行二次或多次吸附。间歇吸附法适用于规模小、间歇排放的废水处理。当处理规模比较大,需建较大的混合池和固液分离装置,粉状炭的再生工艺也比较复杂。故目前在生产上很少使用。

(2)连续吸附法:废水不断地流进吸附床,与吸附剂接触除去污染物,质量符合要求的处理后的水连续地从吸附床排出。

吸附设备按照吸附剂的充填方式,可分为固定床、移动床和流化床等。图 1-10 和图 1-11 为其中常用的两种。

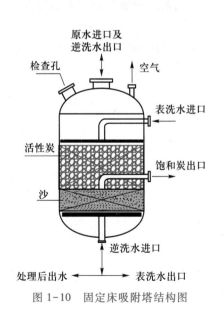

图 1-10　固定床吸附塔结构图

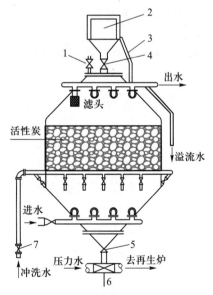

图 1-11　移动床吸附塔结构图

1. 通气阀;2. 进料斗;3. 溢流管;4、5. 直流式衬胶阀;6. 水射器;7. 截止阀

吸附法除对含有机物废水有很好的去除作用外,对某些金属及化合物也有很好的吸附效果。研究表明,活性炭对汞、锑、铋、锡、钴、镍、铬、铜、镉等都有很强的吸附能力。国内已应用活性炭吸附法处理电镀含铬、含氰废水,以及对于化工厂、炼油厂等排放的有机污染物的废水。在要求深度处理时,活性炭吸附法也已成为一种实用、可靠而经济的方法。

二、浮选法

气浮池

浮选法就是利用高度分散的微小气泡作为载体去黏附废水中的污染物,利用其密度小于水而上浮到水面,实现固液或液液分离的过程。在废水处理中,浮选法已广泛应用于:① 分离地表水中的细小悬浮物、藻类及微絮粒;② 回收工业废水中的有用物质,如造纸厂废水中的纸浆纤维及填料等;③ 代替二次沉淀池,分离和浓缩剩余活性污泥,特别适宜用于那些易于产生污泥膨胀的生化处理工艺中;④ 分离回收油废水中的悬浮油和乳化油;⑤ 分离回收以分子或离子状态存在的目的物,如表面活性剂和金属离子等。

1. 浮选法的基本原理

浮选法主要是根据液体表面张力的作用原理,使污水中固体污染物黏附在小气泡上。当空气通入废水时,与废水中的细小颗粒物共同组成三相体系。细小颗粒黏附到气泡上时,使气泡界面发生变化,引起界面能的变化。颗粒能否黏附于气泡上与颗粒和液体的表面性质有关。亲水性颗粒易被水润湿,水对它有较大的附着力,气泡不易把水推开取而代之,这种颗粒不易黏附于气泡上而除去。而疏水性颗粒则容易附着于气泡而被除去。

各种物质对水的亲疏性,可用它们与水的接触角 θ(以对着水的两切线夹角为准)来衡量。接触角 $\theta<90°$ 者为亲水性物质,$\theta>90°$ 者为疏水性物质。这种关系可从图1-12中表示的颗粒被水润湿面积的大小看出。

若要用浮选法分离亲水性颗粒(如纸浆纤维、煤粒、重金属离子等),就必须投加合适的药剂——浮选剂,以改变颗粒表面性质,使其改为疏水性,易于黏附于气泡上。同时浮选剂还有促进气泡的作用,可使废水中的空气形成稳定的小气泡,以利于气浮。

浮选剂的种类很多,如松香油、石油及煤油产品,脂肪酸及其盐类,表面活性剂等。对

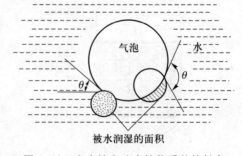
图 1-12　亲水性和疏水性物质的接触角

不同性质的废水应通过试验选择合适的品种和投加量,也可参考矿冶工业浮选的资料。

2. 浮选法操作流程

浮选法具体操作流程比较多,下面介绍最常用的两种流程。

（1）加压浮选法：操作过程如图 1-13 所示。在加压的情况下将空气通入废水中，使空气在废水中溶解达饱和状态，然后由加压状态突然减至常压，这时溶解在水中的空气迅速析出形成无数极微小的气泡，不断向水面上升。气泡在上升过程中，捕集废水中的悬浮颗粒和胶状物质等，一同带出水面。然后从水面上将其除去。用这种方法产生的气泡直径为 20~100 μm，并且可人为地控制气泡与废水的接触时间，因而净化效果好，应用广泛。

气浮压力溶气罐

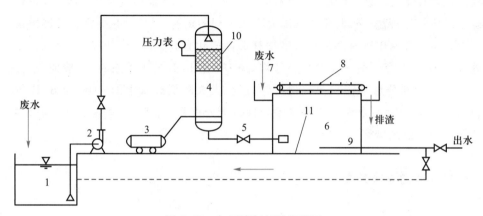

图 1-13　加压溶气气浮流程图

1. 吸水井；2. 加压泵；3. 空压机；4. 压力容器罐；5. 减压释放阀；6. 分离室；7. 废水进水管；
8. 刮渣机；9. 集水系统；10. 填料层；11. 隔板

（2）曝气浮选法：曝气浮选法是将空气直接打入浮选池底部的充气器中，空气形成细小的气泡均匀地进入废水，气泡捕集废水中颗粒后上浮到水面，由排渣装置将浮渣刮送到泥渣出口处排出。该法特点：充气压力低，较节能，设备也简单；但池中产生的气泡较大且不均匀，除杂效果较差。

（3）电凝聚浮选法：这种方法是以铁片和石墨作为阳极，铁片在电解过程中溶解并氧化形成 $Fe(OH)_3$，$Fe(OH)_3$ 作为絮凝剂吸附污染物；同时石墨阳极产生的 O_2，阴极（铝片）产生的 H_2 可以把悬浮物带到水面形成浮渣层而除去。对于 pH 为 5.0~6.0、导电性较好的工业废水，可以直接利用电凝聚浮选法进行处理。如果污水 pH 为 4~10，可以用铝片作阳极，电解生成 $Al(OH)_3$ 作为絮凝剂吸附污染物，也能达到很好的效果。

电渗析

充气器应使产生的气泡均匀，可以用带有微孔的材料制成，如帆布、多孔陶瓷、微孔塑料管等。曝气浮选法的特点是动力消耗小，但由于气泡较大，又很难均匀，故浮洗效果较加压浮选法要差一些。目前都是与生化的活性污泥法统一使用。

反渗透

属于物理化学法范围的还有电渗析、反渗透、超滤等。这些方法净化水的效果（净化度）很好，但它们的设备投资较高，废水处理能力较小，现一般应用于废水的三级处理和饮用水净化等有特殊需要的部门。

超滤

第五节   生化处理法

一般认为只要废水中 BOD_5/COD 比值大于 0.3,即可采用生化处理法。当化工废水中含有有机污染物时,单采用物理或化学的方法很难达到治理要求,这时应用生物化学处理法往往十分奏效,而且还可以有效除去有机污水散发出的臭味。本法简称生化处理法或生物处理法。近几十年来随着生化工程的迅速发展,生化处理法发展极快。

由于工业废水中含有多种对微生物有毒性的化合物,在生化处理前往往需要进行预处理。另外,从悬浮物和不溶性颗粒物与 COD 或 BOD 的关系来看,一般地说在去除了废水中的大部分悬浮物和颗粒物之外,还会大大降低废水中的 COD 和 BOD 值,因此,加强工业水中悬浮物和颗粒物的预处理是十分重要的,并且是削减废水中有机物的一项简单而有效的措施。

一、生化处理的方法分类

从微生物的代谢形式出发,生化处理法主要分为好氧处理和厌氧处理两大类型;按照微生物的生长方式,可分为悬浮生化法和固着生化法两类;此外,按照系统的运行方式可分为连续式和间歇式;按照主体设备的水流状态,可分为平推流式和完全混合式等类型。根据作用原理不同可以大致分类如下:

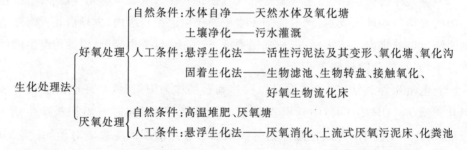

其中好氧处理的活性污泥法和生物滤池法比较成熟、应用较多,而人工条件的厌氧消化正处于发展阶段。

二、微生物及生化处理

1. 微生物的特征

(1) 微生物的种类:所谓微生物是一些肉眼不能看见,只能凭借显微镜才能观察到的单细胞及多细胞生物,微生物在自然界中分布极广,种类繁多。在处理废水中常见的微生物可以分为以下几类:

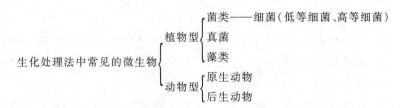

在废水处理过程中,随着废水水质的差异,出现的微生物种类、数量也有明显差别,其中以细菌的数量最多。

(2) 微生物的新陈代谢:微生物在生命活动过程中,不断从外界环境中吸取有机物作为营养物质,并通过复杂的酶催化反应将其加以利用,提供能量并合成新的生物体,同时又不断地向外界环境排泄废物,从而实现生命体的自我更新,这个过程称为微生物的新陈代谢,简称代谢。各种生物的生命活动,如生长、繁殖、遗传及变异,都需要通过新陈代谢来实现,可以讲,没有新陈代谢,就没有生命。

(3) 微生物的变异性:即环境条件的改变对微生物有特别明显的影响。同时变异又具有遗传性。因此,利用微生物的这种特性,可以在人为的条件下培养所需微生物,部分改变其原有的特性,使之更好地用于不同的废水处理中。这种培养又称为驯化。利用驯化微生物改变其部分性状的方法称为定向变异。微生物的定向变异对用生化处理法处理废水具有特别重要的意义。

由于微生物具有来源广、易培养、繁殖快、对环境适应性强、易变异等特征,以及生产上较易采集菌种进行培养增殖,并在特定条件下进行驯化,使之适应有毒工业废水的水质条件等特点,从而可通过微生物的新陈代谢使废水中的有机物无机化,有毒物质无害化。加之微生物的生存条件温和,新陈代谢过程中不需要高温高压,用生化处理法促使污染物的转化过程与一般化学法相比优越得多。其处理废水的费用低廉,运行管理较为方便,所以生化处理是废水处理系统中最重要的过程之一。目前,这种方法已广泛用作生活污水及工业有机废水的二级处理。

2. 生物酶

微生物处理废水中,一切反应都是在酶的作用下进行的。酶是微生物细胞特有的一种蛋白质,是具有高度专一性的高效生物催化剂。酶的催化活性多受环境条件的影响,特别是温度、pH 和某些离子等,因此废水需要具备一定的条件,才能使用生化处理法进行有效的处理。

3. 生化处理法对水质的要求

废水生化处理是以废水中所含的污染物作为营养源,利用微生物的代谢作用使污染物被降解,废水得以净化。显然,如果废水中的污染物不能被微生物所降解,则生化处理法是无效的。如果废水中的污染物可以被微生物降解,则在设计状态下废水可以获得良好的处理效果。但是当废水中突然进入有毒物质,或环境条件突然发生变化,超过微生物的承受限度时,将会对微生物产生抑制或毒害作用,使系统的运行遭到严重破坏。因此,进行生化处理时,使废水水质给微生物的生长繁殖提供适宜的环境条件是非常重要的。对废水水质的要求主要有以下几个方面。

（1）pH：在废水处理过程中，pH 不能突然有较大变动，否则将使微生物的活力受到抑制，以至于造成微生物的死亡。一般，对好氧生物处理的 pH 可保持在6～9，对厌氧生物处理的 pH 应保持在 6.5～8。

（2）温度：温度过高时，微生物会死亡；而温度过低时，微生物的新陈代谢作用将变得缓慢，活力受到抑制。一般生化处理法要求水温控制在 20～35 ℃，但高温厌氧法水温为 50～55 ℃。

（3）水中的营养物及其毒物：微生物的生长、繁殖需要多种营养物质，其中包括碳源、氮源、无机盐类等。水质经过分析后，需向水中投加缺少的营养物质，以满足所需的各种营养物，并保持其间的一定数量比例，一般对生化需氧量、氮需要量、磷需要量的质量比应满足：好氧法 $m(BOD_5):m(N):m(P)=100:5:1$；而厌氧法 $m(BOD_5):m(N):m(P)=100:2.5:0.5$。

在工业废水中，有时存在着对微生物具有抑制和杀害作用的化学物质，即有毒物质。毒物种类不少，这些毒物对微生物产生毒害是需达到一定浓度的，即有一个毒物最高允许浓度。微生物驯化后，其毒物最高允许浓度可适当提高。表 1-7 列出了一部分毒物仅供参考的允许浓度。

表 1-7　废水生化处理中有毒物质允许浓度

毒物名称	允许浓度/ $mg \cdot L^{-1}$	毒物名称	允许浓度/ $mg \cdot L^{-1}$	毒物名称	允许浓度/ $mg \cdot L^{-1}$
亚砷酸盐	5	铁	100	苯	100
砷酸盐	20	硫化物（以 S 计）	10～30	酚	100
铅	1	氯化钠	10 000	氯苯	100
镉	1～5	CN^-	5～20	甲醛	100～150
三价铬	10	氰化钾	8～9	甲醇	200
六价铬	2～5	硫酸根	5 000	吡啶	400
铜	5～10	硝酸根	5 000	油脂	30～50
锌	5～20				

（4）氧气：微生物根据对氧的要求，可分为好氧微生物、厌氧微生物及兼性微生物。好氧微生物在降解有机物的代谢过程中以分子氧作为受氢体，如果分子氧不足，降解过程就会因为没有受氢体而不能进行，微生物的正常生长规律就会受到影响，甚至被破坏。所以在好氧生物处理的反应过程中，通常需从外界供氧，一般要求反应器废水中保持溶解氧浓度在 2～4 mg/L。

而厌氧微生物对氧气很敏感，当有氧存在时，它们就无法生长。

（5）有机物的浓度：进水有机物的浓度高，将增加生物反应所需的氧量，往往由于水中含氧量不足造成缺氧，影响生化处理效果。但进水有机物的浓度太低，容易造成养料不够,缺乏营养也使处理效果受到影响。一般进水 BOD_5 值以不超过 1 000 mg/L 及不低于 100 mg/L 为宜。

4. 好氧生化处理和厌氧生化处理

根据生化处理过程中起主要作用的微生物的种类不同,废水生化处理可分为好氧生化处理和厌氧生化处理两大类。

(1) 好氧生化处理:好氧微生物主导和兼性微生物参与,在有溶解氧的条件下,将有机物分解为 CO_2 和 H_2O,并释放出能量的代谢过程。在有机物氧化过程中脱出的氢是以氧作为受氢体,如葡萄糖($C_6H_{12}O_6$)在有氧情况下完全氧化,如下式所示:

SBR 法水处理

$$C_6H_{12}O_6 + 6O_2 \longrightarrow 6CO_2 + 6H_2O + 2\ 880\ kJ$$

好氧生化处理过程中,有机物的分解比较彻底,最终产物是含能量最低的 CO_2 和 H_2O,故释放能量多,代谢速率快,代谢产物稳定。从废水处理的角度来说,希望保持这样一种代谢形式,在较短时间内,将废水有机污染物稳定化。但好氧生化处理也有其致命的缺点,即对含有机物浓度很高的废水,由于要供给好氧微生物所需的足够氧气(空气)比较困难,需先对废水进行稀释,要耗用大量的稀释水,而且在好氧处理中,不断地补充水中的溶解氧,从而使处理成本提高。好氧生化法处理污水负荷通常为 2~4 kg BOD/($m^3 \cdot d$),每除去 1 kg BOD 将产生 0.4~0.6 kg 生物量。

MBR 法水处理

(2) 厌氧生化处理:在无氧的条件下,利用厌氧微生物,主要是厌氧菌的作用,来处理废水中的有机物。过程中受氢体不是游离氧,而是有机物质或含氧化合物,如 SO_4^{2-}、NO_3^-、NO_2^-、CO_2 等。因此,最终代谢产物不是简单的 CO_2 和 H_2O,而含有一些低相对分子质量有机物——CH_4、H_2S、NH_4^+ 等。

AAO 法水处理

厌氧生化处理法的优点是:能耗低,无需充氧,且可回收甲烷燃料,应用广,可用于低、中、高各种浓度有机废水,处理负荷高,可达 10 kg BOD/($m^3 \cdot d$);剩余污泥量少,仅为好氧法的 5%~20%;有一定的杀菌作用,且可降解好氧法难除的一些有机物。当然厌氧法也有其缺点,例如,厌氧处理机理复杂,所需技术要求高,时间长,出水水质差,往往需进一步处理。

氧化沟法水处理

三、活性污泥法

活性污泥法是处理工业废水最常用的生化处理法,在称为曝气池的废水处理池中,不断注入空气(即曝气),利用池中悬浮生长的微生物絮体处理有机废水。这种微生物絮体称为活性污泥,它由好氧微生物(包括细菌、真菌、原生动物及后生动物)及其代谢的和吸附的有机物、无机物组成,具有降解废水中有机污染物(也有些可部分分解无机物)的能力。目前,工业中活性污泥法常用的工艺包括 SBR 法(序批式活性污泥法)、MBR 法(膜生物反应器法)、AO 法(厌氧-好氧工艺法)、AAO 法(厌氧-缺氧-好氧生物法)、氧化沟法等。

曝气池

1. 活性污泥

活性污泥法处理的关键在于具有足够数量的性能良好的污泥。它是大量微生物聚集的地方,即生物反应的中心,在处理废水过程中,活性污泥对废水中的有机物具有很强的吸附和氧化分解能力,故活性污泥中还含有分解的有机物及无机物等。污泥中的微生物在废水处理中起主要作用的是细菌和原生动物。

衡量一曝气池的活性污泥混合液性能好坏除了进行生物相的观察外,常用的评价指标主要有以下几项:

(1) 混合液悬浮固体浓度(MLSS):指 1 L 曝气池混合液内所含的悬浮固体(SS)的量,单位为 g/L 或 mg/L,也称污泥浓度。包括混合液中的微生物、有机物和无机物。其值由混合液滤去清液,再经 103~105 ℃ 干燥后,称量取得。污泥浓度的大小可间接地反映废水中所含微生物的浓度。一般在活性污泥曝气池内常保持 MLSS 在 2~6 g/L,多为 3~4 g/L。

(2) 污泥沉降比(SV):是指一定量的曝气池混合液静置 30 min 后,沉淀污泥与混合液的体积比,用百分数表示。它可反映污泥的沉淀和凝聚性能的好坏。污泥沉降比越大,越有利于活性污泥与水分离。性能良好的污泥,一般沉降比可达 15%~30%。

(3) 污泥容积指数(SVI):又称污泥指数,是指一定量的曝气池混合液经30 min 沉淀后,1 g 干污泥所形成的沉淀污泥所占有的容积,单位为 mL/g,它实质是反映活性污泥的松散程度。污泥指数越大,则污泥越松散,这样可有较大表面积,易于吸附和氧化分解有机物,提高废水的处理效果。但污泥指数太高,污泥过于松散,则污泥的沉淀性差,故一般控制在 50~150 mL/g 为宜。但根据废水性质的不同,这个指标也有差异,如废水溶解性有机物含量高时,正常的 SVI 值可能较高;相反,废水中含无机悬浮物较多时,正常的 SVI 值可能较低。

以上三者之间的关系为

$$SVI = SV \times 10 / MLSS$$

例如,曝气池废水污泥沉降比(SV)为 20%,污泥浓度为 2.5 g/L,则污泥容积指数为

$$SVI = \frac{20\% \times 10}{2.5 \ g/L} = 0.08(L/g) = 80 \ (mL/g)$$

(4) 混合液挥发性悬浮固体浓度(MLVSS):指 1 L 混合液内所含挥发性悬浮固体的量,单位为 g/L。此浓度包括混合液中微生物和有机物的浓度。其值由 MLSS 再经 600 ℃ 煅烧后取得。该值更接近微生物的实际量。

2. 活性污泥法处理废水的过程

活性污泥去除废水中的有机物,主要经历 3 个阶段:

(1) 吸附阶段:废水与活性污泥接触后的很短时间内水中有机物(BOD)迅速降低,这主要是吸附作用引起的。由于絮状的活性污泥表面积很大(2 000~10 000 m²/m³ 混合液),表面具有多糖类黏液层,废水中悬浮和胶体的物质被絮凝和吸附迅速去除。往往在 10~40 min 内,BOD 可下降 80%~90%,其后下降速率显著减缓,活性污泥的初

期吸附性能取决于污泥的活性。

（2）氧化阶段：在有氧的条件下，微生物将吸附的有机物一部分氧化分解获取能量，一部分则合成新的细胞。从废水处理的角度看，不论是氧化还是合成都能从水中去除有机物，只是合成的细胞必须易于絮凝沉淀而能从水中分离出来。这一阶段比吸附阶段慢得多。

（3）絮凝体形成与凝聚沉淀阶段：氧化阶段合成的菌体有机物絮凝形成絮凝体，通过重力沉淀从废水中分离出来，使水得到净化。

采用活性污泥法处理工业废水的大致流程如图 1-14 所示。

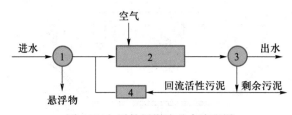

图 1-14　活性污泥法基本流程图

1. 初次沉淀池；2. 曝气池；3. 二次沉淀池；4. 再生池

流程中的主体构筑物是曝气池，废水必须先进行沉淀预处理（如初沉）后，除去其中大的悬浮物及胶状颗粒等，然后进入曝气池与池内活性污泥混合成混合液，并在池内充分曝气，一方面使活性污泥处于悬浮状态，废水与活性污泥充分接触；另一方面，通过曝气向活性污泥提供氧气，保持好氧条件，保证微生物的正常生长和繁殖，而废水中的有机物被活性污泥吸附、氧化分解。处理后的废水和活性污泥一同流入二次沉淀池进行分离，上层净化后的废水排出。沉淀的活性污泥部分回流入曝气池进口，与进入曝气池的新废水混合。由于微生物的新陈代谢作用，不断有新的原生质合成，所在系统中活性污泥量会不断增加，多余的活性污泥应从系统中排出，这部分污泥称为剩余污泥；回流使用的污泥，称为回流活性污泥。通常，参与分解废水中有机物的微生物的增殖速度都慢于微生物在曝气池内的平均停留时间，因此，如果不将浓缩的活性污泥回流到曝气池，则具有净化功能的微生物将会逐渐减少。除回流活性污泥外，增殖的细胞物质将作为剩余污泥排入污泥处理系统。

3. 活性污泥法处理废水装置的类型

按废水和回流活性污泥的进入方式及其在曝气池中的混合方式，活性污泥法处理废水装置可分为平推流式和完全混合式两大类。

（1）平推流式：活性污泥曝气池有若干个狭长的流槽，废水从一端进入，另一端流出。此类曝气池又可分为平行水流（并联）式和转折水流（串联）式两种。沿途曝气充氧，随着水流的过程，底物（有机物及其他营养物）分解，微生物增长。平推流式曝气时间 6~8 h，废水中 BOD 去除率可达 95 %。缺点是曝气池容积大，占地多。其过程同图 1-14。

（2）完全混合式：此种曝气池多为圆形、方形，采用叶轮式机械曝气。废水进入曝气池后，在搅拌下立即与池内活性污泥混合液混合，从而使进水得到良好的稀释，污泥与废水得到充分混合，可以最大限度地承受废水水质变化的冲击，使曝气池处于良好的工作条件。典型完全混合式曝气池构造如图1-15所示。它由曝气区、导流区、回流区、沉淀区几部分组成。它占地面积小，回流用活性污泥可自动回流至曝气区，不需污泥输送设备。但是沉淀效果较平推流式要差，流出水中有机物的含量比较高。完全混合式曝气时间2~3 h，废水中BOD去除率约为90%。

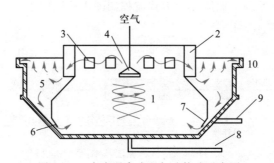

图1-15　完全混合式曝气池构造示意图

1. 曝气区；2. 导流区；3. 回流窗；4. 曝气叶轮；5. 沉淀区；6. 顺流圈；7. 回流缝；
8. 进水管；9. 排泥管；10. 出水槽

当然，理论上的平推流式和完全混合式是没有的，一般实际运行的曝气池的流程是介于两者之间的。

活性污泥法中的曝气很重要，其作用除了为生化反应供氧外，还有搅动和混合作用，以提高传质等水处理效率。其方式可分为鼓风式和机械式两大类。

鼓风式使空气（或纯氧）稍加压后，以气泡形式鼓入曝气池废水中。它适合于长方形曝气池，曝气设备装在池的底部或两侧。气泡在形成、上升和破裂时向水中充氧并搅动水流。

机械式是用专门的曝气机械剧烈搅动水面（也有水下），使空气中氧气溶解于水中，使系统接近完全混合式。如果在一个长方形池中安装多个曝气机，废水从一端进入，经几次搅动曝气后，从另一端流出，这就相当于若干个完全混合式曝气池串联工作，适用于大型废水处理系统。

四、生物膜法

生物接触氧化池

生物膜法是另一种好氧生化处理法，也称固着生化法。活性污泥法是依靠曝气池中悬浮流动着的活性污泥来分解有机物的，而生物膜法是通过流动的废水同固体（填料、滤料）上附着的生物膜接触，生物膜吸附和氧化废水中的有机物并同废水进行物质交换，从而使废水得到净化的过程。工业废水处理中常见的生物接触氧化池，就是利用了生物膜法的原理。

1. 生物膜

当含有机物废水与固体载体长期流动接触,载体的表面上会逐渐形成一层黏性生物膜。生物膜主要是由好氧菌、厌氧菌和兼性菌的菌胶团和真菌菌丝组成,此外还有一些微生物。

生物膜的构造示于图 1-16。生物膜是高度亲水的物质,其外侧表面总存在一层附着水层。膜与含有机物和氧的污水接触,附着在水层中的有机物由于微生物的氧化作用,浓度远比流动水层低。因此,由于传质作用,流动水层中的有机物就扩散转移到附着水层,然后进入生物膜,并通过微生物的代谢活动而被降解,使流动水层得到净化;而空气中的氧溶解于流动水层中,通过附着水层传递给生物膜,供微生物呼吸用;微生物代谢产物 CO_2 等则沿着相反方向从生物膜经过附着水层进入流动水层排走,最后从水层逸出进入空气。随着有机物的降解,微生物不断增殖,生物膜厚度不断增加,到一定程度,在氧不能

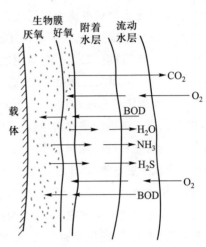

图 1-16 生物膜构造示意图

透入的内侧就形成了厌氧层。外侧的好氧层一般厚 2 mm,有机物的降解主要在好氧层内完成。当厌氧层厚度增加到一定程度时,靠近载体表面处的微生物由于得不到作为营养的有机物,附着于载体的能力减弱,生物膜在外部水流剪切力作用下脱落。老化生物膜脱落后,又开始生成新的生物膜。因此,在处理系统的工作过程中,生物膜不断生长、脱落和更新,从而保持生物膜的活性。

2. 生物膜法处理废水过程

生物膜法处理废水主要在一种气液固多相生化反应器中进行。常用的有生物滤池、塔式滤池、生物转盘、生物接触氧化床和生物流化床等。现简介生物滤池如下:

生物滤池一般由钢筋混凝土或砖石砌筑而成,池平面有矩形、圆形或多边形,其中以圆形为多,主要组成部分是滤料、池壁、排水系统和布水系统,如图 1-17 所示。

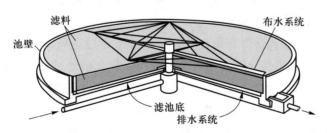

图 1-17 生物滤池的构造示意图

滤料作为生物膜的载体,对生物滤池的工作影响比较大。常用的滤料有卵石、碎石、炉渣、焦炭、瓷环、陶粒等,而且颗粒比较均匀,粒径为 25~100 mm。滤层厚度为

0.9~2.5 m,平均为1.8~2.0 m。近年来,生物滤池多采用塑料滤料,主要由聚氯乙烯、聚乙烯、聚苯乙烯、聚酰胺等加工成波纹板、蜂窝管、环状及中空圆柱等复合式滤料。这些滤料的特点是比表面积大,孔隙率高(可达90%以上),从而显著改善膜生长及通风条件,使废水处理效果大为提高。

二沉池

　　生物滤池法的基本流程与活性污泥法相似,由初次沉淀、生物滤池、二次沉淀三部分组成。在生物滤池中,为了防止滤层堵塞,需设置初次沉淀池,预先去除废水中的悬浮颗粒和胶状颗粒。二次沉淀池用以分离脱落的生物膜。由于生物膜的含水率比活性污泥小,因此,污泥沉淀速度较大,二次沉淀池容积较小。

　　生物滤池法处理废水过程:含有有机物的工业废水,由滤池顶部通入,自上而下地穿过滤料层,进入池底的集水沟,然后排出池外。当废水由布水系统均匀地分布在滤料的表面上,并沿着滤料的间隙向下流动时,滤料截留了废水中的悬浮物质及微生物,在滤料表面逐渐形成一层黏膜,由于膜内生长有大量的微生物,微生物吸附滤料表面上的有机物作为营养,很快繁殖,并进一步吸附废水中的有机物,使生物膜厚度逐渐增加,增厚到一定程度时,氧气难以进入生物膜深层,生物膜深层供氧不足,会造成厌氧微生物繁殖,从而产生厌氧分解,产生氨、硫化氢和有机酸,有恶臭气味,影响出水的水质。另外,如果生物膜太厚,会使滤料间隙变小,造成堵塞,使处理水量减少。一般认为生物膜厚度以2 mm左右为宜。在工作过程中,生物膜不断生长、脱落和更新,从而保持其活性。

五、厌氧生化法

　　废水厌氧生化处理是环境工程与能源工程中的一项重要技术。农村广泛使用的沼气池就是厌氧生化处理技术的运用实例。但由于存在停留时间长、对低浓度有机废水处理效率低等缺点,较长时期限制了该技术在工业废水处理中的广泛应用。从20世纪70年代开始,由于世界能源的紧缺,能产生能源的废水厌氧技术得到重视,不断开发出新的厌氧处理工艺和构筑物。大幅度地提高了厌氧反应器内活性污泥的持留量,使废水的处理时间大大缩短,处理效率成倍提高。特别对高浓度有机废水的处理,能耗小且可回收能源,以及剩余污泥量少等方面逐渐显示出它的优越性。

　　1. 厌氧生化处理的基本原理

　　废水的厌氧生化处理是指在无分子氧的条件下通过厌氧微生物(或兼性微生物)的作用,将废水中的有机物分解转化为甲烷等和二氧化碳的过程,所以又称厌氧消化。厌氧生化处理是一个复杂的微生物化学过程。早在20世纪30年代,人们就已经认识到有机物的分解过程可分为酸性(酸化)阶段和碱性(甲烷化)阶段。1967年,美国科学家Bryant的研究表明,厌氧过程主要依靠三大类群的细菌,即水解产酸细菌、产氢产乙酸细菌和产甲烷细菌的联合作用完成。因而应划分为三个连续的阶段,即水解酸化阶段、产氢产乙酸阶段和产甲烷阶段,有人也把第一个阶段又划分为水解和酸化两个阶段,如图1-18所示。

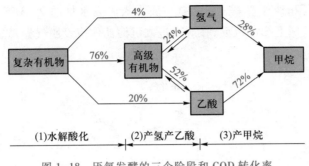

图 1-18 厌氧发酵的三个阶段和 COD 转化率

（1）第一个阶段:水解酸化阶段。在这个阶段中,复杂的大分子有机物、不溶性的有机物先被水解产酸细菌细胞外酶水解为小分子、溶解性有机物,然后渗透到细胞体内,在内酶作用下分解产生挥发性有机酸、醇类、醛类物质等。

（2）第二个阶段:产氢产乙酸阶段。在产氢产乙酸细菌的作用下,将第一个阶段所产生的各种有机酸分解转化为乙酸和氢气,在降解奇数碳素有机酸时还形成二氧化碳。

（3）第三个阶段:产甲烷阶段。产甲烷细菌利用乙酸、乙酸盐、二氧化碳和氢气或其他一碳化合物转化为甲烷。

上述三个阶段的反应速率因废水性质的不同而异。而且厌氧生化处理对环境的要求比好氧法要严格。一般认为,控制厌氧生化处理效率的基本因素有两类:一类是基础因素,包括微生物量(污泥浓度)、营养比、混合接触状况、有机负荷等;另一类是周围的环境因素,如温度、pH、水中营养和有毒物质的含量等。

不含氮有机物厌氧生物分解成甲烷和二氧化碳是放热过程,其过程通式如下:

$$C_nH_aO_b+(n-a/4-b/2)H_2O \longrightarrow (n/2-a/8+b/4)CO_2+(n/2+a/8-b/4)CH_4+Q$$

过程放热量不大,故欲达高温高效处理需备外供热。

2. 厌氧生化处理的典型工艺

有些化工废水的有机物含量很高,用好氧法处理时常需稀释数百甚至上千倍,很不经济,此类废水用厌氧法处理则较适宜。

厌氧生化处理器也称消化池,池内一般采用搅拌混合,以提高消化效率。搅拌的方法有机械搅拌法、液流循环搅拌法和消化气(沼气)循环搅拌法。此外,消化池需予以密闭隔绝空气,以便回收利用消化气,又可防止爆燃事故。

消化池

现在已开发了不少厌氧生化处理工艺,比较典型的有以下几种。

（1）厌氧接触法:此法又称厌氧活性污泥法,工艺流程如图 1-19 所示。废水经调节池后进入厌氧消化池,池内设有搅拌器,使细菌以悬浮絮体形式存在,废水在此与厌氧微生物充分接触。微生物吸附、分解废水中有机物,并使分解过程中产生的气体从污泥中分离出来,经气水分离后进入储气罐。由消化池流出的污水污泥进入沉淀池进行固液分离,净水由上部排出,沉淀的大部分污泥回流至消化池。污泥回流可使消化池中污泥保持较高的浓度(固体浓度为 6~12 g/L),从而使运行稳定,在一定程度上提高了消化池的有机负荷和处理效率。回流量一般为入流废水量的 2~3 倍。由于消化产生的气体易黏附在污泥上影响沉淀,在废水进入沉淀池前应设脱气器,以改善污泥的沉降性能,避免污泥减少。

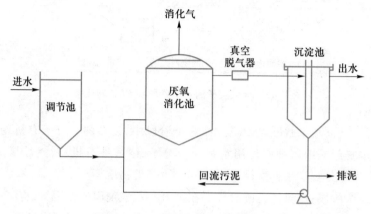

图 1-19 厌氧接触法工艺流程

由于厌氧接触法提高了消化池中的污泥浓度,增加了甲烷细菌在池中的停留时间,可大大提高处理效率,消化时间可短至 6~12 h,且有较大的耐冲击负荷的能力。

厌氧接触消化池容积按有机负荷计算,设计负荷可根据试验确定,一般 COD 负荷为 2~6 kg/(m³·d)。池子高度与直径之比为 1:1 左右,搅拌器的能力应足以保证在 2~5 h 内将全部污泥搅拌一次。厌氧沉淀池可按废水沉淀的一般构造设计,上升流速可采用 0.5 mm/s,停留时间约为 2 h。

UASB 法水处理

(2)升流式厌氧污泥床法(UASB 法):升流式厌氧污泥床反应器的构造如图 1-20 所示。废水自反应器底部进入,首先通过一个高浓度污泥床(SS 浓度高达 60~80 g/L),废水中的有机物在此进行厌氧分解,转化为消化气。由于消化气的搅动,使废水与厌氧微生物充分接触。消化气的微小气泡在上升过程中夹带着污泥上浮,在污泥床上部形成污泥悬浮床。反应器的上部是固、液、气三相分离装置,上浮的污泥与分离装置的挡板碰撞后,气体分离,储集在分离装置斜板下部,然后用管道引出反应器。污泥与废水则穿过缝隙上升,在沉淀室进行泥水分离,污泥下降,沿斜板下滑至污泥床内,废水则由溢槽引出。

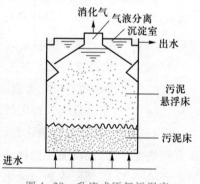

图 1-20 升流式厌氧污泥床

UASB 反应器的污泥床上,生物体以直径为 0.1~4 mm 的小颗粒存在,UASB 反应器运行成功的关键是要形成沉淀性能良好的高活性的颗粒状污泥床。UASB 反应器混合是由上升水流和消化气搅动完成的。运行表明,利用多个进水口(每 2~5 m² 设一进水点)可使水流分布均匀,混合充分。

UASB 反应器高度一般为 3~8 m,反应器容积可按容积有机负荷或污泥有机负荷计算。UASB 的 COD 负荷高达 10~30 kg/($m^3 \cdot d$),COD 的去除效率可达90%以上。

升流式厌氧污泥床法一般不适用于高浓度悬浮固体废水,进水的总悬浮固体(TSS)应控制在 500 mg/L 以下。

(3)厌氧滤池:除无需供氧这一点以外,厌氧滤池与好氧生物接触氧化(淹没生物滤池)的原理相同,其构造类似一般的生物滤池,但池顶密封。池中放置填料(碎石、卵石、焦炭或各种形状塑料制品),填料表面附生着一层厌氧生物膜。废水向上通过滤层时,微生物吸附废水中的有机物,并将其分解为甲烷和二氧化碳,生物膜不断新陈代谢,老化生物膜随水带出,产生的消化气从滤池顶部引出。填料上生物膜最高达 10~20 g/L,污泥龄较长,有可能长达 100 天以上,所以运行稳定,处理效果较好。试验表明,当温度为25~35 ℃,块石填料(粒径约40 mm),滤池 COD 体积负荷为 3~6 kg/($m^3 \cdot d$),比普通消化池高 2~3 倍。使用塑料填料时,COD 负荷可提高至3~16 kg/($m^3 \cdot d$),且空隙率高,质量轻,不易堵塞。

厌氧滤池的主要缺点是易堵塞,主要适用于含悬浮物较少的中等浓度与低浓度有机废水的处理。但当废水 COD<750 mg/L,特别是温度低于 20 ℃ 时,不能获得满意的处理效果。采用空隙率大的填料、完全混合式滤池或定期冲洗等办法,均能在一定程度上克服堵塞问题。

由于各种厌氧生化处理工艺和设备各有优缺点,究竟采用什么样的反应器及如何组合,要根据具体的废水水质、处理需要达到的要求等而定。

第六节　污泥的处理

污泥是废水处理的副产物,也是必然产物。在废水处理过程中,产生很多沉淀物与漂浮物。有的是从废水中直接分离出来的,如沉淀池中的沉渣,初次沉淀池中沉淀物,隔油池和浮选池中的沉渣等;有的是在处理过程中产生的,如化学沉淀污泥与生物化学法产生的活性污泥或生物膜。一座二级污水处理厂,产生的污泥量占处理废水量的 0.3%~0.5%(含水率以 97% 计)。如进行深度处理,污泥量还可增加 0.5~1.0 倍。污泥的成分非常复杂,不仅含有很多有害物质,如病原微生物、寄生虫卵及重金属离子等,也可能含有可利用的物质,如植物营养素、氮、磷、钾、有机物等。这些污泥若不加以妥善处理,就会造成二次污染。所以污泥在排入环境前必须进行处理,使有害物质得到及时处置,有用物质得到充分利用。一般污泥处理的费用占污水处理厂运行费用的 20%~50%,尤其是对现代化的污水处理厂而言,污泥的处理与处置已成为废水处理系统运行中最复杂、花费最高的一部分,所以对污泥的处理必须予以充分重视。

污泥处理的一般流程如图 1-21 所示。

储泥池

污泥浓缩池

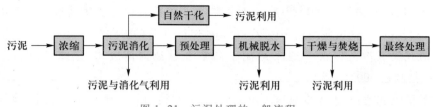

图 1-21　污泥处理的一般流程

一、污泥的脱水与干化

板框式脱水机

滚压带式过滤机

离心脱水机

从二次沉淀池排出的剩余污泥含水率高达 99%~99.5%,污泥体积庞大,堆放及输送都不方便,所以污泥的脱水、干化是当前污泥处理中的首要过程。

二次沉淀池排出的剩余污泥一般先在浓缩池中静置沉降,使泥水分离。污泥在浓缩池内静置停留 12~24 h,可使含水率从 99%降至 97%,体积缩小为原污泥体积的 1/3。

污泥进行自然干化(或称晒泥)是借助于渗透、蒸发与人工撇除等过程而脱水的。一般污泥含水率可降至 75%左右,使污泥体积缩小许多倍。污泥机械脱水是以过滤介质(一种多孔性物质)两面的压力差作为推动力,污泥中的水分被强制通过过滤介质(称滤液),固体颗粒被截留在介质上(称滤饼),从而达到脱水的目的。常采用的脱水机械有真空过滤脱水机(真空转鼓机、真空吸滤机)、压滤脱水机(板框压滤机、滚压带式过滤机)、离心脱水机等,一般采用机械法脱水,污泥的含水率可降至 70%~80%。

二、污泥消化

1. 污泥的厌氧消化

将浓缩污泥置于密闭的消化池中,利用厌氧微生物的作用,使有机物分解稳定,这种有机物厌氧分解的过程称为发酵。由于发酵的最终产物是以甲烷为主的沼气,污泥消化池又称沼气池。当沼气池温度为 30~35 ℃时,正常情况下 1 m³ 污泥可产生沼气 10~15 m³,其中甲烷含量约为 50%。沼气可用作燃料和作为制造四氯化碳等的化工原料。

近年来,人们通过实践发现污泥厌氧消化工艺的运行管理要求高,比较复杂,而且处理构筑物要求密闭、容积大、数量多而且复杂,所以认为污泥厌氧消化适用于大型污水处理厂污泥量大、回收沼气量多的情况。

2. 污泥的好氧消化

利用好氧菌和兼性菌,在污泥处理系统中曝气供氧,微生物中的分解生物可降解的有机物(污泥)及细胞原生质,并从中获得能量。

在好氧消化过程中,因为曝气时间较长,可生物降解的组分可以被逐渐氧化为二氧化碳、水和氨气,氨气再进一步被氧化成硝酸根离子。污泥好氧消化法设备简单,运行管理比较方便,但运行能耗及费用较大些,它适用于小型污水处理厂污泥量不大、回收沼气量少的场合。而且当污泥受到工业废水影响,进行厌氧消化有困难时,也可采用好氧消化法。

EM菌

在污泥消化过程中,有机质不完全分解产生的氨、有机胺、二氧化硫、硫化氢、甲硫醇及低分子脂肪酸、醛酮类、醚类、氯代烃等都会散发出大量恶臭。这些易挥发的物质不仅污染大气环境,影响人体健康,而且也会腐蚀处理厂的金属管道及设备,所以在污泥最终处理前往往还需要加入除臭剂除臭。目前常用的除臭剂多为天然植物提取物,配合EM菌液混合使用,可以有效除去污泥的恶臭。

三、污泥的最终处理

对主要含有机物的污泥,经过脱水及消化处理后,可用作农田肥料。

脱水后的污泥,如需要进一步降低其含水率时,可进行干燥处理或加以焚烧。经过干燥处理,污泥含水率可降至20%左右,便于运输,可作为肥料使用。当污泥中含有有毒物质不宜作肥料时,应采用焚烧法将污泥烧成灰烬,以作彻底无害化处理,再用于填地或充作筑路材料使用。

第七节 化工废水处理实例

一、复杂组成化工废水的处理

实际化工废水中的污染物质是多种多样的,不能预期只用一种方法就能够把废水中所有的污染物质去除殆尽,一种废水往往需要通过几种方法组成的处理系统,才能达到处理要求的程度。

废水处理流程的组合,一般应遵循先易后难、先简后繁的原则,即首先去除大块垃圾及漂浮物质,然后再依次去除悬浮固体、胶体物质及溶解性物质。亦即首先使用物理法,再使用化学和生化法等。

对于某种废水,采取由哪几种处理方法组成处理系统,要根据废水的水质、水量,回收其中有用物质的可能性和经济性,排放水体的具体规定,并通过调查、研究和经济比较后决定,必要时还应当进行一定的科学试验。调查研究和科学试验是确定处理流程的必要途径。以下是一种炼油厂常用的废水处理工艺流程,如图1-22所示。

二、废水中氮、磷的脱除

近年来,随着我国生产、生活水平的发展和提高,废水中氮、磷元素含量显著增加,使许多水体富营养化,藻类过量繁殖,溶解氧降低,水质恶化,严重时造成水体黑臭,鱼

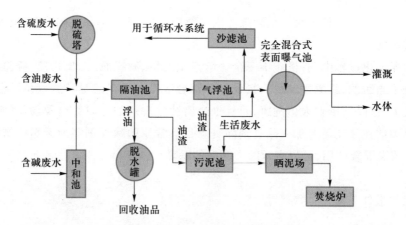

图 1-22 炼油厂废水处理的典型流程图

虾死亡,甚至导致当地自来水无法饮用。因此,脱除废水中氮、磷等营养元素,是不少废水处理工程的重要工作。

1. 氮的脱除方法

废水中的氮元素主要以氨氮(NH_3—N)和有机氮形式存在,而经一般生化处理后,大部分有机氮转化为氨氮。

废水脱氮法有多种,下面介绍常用的几种。

(1)吹脱法:废水中的氨氮可以气态吹脱。其原理是水中的氨氮总保持如下平衡关系:

$$NH_3+H_2O \Longleftrightarrow NH_4^+ + OH^- + Q$$

当 pH 或温度升高时,平衡向左移动。实际工程上是用石灰等碱性物将水的 pH 提高至10.8～11.5,在吹脱塔中用空气将气态氨吹出。操作温度高,脱氨效果好。

(2)折点加氯法:通过向废水中加入足够的氯系氧化剂(Cl_2、NaOCl 等),使氨转化为氮气从水中脱除。其过程代表反应如下:

$$NH_3+HOCl \longrightarrow NH_2Cl(氯胺)+H_2O$$

$$2NH_2Cl+HOCl \longrightarrow N_2+3HCl+H_2O$$

本法除氮较彻底。为减少氯的消耗,此法可置于其他脱氮法之后。

(3)生化脱氮法:一般的好氧生化法在分解废水中有机物时,可将有机氮转化为硝酸盐,但不能将氮从水中除去。以脱氮为目标的生化脱氮法的过程包括:有机氮的氨化、同化、硝化和反硝化等生化反应。

① 氨化反应。有机氮化合物在氨化细菌的作用下,进行脱氨基并转化为氨态氮。以氨基酸为例的氨化反应为

$$RCHNH_2COOH+O_2 \longrightarrow RCOOH+CO_2+NH_3$$

② 同化反应。生化处理过程中,废水中一部分氮和磷被同化成微生物的细胞组成部分,并以剩余污泥的形式从废水中除去。但一般认为,同化除氮及磷只占生化脱氮的很小一部分。

③ 硝化反应。在好氧条件下,在硝化细菌(自养型微生物)作用下,废水中的氨硝化为硝酸盐,其反应式为

$$NH_4^+ + 2O_2 \longrightarrow NO_3^- + 2H^+ + H_2O$$

④ 反硝化反应。无分子氧条件下,反硝化细菌(异养型微生物)将 NO_3^-(及 NO_2^-)还原为 N_2(或 N_2O)。反硝化反应需以有机物为碳源和电子供体。以甲醇为电子供体为例:

$$6NO_3^- + 5CH_3OH \longrightarrow 5CO_2 + 3N_2 + 7H_2O + 6OH^-$$

反硝化反应总体属无氧型,但反硝化细菌某些酶为有氧合成,所以反硝化过程,宜在无氧有氧交替条件下进行,而整体被称为"缺氧"过程。

生化脱氮的工艺有多种,其中较有代表性的是如图 1-23 所示的缺氧-好氧活性污泥脱氮工艺(简称 A/O 脱氮工艺)。其特点是将缺氧池置于曝气池前,并将曝气池的硝化液(内循环液)和沉淀池的大部分污泥回流至缺氧池。反硝化细菌利用原废水中的有机碳源,以回流来的硝酸盐中的氧为电子受体,将 NO_3^- 还原为 N_2。反硝化反应中产生的碱可为硝化阶段用。

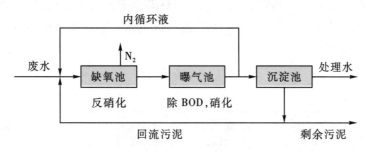

图 1-23　A/O 脱氮工艺流程图

2. 磷的脱除方法

废水中磷元素常见的存在形式为磷酸盐、聚磷酸盐和有机磷。废水除磷常用两类方法,简介如下。

(1) 化学沉淀法:该法利用磷酸盐能和石灰、铁盐、铝盐等反应生成不溶的沉淀物而除去。如以石灰为除磷剂时,可生成不溶的羟基磷石灰:

$$5Ca^{2+} + 4OH^- + 3HPO_4^{2-} \longrightarrow Ca_5(PO_4)_3OH\downarrow + 3H_2O$$

本法特点是除磷率高,处理结果稳定。

(2) 生化除磷法:本法主要利用聚磷菌等微生物,能从水中摄取在数量上超过其正常生长需要的磷,并将其以聚合磷的形态储藏在体内,形成高磷污泥,排出系统。生化除磷含三种过程:

① 聚磷菌过量摄取磷。好氧条件下,聚磷菌利用废水中的 BOD_5 或体内储存的聚 β-羟基丁酸的氧化分解所释放的能量来摄取废水中的磷,一部分磷被用来合成细胞,另外大部分磷则被合成为聚磷酸盐而储存在细胞体内。

② 聚磷菌的磷释放。在厌氧条件下,聚磷菌能分解体内的聚磷酸盐而产生细胞,

并由此将废水中的有机物摄入细胞内,以 β-羟基丁酸等有机颗粒的形式储存于细胞内,同时还将分解聚磷酸盐所产生的磷酸排出体外。

③ 富磷污泥的排放。在好氧条件下将多余剩余污泥排出系统而达到除磷的目的。

生化除磷工艺有多种,典型工艺之一为厌氧-好氧除磷工艺(A/O 除磷工艺),由厌氧池和曝气池组成,可同时从废水中除去磷和 BOD,其流程如图 1-24 所示,厌氧池置前有利于聚磷菌的选择性增殖。

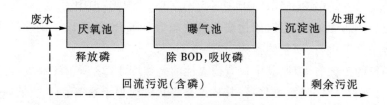

图 1-24　A/O 除磷工艺流程图

3. 氮磷同脱技术

随着对水质处理要求的提高,人们开发出许多高效的废水生化处理技术。典型代表之一是:厌氧-缺氧-好氧工艺(A^2/O 工艺),该工艺在除去废水中 BOD 的同时脱除氮和磷,其流程如图1-25所示。

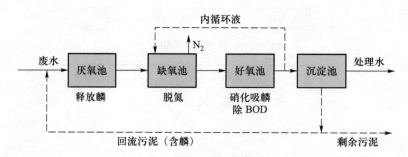

图 1-25　A^2/O 同步脱氮除磷工艺流程图

复习思考题

1. 衡量水污染的主要指标及其基本定义。
2. 试叙述废水处理的主要原则。
3. 简述废水分级处理的主要内容。
4. 简述浮选法清除废水污染物的原理。
5. 简述评定活性污泥的主要指标。
6. 简述生化法处理废水对水质的基本要求。
7. 简述好氧生化处理和厌氧生化处理。

8. 简述我国地表水质量标准分类和废水排放标准分级。

9. 请分别画出废水处理的沉淀法、混凝沉淀法、中和法、过滤法、吸附法、浮选法和活性污泥法的原则流程简图。

10. 将某曝气池水样 100 mL 先在量筒中静置 30 min，读出沉淀物体积28 mL。然后在质量为 46.471 9 g 的过滤坩埚过滤，坩埚在 105 ℃下烘干后称量为 46.726 2 g。试求此曝气池污泥的容积指数。

第二章

化工废气处理技术

空气是人类生存最重要的自然要素，一个人5周不进食，5天不饮水尚可能生存，而5分钟不呼吸就会死亡。人的生命离不开空气，健康的身体需要新鲜清洁的空气。近200年来，工业大发展，伴生的工业废气也大增长，使空气污染日趋严重。所谓空气污染是指空气中混入了某些异物，其数量和滞留时间将危害人身健康的现象。人类认识环境问题是从感知空气污染开始的。近代历史上曾发生过多起大气污染事件，世界上的八大公害事件中有五大公害属于大气污染事件。

大气污染物可以通过各种途径降到水体、土壤和作物中影响环境，并通过呼吸、皮肤接触、食物、饮用水等进入人体，对人体健康和生态环境造成近期或远期的危害。大气污染不仅影响其周围环境，而且对全球环境也带来影响，如温室气体效应、酸雨、南极臭氧空洞等，其结果对全球的气候、生态、农业、森林产生一系列的影响。

我国近三四十年来，随着工业化、城市化高速发展，空气污染问题尤为突出，无论是污染的程度还是广度均以前所未有的速度发展着。进入21世纪以来，从北方的哈尔滨、长春到南方的珠海、三亚等城市，均遭受了严重的雾霾天气侵袭，年发生重度以上的雾霾天气的频次急剧上升，尤其是雾霾中悬浮的固体颗粒物，如PM10、PM2.5等形成稳定的气溶胶，难以消散，易诱发人体呼吸道或心血管等疾病，对人们的生产生活及健康产生了极大影响，已到了非重拳猛治不可的地步。在《中华人民共和国大气污染防治法》的基础上，国务院于2013年9月12日发布《大气污染防治行动计划》，这个被称为史上最严治污的"国十条"作为全国大气污染防治工作的行动指南，提出从当年起，全民动员、铁腕治污，分两步走，经十年或更长时间逐步消除重污染天气。大气污染的主因是超排超标的工业废气，"国十条"提出的十项治污措施，其重点是工业废气治理。

中华人民共和国成立以来，我国的化学工业得到迅速发展，现已建成包括20多个行业的基本完整的化工生产体系。各种化工产品在生产过程中或多或少都会产生

《中华人民
共和国大气
污染防治法》

《大气污染
防治行动计
划》

并排出废气,其中氮肥、磷肥、无机盐、氯碱、有机原料及合成材料、农药、染料、涂料、煤化工、石油天然气化工等行业的废气排放量大、组成复杂,对大气环境造成较严重的污染。

第一节　化工废气及其处理原则

一、化工废气的分类

废气,泛指没有利用价值的气体,但大众关注的是含危害人体健康和生态平衡的污染物达一定量的气体,按其来源可分为生活废气和工业废气两类。

据 2020 年 6 月我国生态环境部等部门发布的《第二次全国污染源普查公报》可知,所普查的 247.74 万个工业源在 2017 年的大气污染物排放量为:二氧化硫 529.08 万吨,氮氧化物 645.90 万吨,颗粒物 1 270.50 万吨,挥发性有机物 481.66 万吨,分别占各自排放总量的 76.0%、36.2%、75.4%、47.3%(挥发性有机物数据为部分行业和领域的尝试性调查结果)。2017 年全国工业废气排放总量达到了 83.86 万亿立方米。工业废气主要来自工业中燃料等化学反应及生产过程。实际化工废气量大、种类多、组成复杂,其污染物远超统计公报中的三种物质。人们常按废气中污染物的物理化学特性进行分类。如按所含污染物的化学性质不同,化工废气分为无机物废气、有机物废气和无机有机混合物废气三类。而按废气中污染物存在的物理状态不同,化工废气可分为两类:颗粒污染物废气和气态污染物废气,前者污染物呈悬浮颗粒状,如粉尘、烟尘、酸雾等,常称悬浮颗粒物;后者污染物以气态存在,如 SO_2、NO_x、CO、NH_3、H_2S、低碳烃等,这些由污染源直接排入环境的废气也称为一次污染物废气。一次污染物废气在物理、化学因素作用下发生变化,或与环境中的其他物质发生反应所形成的新污染物称为二次污染物废气。如二氧化硫在大气中被氧化成硫酸盐气溶胶,氮氧化物、碳氢化合物等发生光化学反应生成臭氧、过氧乙酰硝酸酯、甲醛和酮类等,对环境和人体的危害更大。

不同化工生产过程产生的废气不同。典型化学工业主要行业废气来源及其主要污染物见表 2-1。

表 2-1　化学工业主要行业废气来源及其主要污染物

行业	废气来源	废气中的主要污染物
氮肥	合成氨、尿素、碳酸氢铵、硝酸铵、硝酸	NO_x、尿素粉尘、CO、Ar、NH_3、SO_2、CH_4、尘
磷肥	磷矿石加工、普通过磷酸钙、钙镁磷肥、重过磷酸钙、磷酸铵类、氮磷复合肥、磷酸、硫酸	氟化物、粉尘、SO_2、酸雾、NH_3
无机盐	铬盐、二硫化碳、钡盐、过氧化氢、黄磷	SO_2、P_2O_5、Cl_2、HCl、H_2S、CO、CS_2、As、F、S、氯化铬酰、重芳烃

续表

行业	废气来源	废气中的主要污染物
氯碱	烧碱、氯气、氯产品	Cl_2、HCl、氯乙烯、汞、乙炔
有机原料及合成材料	烯类、苯类、含氧化合物、含氮化合物、卤化物、含硫化合物、芳香烃衍生物、合成树脂	SO_2、Cl_2、HCl、H_2S、NH_3、NO_x、CO、有机气体、烟尘、烃类
农药	有机磷类、氨基甲酸酯类、菊酯类、有机氯类等	HCl、Cl_2、氯乙烷、氯甲烷、有机气体、H_2S、光气、硫醇、三甲醇、二硫酯、氨、硫代磷酸酯农药
染料	染料中间体、原染料、商品染料	H_2S、SO_2、NO_x、Cl_2、HCl、有机气体、苯、苯类、醇类、醛类、烷烃、硫酸雾、SO_3
涂料	涂料:树脂漆、油脂漆;无机颜料:钛白粉、立德粉、铬黄、氧化锌、氧化铁、红丹、黄丹、金属粉、华蓝	粉尘、苯、甲苯、二甲苯、乙酸乙酯、非甲烷总烃
石油和天然气化工	净化、炼制、裂解、合成纤维、高分子、化肥、其他加工	CO、SO_2、H_2S、NO_x、甲硫醇、甲硫醚、烃类、苯、苯乙烯、尘
煤化工	炼焦、气化、液化、低温干馏、其他加工	CO、SO_2、H_2S、NO_x、芳烃、苯并[a]芘、尘

二、化工废气的特点

化工废气对大气的污染有如下特点:

1. 易燃易爆气体较多

这类气体有氢、一氧化碳及烃、酮、醛等有机可燃物,当排(或泄)放量大时,可能引起火灾、爆炸事故。

2. 含有毒或腐蚀性气体

化工生产排出的这类气体很多,如一氧化碳、二氧化硫、氮氧化物、氯气、氯化氢及多种有机物,其中以二氧化硫和氮氧化物的排放量最大。这些气体直接损害人体健康,腐蚀设备、建筑物的表面,还会形成酸雨污染地表和水域。

3. 气固混杂且种类多,危害大

化工废气许多是气固混杂且种类多。即废气既含有气态有害物,又有悬浮颗粒物。这些颗粒物即使本身属无毒物质,当其成为废气中的悬浮颗粒物时,就会对人体和生物造成伤害。如可侵入并滞留人体呼吸系统,甚至能通过肺泡侵入血液循环系统,引起多种器官病变。另外,这些颗粒物一般具有很强的吸附性,当它和有害气体共存时,能吸附浓缩携带有害气体,也能够吸附大气中的金属离子,形成催化中心,加速二次污染物的形成,造成更大的危害。

三、化工废气处理原则

处理化工废气的总体方针是抓两头:控制产生源头;处理末端排放。首先要改革生产工艺和设备,减少废气的产生。具体化工工艺和设备各异,但有共性,如化工多属能耗大户。而我国的能源,包括电能均(或绝大部分)来自化石燃料(煤、石油、天然气)的燃烧,这类原料,尤其燃煤燃烧烟气是目前最主要的大气污染源,故降低能耗就能减少废气排放量。所以节能是化工生产减排的重要途径。其次,对产生的废气进行净化处理。处理方法原则上分为两类:对颗粒污染物主要利用其质量(密度)比气体大的特点,通过外力将其从气体中分离出来,通常称为除尘;对气态污染物则根据其物性,通过采取吸收、吸附、燃烧、转化及冷凝等方法进行处理。

化工废气经处理达标后才能排放至相应级别大气中。即废气处理后排放需同时符合国家关于排放和接纳双方的标准。我国在 1996 年颁布了《大气污染物综合排放标准》(GB 16297—1996)规定了二氧化硫、氮氧化物及颗粒物等 33 种大气污染物的排放限值,包括最高允许排放浓度、最高允许排放速率等,该标准分时限规定了污染物排放标准值,即 1997 年 1 月 1 日前存在的污染源(现有污染源)执行分为一、二、三级的标准值,而 1997 年 1 月 1 日以后设立的(包括新建、扩建、改建)称为新污染源,执行分为二、三级的标准值。按污染源所在的环境空气质量功能区类别,执行相应级别的排放速率标准:位于一类区的污染源执行一级标准(一类区禁止新、扩建污染源,一类区现有污染源改建时执行现有污染源的一级标准);位于二类区的污染源执行二级标准;位于三类区的污染源执行三类标准。该标准的部分数据见附录 3。

我国际这部综合性排放标准外,还制定了行业性排放标准,如《锅炉大气污染物排放标准》(GB13271—2014)、《工业炉窑大气污染物排放标准》(GB 9078—1996)等共近40 部。原则是:有行业性标准的行业执行本行业标准,其余执行综合性排放标准。废气接纳方标准按 2012 年第三次修订的《环境空气质量标准》(GB 3095—2012),把我国环境空气质量标准的适用范围分为两类功能区,一类区为自然保护区、风景名胜区和其他需要特殊保护的区域;二类区为居住区、商业交通居民混合区、文化区、工业区和农村地区。两类区各自执行相对应级别的环境空气质量标准,该标准数据见附录 4。相较于前几次版本,这一版本有四处改进:调整了环境空气功能区分类,将三类区并入二类区;增设了颗粒物(粒径小于等于 2.5 μm)浓度限值和臭氧 8 h 平均浓度限值;调整了颗粒物(粒径小于 10 μm)、二氧化氮、铅和苯并[a]芘等的浓度限值;调整了数据统计的有效性规定。从这些细节可以看出,我国的环保政策随着社会的进步越来越严苛,要求也越来越高。该标准主要数据见附录 4。

第二次全国污染源普查公报

《大气污染物排放标准》(GB 16297—1996)

《锅炉大气污染物排放标准》(GB 13271—2014)

《工业炉窑大气污染物排放标准》(GB 9078—1996)

《环境空气质量标准》(GB 3095—2012)

《环境空气质量标准》(GB 3095—2012/XG1—2018)修改单

第二节　除尘技术

进入大气的固体颗粒和液体颗粒均属于颗粒污染物。一般粒径在 $100~\mu m$ 以上的颗粒物在空气中会很快沉降下来,对环境影响较小,所以我国在评价环境大气质量时一般只考虑动力学当量直径小于等于 $100~\mu m$ 的颗粒物,即总悬浮颗粒物(TSP,total suspended particle)。另外,国际上将粒径小于 $75~\mu m$ 的固体悬浮物定义为粉尘(dust),但在工业通风除尘技术中,一般将 $1\sim200~\mu m$,甚至更大粒径的固体悬浮物均视为粉尘。

化学工业所排放出废气中的颗粒污染物,主要是含有硅、铁、镍、钙、钒等氧化物、化合物。有的废气中则含有有毒的重金属粉尘(铬、锰、镉、铅、汞、砷等)、非金属粉尘(石英、石棉等)或有机粉尘(染料、农药、合成树脂、炸药、人造纤维等)。这些颗粒物都会污染环境,影响生物健康,在工业中一般采用除尘技术进行脱除。

一、粉尘的性质

粉尘的物理性质,对于确定采用的除尘方法有重要影响。粉尘性质中最重要的是粉尘颗粒尺寸和密度,此外还有比电阻率、荷电性、安息角、滑动角、摩擦性、附着性、颗粒形状、润湿性、腐蚀性、毒性和爆炸性等,这些性质对于除尘装置的选择至关重要。

(1)颗粒大小:粉尘经常由大小不同的颗粒所组成,为了表示出其中各种粒径颗粒的多少,通常以各种粒径的颗粒在全部颗粒中的分级分数来说明,即用分级分布曲线表示(图 2-1)。

分级分布曲线是表示每种粒径的颗粒占全部颗粒总数的分数 f 与其颗粒的粒径 x 之间的关系,即 f 曲线。

另外,颗粒的组成情况也可以用积分分布曲线的形式表示,它反映大于某粒径的颗粒占全部颗粒的分数 R 与此粒径 x 之间的关系,即 R 曲线。

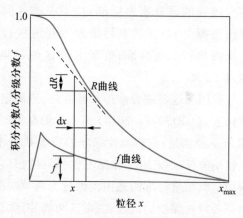

图 2-1　分级分布曲线和积分分布曲线

从它们的定义可以推出两者之间的关系:

$$f=\frac{-\mathrm{d}R}{\mathrm{d}x}$$

$$R=\int_{x}^{x_{\infty}} f(x)\cdot\mathrm{d}x$$

通常,分级分布曲线又称为频率分布曲线,将分级分布曲线也可以标绘为某一粒度范围的颗粒质量分数与其平均直径的关系;积分分布曲线又可称为累积分布曲线,将积分分布曲线也可以标绘为等于及大于某一直径的颗粒质量之和占全部颗粒的质量分数与颗粒直径的关系。

（2）颗粒密度:颗粒的密度对于重力除尘及离心除尘等装置的性能有很大影响。由于粉尘往往是许多颗粒的集合体,颗粒之间有间隙存在,因此,粉尘的视(也称堆积)相对密度比颗粒的真相对密度要小得多,粉尘间隙的体积占总体积的分数,称为空隙率。空隙率大则视相对密度小,视相对密度与真相对密度相差越大,粉尘越容易飞扬,而较难除去。

（3）粉尘颗粒(以下简称尘粒)的电阻率:尘粒的电阻率对电除尘和过滤除尘装置的去除效率有很大影响。一般工业尘粒的电阻率介于 10^{-3} $\Omega\cdot cm$（炭黑）和 10^{14} $\Omega\cdot cm$（干石灰石粉）之间。其中电阻率在 $10^4 \sim 2\times10^{10}$ $\Omega\cdot cm$ 范围内的,最适宜采用电除尘装置。电阻率太高或太低均不适宜采用电除尘方法,但可预先对尘粒进行适当预处理,改变其电阻率,使其保持在上述最适宜的范围内。改变尘粒的电阻率可以采用以下几种方法:

① 改变温度。大多数尘粒的电阻随温度升高而增大,直到一最大值。

② 加入水分。尘粒吸附水分后可使表面电导率增加,引起电阻率降低。

③ 添加化学药品。向含尘气体中添加化学药品可以调节尘粒电阻。例如,对于燃烧重油产生的粉尘由于其电阻率比较低,向其中加入适量的氨便可以提高电阻值。

（4）粉尘的安息角和滑动角:粉尘自小孔或漏斗连续落到水平面上,堆积成圆锥体的母线与水平面之间的夹角称为粉尘的安息角,也叫休止角、(自然)堆积角、安置角等。将粉尘放置在光滑平板上,平板倾斜使粉尘开始滑动时的角度,为粉尘滑动角。安息角和滑动角是评价粉尘流动特征的一个重要指标,是设计除尘器灰斗(或粉尘仓)锥度、除尘管路或输灰管路倾斜度的主要依据。影响安息角和滑动角的因素有粉尘粒径、含水率、形状、表面光滑程度、黏性等。

粉尘的安息角

除尘装置的选择除了要考虑废气和废气中粉尘的物理及化学性质外,还需要考虑废气含尘量的大小,即粉尘的浓度。气体中粉尘浓度可以用以下两种方法表示。

（1）个数浓度:单位体积气体所含粉尘的个数,单位为个/cm^3。在粉尘含量极低时用此单位。

（2）质量浓度:标准状态(0 ℃、101.325 kPa)单位体积气体所含悬浮粉尘的质量,单位为 mg/m^3。

二、除尘装置的技术性能指标

全面评价除尘装置性能应包括技术指标和经济指标两项内容。技术指标常以气体处理量和净化效率、压力损失等参数表示,而经济指标则包括设备费、运行费、占地面积等。此处主要介绍技术性能指标。

1. 除尘装置的处理量

除尘装置的处理量表示的是除尘装置在单位时间内所能处理废气量的大小,是表明装置处理能力大小的参数,废气量一般用标准状态下的体积流量表示,单位为 m³/h、m³/s,是选择、评价装置的重要参数。

2. 除尘装置的效率

除尘装置的效率是表示该装置捕集粉尘效果的重要指标,也是选择、评价装置的重要参数。常用两种表示法:

(1) 除尘装置的总效率(除尘效率):除尘装置的总效率是指在同一时间内,由除尘装置整体除下的粉尘量与进入除尘装置的粉尘量的百分比,常用符号 η 表示。总效率实际上反映的是装置净化程度的平均值,它是评定装置性能的重要技术指标。

(2) 除尘装置的分级效率:分级效率是指装置对某一粒径 d 为中心,粒径变化为 Δd 范围的粉尘除去效率,具体数值用同一时间内除尘装置除下的某粒径范围内的粉尘量占进入装置的该粒径范围内的粉尘量的百分比来表示,符号常用 η_d 表示。

3. 除尘装置的压力损失

压力损失是表示除尘装置消耗能量大小的指标,有时也称为压力降。压力损失的大小用除尘装置进出口处气流的全压差来表示。

4. 除尘装置的负荷适应性

负荷适应性是指除尘装置的工作稳定性和操作弹性,是衡量装置可靠性的技术指标。负荷适应性好的除尘装置,在处理气体量或污染物浓度发生较大波动时,仍能保持稳定的除尘效率、适中的压力损失和足够高的作业效率。

三、除尘装置的类型

除尘器种类繁多,根据不同的原则,可对除尘器进行不同的分类。

依照除尘器除尘的主要机制可将其分为机械式除尘器、过滤式除尘器、湿式除尘器、电除尘器 4 类。

1. 机械式除尘器

机械式除尘器是通过质量力的作用达到除尘目的的除尘装置。质量力包括重力、惯性力和离心力。机械式除尘器主要形式为重力沉降室、惯性除尘器和旋风除尘器等。

重力沉降室

(1) 重力沉降室:重力沉降室是利用粉尘与气体的密度不同,使含尘气体中的尘粒依靠自身的重力从气流中自然沉降下来,达到净化目的的一种装置。图 2-2 即为单级重力沉降室示意图,含尘气流通过横断面比管道大得多的沉降室时,流速大大降低,气流中大而重的尘粒,在随气流流出沉降室之前,由于重力的作用,缓慢下落至沉降室底部而被清除。

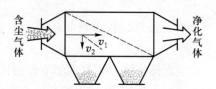

图 2-2　单级重力沉降室示意图

重力沉降室是各种除尘器中最简单的一种,只能捕集粒径较大的尘粒,仅对粒径 50 μm 以上的尘粒具有较好的捕集作用,因此除尘效率低,只能作为初级除尘手段。

(2) 惯性除尘器:利用粉尘与气体在运动中的惯性力不同,使粉尘从气流中分离出来的方法为惯性力除尘。常用方法是在气体流动的通道内设置数个挡板,使含尘气流冲击在挡板上,气流方向发生急剧改变,气流中的尘粒惯性较大,不能随气流急剧转弯,便从气流中分离出来。

惯性除尘器

一般情况下,惯性除尘器中的气流速度越高,气流方向转弯角度越大,气流转换方向次数越多,则对粉尘的净化效率越高,但压力损失也会越大。

惯性除尘器适于非黏性、非纤维性粉尘的去除,设备结构简单,阻力较小,但其分离效率较低,为 50%~70%,只能捕集 10~20 μm 以上的粗尘粒,故只能用于多级除尘中的第一级除尘。

(3) 旋风除尘器:也称离心式除尘器。使含尘气流沿某一定方向作连续的旋转运动,尘粒在随气流旋转中获得离心力,使尘粒从气流中分离出来的装置为旋风除尘器。

旋风除尘器

图 2-3 为一旋风除尘器的结构示意图。普通旋风除尘器是由进气管、排气管、圆柱体、圆锥体和灰斗组成。利用图 2-3 中所标出的气流流动状况,可以说明旋风除尘器的除尘原理。

在机械式除尘器中,离心式除尘器是效率最高的一种。它适用于非黏性及非纤维性粉尘的去除,对粒径大于 5 μm 以上的颗粒具有较高的去除效率,属于中效除尘器,且可用于高温烟气的净化,因此应用广泛。它多应用于锅炉烟气除尘、多级除尘及预除尘。它的主要缺点是对细小尘粒(<5 μm)的去除效率较低。

2. 过滤式除尘器

过滤式除尘是使含尘气体通过多孔滤料,把气体中的尘粒截留下来,使气体得到净化的方法。按滤尘方式有内部过滤与外部过滤之分。把松散多孔的滤料填充在框架内作为过滤层,尘粒在滤层内部被捕集,称为内部过滤,如颗粒层过滤器就属于这类过滤器。用纤维织物、滤纸等作为滤料,通过滤料的表面捕集尘粒,则称为外部过滤。这种除尘方式最典型的装置是袋式除尘器,它是过滤式除尘器中应用最广泛的一种。

机械清灰袋式除尘器的结构如图 2-4 所示。用棉、毛、有机纤维、无机纤维的纱线织成滤布,用此滤布做成的滤袋是袋式除尘器中最主要的滤尘部件,滤袋形状有圆形和扁形两种,应用最多的为圆形滤袋。当含尘气体从下部进入滤袋,在通过滤料的孔隙时,粉尘被捕集于滤料上,然后在机械振动作用下从滤料表面脱落至灰斗中。

袋式除尘器

袋式除尘器广泛用于各种工业废气除尘中,它属于高效除尘器,除尘效率大于 99%,对细粉有很强的捕集作用,对颗粒性质及气量适应性强,同时便于回收干料。袋式除尘器不适于处理含油、含水及黏结性粉尘,同时也不适于处理高温含尘气体,一般情况下被处理气体的温度应低于 100 ℃。在处理高温烟气时需预先对烟气进行冷却降温。

3. 湿式除尘器

湿式除尘也称为洗涤除尘。该方法是用液体(一般为水)洗涤含尘气体,使尘粒与液膜、液滴或雾沫碰撞而被吸附,凝集变大,尘粒随液体排出,气体得到净化。

离心喷淋洗
涤除尘器

旋风水膜洗
涤器

自激喷雾洗
涤器

文丘里洗涤
器

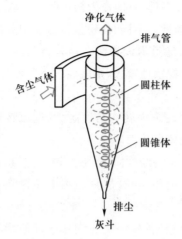

图 2-3　旋风除尘器的结构示意图

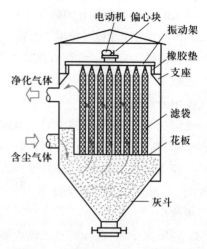

图 2-4　机械清灰袋式除尘器示意图

由于洗涤液对多种气态污染物具有吸收作用,因此它既能净化气体中的固体颗粒物,又能同时脱除气体中的一些气态有害物质,这是其他类型除尘器所无法做到的。某些洗涤器也可以单独充当吸收器使用。

湿式除尘器种类很多,主要有各种形式的喷淋塔、离心喷淋洗涤除尘器、旋风水膜洗涤器、自激喷雾洗涤器、文丘里洗涤器等,图 2-5 为喷淋式湿式除尘器的示意图。

湿式除尘器结构简单,造价低,除尘效率高,在处理高温、易燃、易爆气体时安全性好,在除尘的同时还可去除气体中的一些有害物质。湿式除尘器的不足是用水量大,易产生腐蚀性液体,产生的废液或泥浆需进行再处理,并可能造成二次污染。在寒冷地区和季节,易结冰。

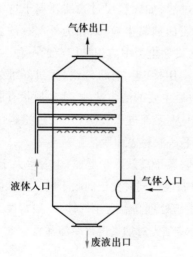

图 2-5　喷淋式湿式除尘器示意图

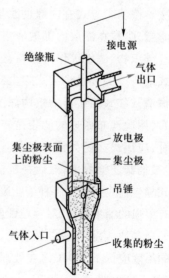

图 2-6　管式电除尘器示意图

4. 电除尘器

电除尘是利用高压电场产生的静电力（库仑力）的作用实现固体颗粒或液体颗粒与气流分离的方法。

电除尘器

常用的电除尘器有管式与板式两大类型，由放电极与集尘极组成，图 2-6 为管式电除尘器示意图。图中所示的放电极为一用吊锤绷直的细金属线，与直流高压电源相接；金属圆管的管壁为集尘极，与地相接。含尘气体进入除尘器后，通过以下 3 个阶段实现尘气分离。

（1）颗粒荷电：在放电极与集尘极间施以很高的直流电压（50~90 kV）时，两极间形成一不均匀电场，放电极附近电场强度很大，集尘极附近电场强度很小。在电压加到一定值时，发生电晕放电，故放电极又称为电晕极。电晕放电时，生成的大量电子及阴离子在电场力作用下，向集尘极迁移。在迁移过程中，中性气体分子很容易捕获这些电子或阴离子形成负气体离子，当这些带负电荷的粒子与气流中的尘粒相撞并附着其上时，就使尘粒带上了负电荷，实现了粉尘颗粒的荷电。

（2）颗粒沉降：荷电粉尘在电场中受库仑力的作用被驱往集尘极，经过一定时间到达集尘极表面，尘粒上的电荷便与集尘极上的电荷中和，尘粒放出电荷后沉积在集尘极表面。

（3）颗粒清除：集尘极表面上的粉尘沉积到一定厚度时，用机械振打等方法，使其脱离集尘极表面，沉落到灰斗中。

电除尘器是一种高效除尘器，对细微粉尘及雾状液滴捕集性能优异，除尘效率达 99% 以上，对粒径 < 0.1 μm 的粉尘颗粒，仍有较高的去除效率；由于电除尘器的气流通过阻力小，又由于所消耗的电能是通过静电力直接作用于尘粒上，因此能耗低；电除尘器处理气量大，又可应用于高温、高压的场合，因此被广泛用于工业除尘。电除尘器的主要缺点是设备庞大，占地面积大，一次性投资费用高。

四、除尘装置的选用

1. 除尘装置的选用原则

除尘装置的整体性能主要用 4 个技术指标（处理气体量、压力损失、除尘效率、负荷适应性）和 4 个经济指标（一次性投资、运转管理费用、占地面积及使用寿命）来衡量。在评价及选择除尘装置时，应根据所要处理气体和颗粒物特性、运行条件、标准要求等，进行技术、经济的全面考虑。理想的除尘装置在技术上应满足工艺生产和环境保护的要求，同时在经济上要合理、合算。在选用除尘装置时，可按如下顺序考虑各项因素。

（1）除尘要求：需达到的除尘效率。

（2）设备运行条件：包括所需处理气体的性质（温度、压力、黏度、湿度等）、颗粒物的特性（粒度分布、毒性、黏性、吸湿性、电性、可燃性等），以及供水及污水处理的条件。

（3）经济性：包括设备、安装、运行和维护的费用及粉尘回收后的价值等。

（4）占地面积及空间的大小。

（5）设备操作要求及使用寿命。

（6）其他因素：如处理有毒、易燃物的安全性等。

2. 除尘装置的性能比较

各种除尘装置的实用性能比较见表 2-2。

表 2-2 各种除尘装置实用性能比较

类型	结构形式	粒径范围/μm	压降/mmH₂O[①]	除尘效率/%	设备费用	运转费用
重力除尘	沉降室	50~1 000	10~15	40~60	小	小
惯性除尘	挡板式	10~100	30~70	50~70	小	小
离心式除尘	旋风式	3~100	50~150	85~95	中	中
湿式除尘	文丘里式	0.1~100	300~1 000	80~95	中	大
过滤除尘	袋式	0.1~20	100~200	90~99	中以上	中以上
电除尘	—	0.05~20	10~20	85~99.9	大	小~大

注：① 1 mmH₂O = 9.806 65 Pa。

第三节 气态污染物的一般处理技术

工农业生产、交通运输和人类生活活动中所排放的有害气态物质种类繁多，依据这些物质不同的化学性质和物理性质，需采用不同的技术方法进行处理。

1. 吸收法

吸收法是采用适当的液体作为吸收剂，使含有有害物质的废气与吸收剂接触，废气中的有害物质被吸收于吸收剂中，使气体得到净化的方法。在吸收过程中，依据吸收质与吸收剂是否发生化学反应，可将吸收分为物理吸收与化学吸收。在处理气量大、有害组分浓度低为特点的各种废气时，化学吸收的效果要比单纯物理吸收好得多，因此在用吸收法治理气态污染物时，多采用化学吸收法进行。

吸收法具有设备简单、捕集效率高、应用范围广、一次性投资低等特点。但由于吸收是将气体中的有害物质转移到了液体中，因此对吸收液必须进行处理，否则容易引起二次污染。此外，一般吸收温度越低，吸收效果越好，因此在处理高温烟气时，必须对废气进行降温预处理。

2. 吸附法

吸附法处理废气，是使废气与多孔性固体物质相接触，将废气中的有害组分选择性吸附在固体内外表面上，使其与其他组分分离，达到净化目的。具有吸附作用的固体物质称为吸附剂，被吸附的气体组分称为吸附质。

当吸附进行到一定程度时，为了回收吸附质及恢复吸附剂的吸附能力，需采用一定的方法使吸附质从吸附剂上解脱下来，称为吸附剂的再生。吸附法处理废气应包括吸附及吸附剂再生的全部过程。

吸附法的净化效率高,特别是对低浓度气体具有很强的净化能力。吸附法特别适用于排放标准要求严格或有害物质浓度低,用其他方法达不到净化要求的气体净化。因此,常作为深度净化手段或联合应用几种净化方法时的最终控制手段。吸附效率高的吸附剂如活性炭、分子筛等,价格一般都比较高,必须对失效吸附剂进行再生,重复使用吸附剂,以降低吸附的费用。常用的再生方法有升温脱附、减压脱附、吹扫脱附等。再生的操作比较麻烦,这一点限制了吸附法的应用。另外由于一般吸附剂的吸附容量有限,对高浓度废气的净化,不宜采用吸附法。

3. 催化转化法

催化转化法处理废气是利用催化剂的催化作用,使废气中的有害组分发生化学反应并转化为无害物质或易于去除物质的一种方法。例如,把 H_2S 转化为固体硫黄后就很容易从气体中除去;又如把 CO 转化为 CO_2,相比于 CO,CO_2 属无毒,且易于脱除。

催化转化法净化效率较高,净化效率受废气中污染物浓度影响较小,而且在处理过程中,无需将污染物与主气流分离,可直接将主气流中的有害物质转化为无害物质,避免了二次污染。但所用催化剂价格较贵,操作上要求较高,废气中的有害物质很难作为有用物质进行回收等是该法存在的缺点。

4. 燃烧法

燃烧法是对含有可燃有害物质的混合气体进行氧化燃烧或高温分解,从而使这些有害物质转化为无害物质的方法。燃烧法主要应用于碳氢化合物、一氧化碳、恶臭、沥青烟、黑烟等物质的净化处理。实用中的燃烧净化方法有 3 种,即直接燃烧法、热力燃烧法与催化燃烧法。

(1)直接燃烧法:是把废气中的可燃有害组分当作燃料直接烧掉,因此只适用于净化含可燃组分浓度高或有害组分燃烧时热值较高的废气。直接燃烧是有火焰的燃烧,燃烧温度高(>1 100 ℃),一般的窑、炉均可作为直接燃烧的设备。

(2)热力燃烧法:是利用辅助燃料燃烧放出的热量将混合气体加热到要求的温度,使有害物质进行高温分解变为无害物质。热力燃烧法一般用于可燃的有机物含量较低的废气或燃烧热值低的废气处理。热力燃烧为无火焰燃烧,燃烧温度较低(760~820 ℃),燃烧设备为热力燃烧炉,在一定条件下也可用一般锅炉进行。直接燃烧与热力燃烧的最终产物主要为二氧化碳和水。

(3)催化燃烧法:本法也属催化转化法,即在催化剂存在下,可燃组分进行燃烧反应。其优点是操作温度低,减少燃料预热能耗;缺点是催化剂较贵。

燃烧法工艺比较简单,操作方便,可回收燃烧后的热量;但不能回收有用物质,并容易造成二次污染。

5. 冷凝法

冷凝法是采用降低废气温度或提高废气压力的方法,使一些易于凝结的有害气体冷凝成液体并从废气中分离出来的方法。

冷凝法只适于处理较高浓度(≥1%)的有机废气,常用作吸附、燃烧等方法净化高浓度废气的前处理,以减轻这些方法的负荷。冷凝法的设备简单,操作方便,并可回收到纯度较高的产物。

6. UV 光解法

UV 光解法是利用高能量的紫外光(波长通常在 170~185 nm 或 253 nm)照射,将单质氧转变为臭氧,进而氧化废气中有机物或无机高分子化合物,使其分解。由于所用紫外光的能量远高于一般有机化合物的结合能,在紫外光的照射下有机物也可被裂解而形成游离态的原子或基团,并被臭氧最终氧化降解为简单化合物,使废气得以净化。

UV 光解法以是否需要电极来激发产生臭氧分为有极紫外和无极紫外两种。该方法在有机废气处理、废气除臭、废气杀菌等方面效率很高,尤其适用于中低浓度石油化工废气的处理。

7. 脉冲电晕放电等离子法

在高压放电条件下,气体被击穿产生等离子体,等离子体中的高能电子、自由基等活性粒子和废气中的污染物分子作用,使其激发并分解,同时空气中的氧也转变为臭氧,进而氧化分解污染物,最终达到气体净化的效果。该方法对于具有恶臭的废气或挥发性有机废气(VOCs)处理具有很好的效果,也可配合其他方法用于工业废气的脱硫脱硝过程中。

8. 电子束辐射法

电子束辐射法依靠电子加速器产生高能电子,使废气中的氧和水蒸气等激发,转化成氧化能力很强的自由基,将废气中的有害气体氧化而除去。在工业废气的脱硫脱硝中,可将其中的 SO_x、NO_x 氧化并生成硫酸和硝酸,再和加入的氨反应可以得到硫酸铵和硝酸铵,收集后可作为肥料使用。

总之,工业废气的处理方式多种多样,需要根据废气的性质选择合适的处理方式。实际处理过程中,往往需要多种方法的联合使用才能达到较好的排放效果。

第四节　二氧化硫废气处理技术

二氧化硫(SO_2)是量大、影响面广的大气污染物。SO_2 可直接刺激和伤害人的呼吸系统。大气中的 SO_2 在水雾、含重金属的悬浮颗粒或 NO_x 存在下,经一系列化学反应会生成硫酸雾或硫酸盐,继而形成酸雨危害生态环境。污染大气的 SO_2 废气主要产生于化石燃料燃烧过程和硫酸厂、炼焦厂、冶炼厂等生产过程,这些废气的特点是 SO_2 的浓度较低,而对低浓度 SO_2 的治理,目前还缺少理想的方法,特别是对大气量的烟气脱硫更需进一步研究。目前常用的脱除 SO_2 的方法有抛弃法和回收法两类。抛弃法是将脱硫的生成物作为固体废物抛弃堆放,方法简单,费用低廉,但占地多,美国、德国等一些国家多采用此法。回收法是将 SO_2 转变成有用的物质加以回收,有成本高、所得副产品存在应用及销路问题,但对保护环境有利。在我国,从国情和长远观点考虑,应以回收法为主。

目前,在工业上已应用的脱除 SO_2 的方法主要为湿法,即用液体吸收剂洗涤烟气,吸收所含的 SO_2;其次为干法,即用吸附剂或催化剂脱除废气中的 SO_2。

一、湿法脱除 SO_2 技术

1. 氨法

用氨水作吸收剂吸收废气中的 SO_2,由于氨易挥发,实际上此法是用氨水与 SO_2 反应后生成的亚硫酸铵溶液作为吸收 SO_2 的吸收剂,主要反应如下:

$$2NH_3 + SO_2 + H_2O \Longrightarrow (NH_4)_2SO_3$$

$$(NH_4)_2SO_3 + SO_2 + H_2O \Longrightarrow 2NH_4HSO_3$$

对吸收后的混合液用不同方法处理可得到不同的副产物。

若用 NH_3、NH_4HCO_3 等将吸收液中的 NH_4HSO_3 全部变为 $(NH_4)_2SO_3$,经分离可副产结晶的 $(NH_4)_2SO_3$,此法不消耗酸,称为氨-亚铵法。典型反应:

$$NH_4HSO_3 + NH_3 \Longrightarrow (NH_4)_2SO_3$$

若将吸收液用 NH_3 中和,使吸收液中的 NH_4HSO_3 全部变为 $(NH_4)_2SO_3$,再用空气对 $(NH_4)_2SO_3$ 进行氧化,则可得副产物 $(NH_4)_2SO_4$(硫铵),该法称为氨-硫铵法。空气氧化反应如下:

$$(NH_4)_2SO_3 + \frac{1}{2}O_2 \Longrightarrow (NH_4)_2SO_4$$

若用浓硫酸或浓硝酸等对吸收液进行酸解,所得到的副产物为高浓度的 SO_2、$(NH_4)_2SO_4$ 或 NH_4NO_3,该法称为氨-酸法。用硫酸的反应如下:

$$2NH_4HSO_3 + H_2SO_4 \Longrightarrow (NH_4)_2SO_4 + 2SO_2 + 2H_2O$$

氨-酸法脱除 SO_2 的工艺流程如图 2-7 所示。

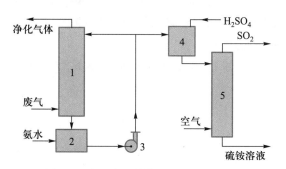

图 2-7　氨-酸法脱除 SO_2 工艺流程图

1. 吸收塔;2. 循环槽;3. 泵;4. 酸;5. 解吸塔

氨法工艺成熟,流程、设备简单,操作方便。副产物均有价值:SO_2 可生产液态 SO_2 或制硫酸;硫铵可作化肥;亚铵可用于制浆造纸代替烧碱。该法已广泛应用于硫酸等化工生产尾气处理,但由于氨易挥发,吸收剂消耗量大,因此缺乏氨源的地方不宜采用此法。

2. 钠碱法

钠碱法是用氢氧化钠或碳酸钠的水溶液作为开始吸收剂,与废气中的 SO_2 反应生成的 Na_2SO_3 继续吸收 SO_2,主要吸收反应为

$$2NaOH+SO_2 \Longrightarrow Na_2SO_3+H_2O$$

$$Na_2SO_3+SO_2+H_2O \Longrightarrow 2NaHSO_3$$

生成的吸收液为 Na_2SO_3 和 $NaHSO_3$ 的混合液。用不同的方法处理吸收液,可得到不同的副产物。

将吸收液中的 $NaHSO_3$ 用 $NaOH$ 中和,得到 Na_2SO_3。由于 Na_2SO_3 溶解度较 $NaHSO_3$ 低,它可从溶液中结晶出来,经分离得副产物 Na_2SO_3。析出结晶后的母液作为吸收剂循环利用。该法称为亚硫酸钠法。

若将吸收液中的 $NaHSO_3$ 加热再生,可得到高浓度 SO_2 副产物。吸收液分离 SO_2 后返回吸收系统循环使用。该法称为亚硫酸钠循环法或威尔曼洛德钠法。

钠碱吸收剂吸收 SO_2 的能力大,不易挥发,对吸收系统不存在结垢、堵塞等问题。亚硫酸钠法工艺成熟、简单、吸收效率高,所得副产物纯度高,但耗碱量大,成本高,因此只适于中小气量 SO_2 废气的处理。而亚硫酸钠循环法可处理大气量 SO_2 废气,吸收效率可达 99% 以上,在国外是应用较多的方法之一。

3. 钙碱法

钙碱法脱硫

钙碱法用石灰石、生石灰或消石灰的悬浮液为吸收剂吸收烟气中 SO_2,生成半水亚硫酸钙($CaSO_3 \cdot 0.5H_2O$),然后再被氧化为石膏($CaSO_4 \cdot 2H_2O$)。以石灰石(粒径 $\leqslant$ 45μm)悬浮液为例的 SO_2 脱除过程的主要反应如下:

$$CaCO_3+SO_2+0.5H_2O \Longrightarrow CaSO_3 \cdot 0.5H_2O+CO_2 \uparrow$$

$$2 CaSO_3 \cdot 0.5H_2O+O_2+3H_2O \Longrightarrow 2 CaSO_4 \cdot 2H_2O$$

该法所用吸收剂价廉易得,吸收效率较高,可达 90% 以上,副产物石膏可用作建筑材料,而半水亚硫酸钙是一种钙塑材料,用途广泛,因此成为目前吸收脱硫应用最多的方法。该法存在的最主要问题是吸收系统容易结垢、堵塞;另外,由于石灰乳循环量大,使设备体积增大,操作费用增高。

除以上方法外,可采用的吸收方法还有双碱法、金属氧化物吸收法等,此处不一一介绍。

二、干法脱除 SO_2 技术

1. 活性炭吸附法

在有氧及水蒸气存在的条件下,可用活性炭吸附 SO_2。由于活性炭表面具有的催化作用,使吸附的 SO_2 被烟气中的氧气氧化为 SO_3, SO_3 再和水反应吸收生成硫酸;或用加热的方法使其分解,生成浓度高的 SO_2,此 SO_2 可用来制酸。

活性炭吸附法虽然不消耗酸、碱等原料,又无废水排出,但由于活性炭吸附容量有限,因此对吸附剂要不断再生,操作麻烦。另外为保证吸附效率,烟气通过吸附装置的

速度不宜过大。当处理气量大时,吸附装置体积必须很大才能满足要求,因而不适于大气量烟气的处理,而所得副产物硫酸浓度较低,需进行浓缩才能应用,以上这些限制了该法的普遍应用。

2. 催化氧化法

在催化剂的作用下可将 SO_2 氧化为 SO_3 后进行利用。

干式催化氧化法可用来处理硫酸尾气及有色金属冶炼尾气,技术成熟,已成为制酸工艺的一部分。但用此法处理电厂锅炉烟气及炼油尾气,则在技术上、经济上还存在一些问题需要解决。

第五节　氮氧化物废气处理技术

氮氧化物是一类化合物的总称,分子式为 NO_x。它包括 N_2O、NO、NO_2、N_2O_3、N_2O_4 及 N_2O_5 等多种,在自然条件下主要是 NO 和 NO_2,它们是常见的大气污染物。大气中的氮氧化物包括天然的和人类活动所产生的两种。全世界由于自然界细菌分解土壤和海洋中有机物而生成的氮氧化物每年约 5 亿吨,而人类活动所产生的氮氧化物每年约 0.5 亿吨。由人类活动所产生的氮氧化物大部分来自化石燃料的燃烧过程,如锅炉、内燃机等排放的氮氧化物占总数的 80% 以上,此外,还有来自化工厂、金属冶炼厂及硝酸使用过程。人类活动所产生的氮氧化物比天然产生的要少得多,但是由于其分布较为集中,与人类活动的关系较为密切,所以危害较大。如 NO 与血液中血红蛋白的亲和力较强,可结成亚硝基血红蛋白或亚硝基高铁血红蛋白,使血液输氧能力下降,出现缺氧发绀症状;NO_2 对呼吸器官有强烈的刺激作用;NO_2 在自然环境中可形成酸及酸雨,而在阳光照射下,可与磷氢化合物生成致癌的光化学烟雾等。

对含 NO_x 的废气也可采用多种方法进行净化处理。化工生产尾气中 NO_x 的处理常用的有以下几个方法。

1. 吸收法

可吸收 NO_x 的吸收剂有碱液、稀硝酸和浓硫酸等。目前用得较多的是碱液。

常用的碱液有氢氧化钠溶液、碳酸钠溶液、氨水等,NO_x 被吸收后生成硝酸盐和亚硝酸盐等有用的副产物。碱液吸收设备简单,操作容易,投资少。如用氢氧化钠溶液(10%)吸收,NO_x 脱除率为 80%~90%,其反应如下:

$$2NaOH+2NO_2 \Longrightarrow NaNO_3+NaNO_2+H_2O$$

$$2NaOH+NO_2+NO \Longrightarrow 2NaNO_2+H_2O$$

用"漂白"(不含 NO_x)的稀硝酸吸收硝酸尾气中的 NO_x,不仅可以净化排气,而且可以回收 NO_x 用于制硝酸,该法系物理吸收过程,吸收液含 HNO_3 约 30%,NO_x 的去除率也为 80%~90%。但此法只能应用于硝酸的生产过程中,应用范围有限。

2. 吸附法

用吸附法吸附 NO_x 已有工业规模的生产装置,可以采用的吸附剂为活性炭与沸石分子筛。

活性炭对低浓度 NO_x 具有很高的吸附能力,并且经解吸后可回收高浓度的 NO_x,但由于温度高时,活性炭有燃烧的可能,给吸附和再生造成困难,因此,限制了该法的使用。

丝光沸石分子筛是一种极性很强的吸附剂。当含 NO_x 废气通过时,废气中极性较强的 H_2O 分子和 NO_2 分子,被选择性地吸附在表面上,并进行反应生成硝酸放出 NO。新生成的 NO 和废气中原有的 NO 一起,与被吸附的 O_2 进行反应生成 NO_2,生成的 NO_2 再与 H_2O 进行反应重复上一个反应步骤。经过这样的反应后,废气中的 NO_x 即可被除去。对被吸附的硝酸和 NO_x,可用水蒸气置换的方法将其脱附下来,脱附后的吸附剂经干燥、冷却后,即可重新用于吸附操作。

分子筛吸附法适于净化硝酸尾气,可将浓度为 $(1\ 500\sim3\ 000)\times10^{-6}$ 的 NO_x 降低到 50×10^{-6} 以下,而回收的 NO_x 可用于 HNO_3 的生产,因此是一个很有前途的方法。该法的主要缺点是吸附剂吸附容量较小,因而需要频繁再生,限制了它的应用。

3. 催化还原法

在催化剂的作用下,用还原剂将废气中的 NO_x 还原为无害的 N_2 和 H_2O 的方法称为催化还原法。依还原剂与废气中的 O_2 发生作用与否,可将催化还原法分为以下两类。

(1)非选择性催化还原(NSCR):在氧化铝为载体,铂、钯等贵金属为催化剂的作用下,还原剂不加选择地与废气中的 NO_x 和 O_2 同时发生反应。作为还原剂的气体可用 H_2、CH_4、CO 和低相对分子质量碳氢化合物等,或者这些气体的混合物,如合成氨释放气、焦炉气、天然气、炼油厂尾气等均可作为非选择性催化的还原剂。该法由于存在着与 O_2 的反应过程,放热量大,因此在反应中必须使还原剂过量并严格控制废气中的氧含量。当用 CH_4 为还原剂时,其反应如下:

$$CH_4+4NO_2 = 4NO+CO_2+2H_2O$$
$$CH_4+2O_2 = CO_2+2H_2O$$
$$CH_4+4NO = 2N_2+CO_2+2H_2O$$

(2)选择性催化还原(SCR):在 TiO_2 为载体,以 V_2O_5 或 $V_2O_5-WO_3$ 或 $V_2O_5-MoO_3$ 为催化剂,$300\sim400\ ℃$ 的温度区间,还原剂只选择性地与废气中的 NO_x 发生反应,而不与废气中的 O_2 发生反应。常用的还原剂气体为 NH_3 和 H_2S 等。以下为以 NH_3 为还原剂时的反应式:

$$4NH_3+6NO = 5N_2+6H_2O$$
$$8NH_3+6NO_2 = 7N_2+12H_2O$$

催化还原法适用于硝酸尾气与燃烧烟气的处理,并可处理大气量的废气,技术成熟、净化效率高,是处理 NO_x 废气的较好方法。由于反应中使用了催化剂,对气体中杂质含量要求严格,因此对进气需作预处理;用该法进行废气处理时,不能回收有用物质,但可回收热量;应用效果好的催化剂一般均含有铂、钯等贵重金属组分,因此催化剂价格比较昂贵。

另外,在 850~1 100 ℃的温度区间,以氨或尿素为还原剂,不使用催化剂也能发生类似的选择性还原,这一技术称为选择性非催化还原(SNCR),常和 SCR 联合使用以期达到所需的脱硝效果。

第六节 其他废气处理技术简介

一、其他废气的处理技术简介

有关其他废气的处理技术简介见表 2-3。

表 2-3 其他废气处理技术简介

废气种类	处理技术	技术要点
含碳氢化合物废气及恶臭	燃烧法	在废气中有机物浓度高时,将其作为燃料在燃烧炉中直接烧掉,而在有机物浓度达不到燃烧条件时,将其在高温下进行氧化分解,燃烧温度 600~1 100 ℃,适于中、高浓度的废气净化
	催化燃烧法	在催化氧化剂作用下,将碳氢化合物氧化为 CO_2 和 H_2O,燃烧温度范围 200~240 ℃,适用于连续排气的各种浓度废气的净化
	吸附法	用适当吸附剂(主要是活性炭)对废气中的 HC 组分进行吸附,吸附剂经再生后可重复使用,净化效率高,适用于低浓度废气的净化
	吸收法	用适当液体吸收剂洗涤废气净化有害组分,吸收剂可用柴油、柴油-水混合物及水基吸收剂,对废气浓度限制小,适用于含有颗粒物(如漆粒)废气的净化
	冷凝法	采用低温或高压,使废气中的 HC 组分冷却至露点以下液化回收,可回收有机物,只适用于高浓度废气净化或作为多级净化中的初级处理。冷凝法不适于处理恶臭
含 H_2S 废气	克劳斯法(干式氧化法)	使用铝矾土为催化剂,燃烧炉温度控制在 600 ℃,转化炉温度控制在 400 ℃,并控制 H_2S 和 O_2 气体物质的量比为 2:1,可回收硫,净化效率可达 97%,适于处理含 H_2S 浓度较高的气体
	活性炭法	用活性炭作吸附剂,吸附 H_2S,然后通 O_2 将 H_2S 转化为 S,再用 15%硫化铵溶液洗去硫黄,使活性炭再生,效率可达 98%,适于处理天然气或其他不含焦油的 H_2S 废气
	氧化铁法	$Fe(OH)_3$ 作脱硫剂并充以木屑和 CaO,可回收硫,净化效率可达 99%,主要处理焦炉煤气等,脱硫剂需定期更换或再生,但再生使用不够经济
	氧化锌法	以 ZnO 为脱硫剂,净化温度 350~400 ℃,效率高达 99%,适用于处理 H_2S 浓度较低的气体

续表

废气种类	处理技术	技术要点
含 H_2S 废气	溶剂法	使用适当溶剂采用化学结合或物理溶解方式吸收 H_2S，然后使用升温或降压的方法使 H_2S 解析，常用溶剂有一乙醇胺、二乙醇胺、环丁砜、低温甲醇等
	中和法	用碱性吸收液与酸性 H_2S 中和，中和液经加热、减压，使 H_2S 脱吸，吸收液主要用碳酸钠、氨水等，操作简单，但效率较低
	氧化法	用碱性吸收液吸收 H_2S 生成硫氢化物，在催化剂作用下进一步氧化为硫，常用吸收剂为碳酸钠、氨水等，常用催化剂为铁氰化物、氧化铁等
含 F 废气	湿法	使用 H_2O 或 NaOH 溶液作为吸收剂，后者吸收效果更好，可副产冰晶石和氟硅酸钠等；若不回收利用，吸收液需用石灰石/石灰进行中和沉淀，澄清后才可排放。净化率可达 90%。需注意设备的腐蚀和堵塞问题
	干法	可用氟化钠、石灰石或 Al_2O_3 作为吸附剂，在电解铝等行业中最常用的吸附剂为 Al_2O_3，吸附了 HF 的 Al_2O_3 可作为电解铝的生产原料，净化率 99%，无二次污染，可用输送床流程，也可用沸腾床流程
含 Hg 废气	吸附法	用充氯活性炭或软锰矿作吸附剂，效率 99%
	吸收法	吸收剂可用高锰酸钾、次氯酸钠、热硫酸等，它们均为氧化剂，可将 Hg 氧化为 HgO 或 $HgSO_4$，并可通过电解等方法回收汞
	气相反应法	用某种气体与含汞废气发生气体化学反应，常用碘升华法，将结晶碘加热使其升华，形成碘蒸气与汞反应，特别是对弥散在室内的汞蒸气具有良好的去除作用
含 Pb 废气	吸收法	含铅废气多为含有细小铅粒的气溶胶，由于它们可溶于硝酸、醋酸及碱液中，故常用 0.025%～0.3% 稀醋酸或 1% 的 NaOH 溶液作吸收剂，净化效率较高，但设备需耐腐蚀，有二次污染
	掩盖法	为防止铅在二次熔化中向空气散发铅蒸发物，可采用物理隔挡方法，即在熔融铅液表面撒上一层覆盖粉，常用物有碳酸钙粉、氯盐、石墨粉等，以石墨粉效果最佳
含 Cl_2 废气	中和法	使用氢氧化钠、石灰乳、氨水等碱性物质吸收，其中以氢氧化钠应用较多，反应快、效果好
	氧化还原法	以氯化亚铁溶液作吸收剂，反应生成物为三氯化铁，可用于污水净化；反应较慢，效率较低
含 HCl 废气	冷凝法	在石墨冷凝器中，以冷水或深井水为冷却介质，将废气温度降至露点以下，将 HCl 和废气中的水冷凝下来，适于处理高浓度 HCl 废气
	水吸收法	HCl 易溶于水，可用水吸收废气中的 HCl，副产盐酸

二、废气的稀释法处理

所谓稀释法,就是采用一定高度的排气筒即烟囱排放废气,通过大气的输送和扩散作用降低地面大气污染物浓度至规定的环境空气质量标准。

稀释法本身不减少排入大气中污染物的量,但该法既可降低污染物的地面浓度,也是解决一般废气中氧含量很低对人群呼吸不利问题的有效方法。固然废气处理主要靠前文介绍的各种净化技术和设备。但对于那些难以脱尽的污染物,如要求其浓度降得很低,净化费用会很高。而以净化脱除为主,辅以烟囱排放稀释,则往往是技术上更可靠、经济上更合理。所以烟囱是一种废气处理设备。这也是《大气污染物综合排放标准》中规定同一种污染物在有排气筒时"最高允许排放浓度"比"无组织排放监控浓度限高"要高,而且排气筒高度越高,其"最高允许排放速率"越大的原因。

三、典型工业废气处理系统

实际化工废气中污染物大多是颗粒污染物与气态污染物混杂,且成分复杂。要达到预期处理效果,其处理系统一般是多种方法联合应用,分步除去废气中所有污染物。例如,常见的燃煤锅炉烟气含有烟尘、SO_2、NO_x等多种污染物。它的净化处理系统如图2-8所示。锅炉烟气先经颗粒除尘(重力沉降室1、旋风除尘器2)和气态污染物净化(吸收塔3),再用风机4送烟囱5排入大气。

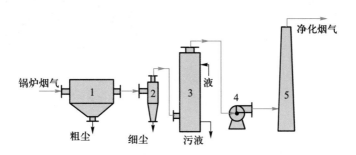

图 2-8　锅炉烟气处理系统图
1. 重力沉降室;2. 旋风除尘器;3. 吸收塔;4. 风机;5. 烟囱

对于一些发酵、植提等化工废气的处理,由于废气含有恶臭,可以采用以下工艺流程进行处理:

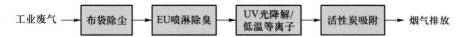

复习思考题

1. 按其存在状态,空气污染物可分为哪两大类? 简述其基本处理方法。

2. 试分析机械式、过滤式、湿式等除尘器的特点。

3. 简述粉尘粒度的两种分布。

4. 简述常用除尘装置的分类及除尘率。

5. 简述催化法脱除 NO_x 的原理。

6. 试设计画出氨-酸法处理 SO_2 废气的原则流程图,并分析其主要过程的化学原理。

7. 简述稀释法处理废气的原理。

第三章　化工废渣处理技术

《2019 年全国大、中城市固体废物污染环境防治年报》

《第二次全国污染源普查公报》

《中华人民共和国固体废物污染环境防治法》

　　废渣也称固体废物,是指生产和生活活动中由于丧失原有利用价值或其他原因而被丢弃的固态或半固态物质。一般生产活动中产生的固体废物俗称废渣(residue),生活中产生的固体废物则称为垃圾(refuse)。而化工废渣主要是指在化工生产过程中及其产品使用过程中产生的固态或半固态(泥浆)废物,包括生产过程产生的不合格的产品、不能出售再利用的副产品、废催化剂、废水废气处理后产生的污泥等。为了便于管理,国际上将容器盛装的具有危害性的废液、废气,从法律角度定为固体废物,划入固体废物管理范畴。

　　据统计,我国 2017 年一般工业固体废物产生量为 38.68 亿吨,综合利用量 20.62 亿吨(其中综合利用往年贮存量 3 497.84 万吨),处置量 9.43 亿吨(其中处置往年贮存量 3 525.71 万吨),未经处理而贮存的量有 9.31 亿吨,倾倒丢弃量 158.98 万吨。另外,我国 2017 年所产生的危险废物产生量为 6 581.45 万吨,综合利用和处置量 5 972.78 万吨,年末累积贮存量 8 881.16 万吨。这些工业固体废物主要包括粉尘、酸性和碱性废水、重金属、有毒有害有机物、无机盐等。从这些数据可以看出,我国废渣的处理能力亟待加强,这些未处理或丢弃的废渣对环境保护造成很大的压力,也具有潜在的安全隐患,所以对废渣的处理是环境保护工作的重要组成部分。

第一节　化工废渣及其防治对策

一、化工废渣的来源及分类

　　化学工业是对环境的各种资源进行化学处理和转化、加工生产的部门。化工生产特点之一是原料种类多、生产方法多、产品品种多及产生的废物也多,有化工原料带来的杂质,也有生产过程中产生的不合格产品、副产品、废催化剂、混有废液的混浆,以及废水处理产生的污泥等。据统计,用于化工生产的各种原料最终约有 2/3 变成废物,而废物中固体废渣约占 1/2,可见化工废渣产生量是极其巨大的。

化工废渣除由生产过程中产生之外,还有非生产性的固体废物,如原料及产品的包装垃圾、工厂的生活垃圾,以及在处理废气或废水过程中产生的新废渣。化工废渣总会污染环境,尤其是有害废渣。所谓有害废渣是指具有毒性、易燃性、腐蚀性、放射性等各种废渣。故按化工废渣危害状况可分为一般废渣和有害废渣(也称危险废物)。对有害废渣的防治是环保工作的重中之重。

化工废渣按其化学性质分类,可分为无机废渣和有机废渣。无机废渣总体上排放量大、毒性强,对环境污染严重。有机废渣一般组成复杂、易燃,但排放量不大,然而现在由生产和生活废弃的废塑料则越来越多。

二、化工废渣的特点

化学工业产生的废渣的特点主要有以下几方面。

1. 产生和排放量大

化学工业固体废物产生量大;排放量约占全国工业固体废物总排放量的 5.0%(2012 年),量居各工业行业之前列。

2. 危险废物种类多,有毒有害物质含量高

化学工业固体废物中,有相当一部分具有毒害性、易燃易爆性、反应性和腐蚀性等特征,对人体健康和环境有危害或潜在危害。我国化工危险废物约占化工固体废物的 20%(2012 年)。

3. 对土壤的污染

存放废渣需要占用大量的场地(一般是 1 万吨/亩),在自然界的风化作用下到处流散,尤其是有毒的废渣,会使土壤受到污染,继而污染物转入农作物或者转入水域,给人类健康带来很大的危害。而且土壤一旦受到污染,很难在短时间内得到恢复,甚至永远成为不毛之地。

4. 对水域的污染

工业废渣对水域的污染,主要通过 4 种途径,如图 3-1 所示。废渣对水域的污染以化工废渣最为突出,尤其是将化工废渣不做任何处理直接倒入江河、湖泊或沿海海域,将造成更为严重的水体环境污染。

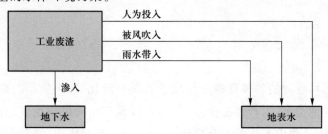

图 3-1   废渣对水域的污染途径

5. 对大气的污染

化工废渣在堆放过程中,在一定温度下,在水分的作用下某些有机物质发生分解,产生的有害气体扩散到大气中,对大气造成污染。例如,石油化工厂排出的重油渣及沥青块等,在自然条件的作用下,将产生多环芳烃气体。而多环芳烃被认为是致癌物质。另外,如废弃的尾矿、粉煤灰或磷石膏等,本身颗粒很细(微米级),干燥后将随风飞扬,移往他处,恶化周围环境。

6. 废物再资源化可能性大

所谓"废物"总是相对的,一种过程的废物随着时空条件的变化,往往可以成为另一过程的原料。所以废物也有"放在错误地点的原料"之称。

化工固体废物组成中有相当一部分是未反应的原料或反应副产物,往往都是很宝贵的资源,如硫铁矿烧渣、合成氨造气炉渣、烧碱盐泥等,可用作制砖、水泥的原料。一部分硫铁矿烧渣、废胶片、废催化剂中还含有金、银、铂等贵金属,有极高的回收利用价值。

三、化工废渣的防治对策

总体上,化工废渣对环境的危害很大,其污染往往是多方面全方位的。它侵占土地、污染地表环境、污染水体、污染大气和影响环境卫生,对它的治理一直受到人们的重视。但由于是固相,且种类繁多,成分复杂,性质各异,故治理过程要比化工废水和废气治理复杂得多。

1996 年 4 月 1 日颁布的《中华人民共和国固体废物污染环境防治法》(2020 年 4 月 29 日第二次修订),是我国进行全面防治固体废物污染环境的法律基础,此外,我国还制定了相关具体的法规、标准、导则等近 80 部,形成了完整的法律法规及管理体系。对于一般工业固体废物可以按照《一般工业固体废物贮存场、处置场污染控制标准》(GB 18599—2019,征求意见稿)、《固体废物再生利用污染防治技术导则》(HJ1091—2020)以及《固体废物处理处置工程技术导则》(HJ 2035—2013)等进行贮存、利用或处置。对于危险废固,则应根据《国家危险废物名录》中所包含的项目进行界定,并按照《危险废物处置工程技术导则》等进行严格处置。对于城镇生活垃圾,我国也在不断加强管理,推出了《垃圾强制分类制度方案》、《生活垃圾处理技术指南》等。根据国情,我国制定了以"无害化"、"减量化"、"资源化"作为防治固体废物污染的技术政策,并确定今后较长一段时间内应以"无害化"为主,从"减量化"向"资源化"过渡。

"无害化"处理的基本任务是将有害固体废物通过工程处理,达到不损害人体健康,不污染周围自然环境的目的。比如,垃圾的焚烧、卫生填埋、堆肥,有害废物的热处理和解毒处理等。

"减量化"处理的基本任务是通过适宜的手段,减少和减小固体废物的数量和容积,以控制或消除其对环境的危害。这一任务的实现,需从两个方向着手,一是对固体废物进行处理利用,二是减少固体废物的产生。例如,将原料包装或生活垃圾采用焚烧

《一般工业固体废物贮存场、处置场污染控制标准》(GB 18599—2019,征求意见稿)

《固体废物再生利用污染防治技术导则》(HJ 1091—2020)

《固体废物处理处置工程技术导则》(HJ 2035—2013)

《国家危险废物名录》

《危险废物处置工程技术导则》(HJ 2042—2014)

《垃圾强制分类制度方案》

法处理后,体积可减少80%~90%,余烬则便于运输和处置;一些化工生产厂推行清洁生产,逐步达到废物零排放。

《生活垃圾处理技术指南》

"资源化"的基本任务是采取工艺措施从固体废物中回收有用的物质和能源。固体废物"资源化"是固体废物的主要归宿。相对于自然资源来说,固体废物属于"二次资源"或"再生资源"范畴。有些固体废物(如废金属、废塑料、废橡胶等)经简单加工即可成为宝贵的原材料;而另一些固体废物损失了原使用价值,但是通过回收、加工等途径可以获得新的使用价值。例如,具有高位发热量的煤矸石,可以通过燃烧回收热能或转换电能,也可以用来代土节煤生产内燃砖。

第二节　化工废渣的一般处理技术

化工废渣处理技术总体分为废渣处置和废渣利用两类,前者就是"无害化"和"减量化"技术,后者即为"资源化"技术。现在对化工废渣的具体处理方法主要有卫生填埋法、焚烧法、热解法、微生物分解法和转化利用法5种。其中应用最多的还是填埋法,填埋法本身最简单,但随着有害化工废渣增加及环境保护要求提高,填埋法(及其他方法)均需作必要的技术性预处理。

一、预处理技术

固体废物预处理是指用物理、化学方法,将废渣转变成便于运输、贮存、回收利用和处置的形态。预处理常涉及废渣中某些组分的分离与浓集,因此往往又是一种回收材料的过程。预处理技术主要有压实、破碎、分选和固化等。

1. 压实

压实也称压缩,是用物理方法(压实器)减少松散状态废渣的体积,提高其聚集程度,以便于运输、利用和最终处置。

2. 破碎

指用机械方法将废物破碎,减小颗粒尺寸,使之适合于进一步加工或再处理。这一技术在固体废物的处理和处置过程中应用广泛,技术亦已相当成熟,按破碎的机械方法不同分为剪切破碎、冲击破碎、低温破碎、湿式破碎和半湿式破碎等。

3. 分选

主要是依据各种废物物理性能的不同进行分拣处理的过程。废物在回收利用时,分选是重要操作工序,分选效率直接影响到回收物质的价值或进一步处理工艺。分选的方法主要有筛分、重力分选、磁力分选、浮力分选等。

4. 固化

指通过物理或化学法,将废物固定或包含在坚固的固体中,以降低或消除有害成分的逸出,是一种无害化处理。固化后的产物应具有良好的机械性能、抗渗透、抗浸出、抗干裂、抗冻裂等特性。目前,根据废物的性质、形态和处理目的可供选择的固化技术有以下 5 种方法,即水泥基固化法、石灰基固化法、热塑性材料固化法、高分子有机物聚合稳定法和玻璃基固化法,详见表3-1。

表 3-1 固化技术及其比较

方法	要点	评论
水泥基固化法	将有害废物与水泥及其他化学添加剂混合均匀,然后置于模具中,使其凝固成固化体。将经过养护后的固化体脱模,经取样测试浸出结果,其有害成分含量低于规定标准,便达到固化目的	方法比较简单,稳定性好,但体积和质量增大。有可能作建筑材料。对固化的无机物,如氧化物可互容;硫化物可能延缓凝固和引起破裂,除非是特种水泥;卤化物易从水泥中浸出,并可能延缓凝固;水泥与重金属互容,与放射性废物互容
石灰基固化法	将有害废物与石灰及其他硅酸盐类配以适当的添加剂混合均匀,然后置于模具中,使其凝固成固化体。将经过养护后的固化体脱模,经取样测试浸出结果,其有害成分含量低于规定标准,便达到固化目的	方法简单,固体较为坚固。对固化的有机物,如有机溶剂和油等多数会抑制凝固,可能蒸发逸出。对固化的无机物如氧化物互容、硫化物互容,卤化物可能延缓凝固并易于浸出,与重金属互容,与放射性废物互容
热塑性材料固化法	将有害废物同沥青、柏油、石蜡或聚乙烯等热塑性物质混合均匀,经过加热冷却后使其凝固而形成塑胶性物质的固体化	该法与前两种方法相比,固化效果更好,但费用较高,只适用于某些处理量少的剧毒废物。对固化的有机物,如有机溶剂和油,在加热条件下,可能蒸发逸出。对无机物如硝酸盐、次氯化物、高氯化物等则不能采用此法,但与重金属、放射性废物互容
高分子有机物聚合稳定法	将高分子有机物如脲醛等与不稳定的无机化学废物混合均匀,然后将混合物经过聚合作用而生成聚合物	该法与其他方法相比,只需少量的添加剂,但原料费用较昂贵,不适于处理酸性及有机废物和强氧化性废物,多数用于体积小的无机废物
玻璃基固化法	将有害废物与硅石混合均匀,经高温熔融冷却后而形成玻璃基固化体	该法与其他方法相比,固化体性质极为稳定,可安全地进行处置,但处理费用昂贵,只适于处理极有害的化学废物和强放射性废物

二、卫生填埋技术

卫生填埋技术俗称卫生填埋法或土地填埋法。该法属减量化、无害化处理中最经济的方法。处理性质可以是永久性的最终处理,也可以是短期性的暂时处理,是目前处理城市垃圾应用最广的方法。一般均采用厌氧卫生填埋法。该法是在平地上,或在平地上开槽后,或在天然低洼地上,逐层堆积废物,压实,覆盖土层。废渣每压实 1.8~3.0 m 厚覆土 15~30 cm 后,再堆积第二层。最外表面覆土 50~70 cm 作为封皮层。为防废渣浸沥液污染地下水,填埋场底部与侧面采用胶质膜材或渗透系数较小的黏土作防渗层。在防渗层上设置收集管道系统,再用泵将浸沥液抽出去处理。当填埋物可能产生气体时,则需用透气性良好的材料在填埋场不同部位设置排气通道,把气体导出回收利用。图 3-2 为一典型城市垃圾卫生填埋场的结构示意图。

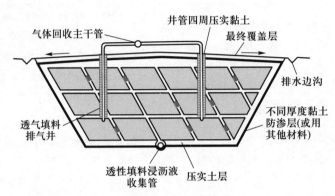

图 3-2　典型城市垃圾卫生填埋场结构示意图

三、焚烧技术

二噁英

把可燃固体废物集中在焚烧炉中通空气彻底燃烧是除卫生填埋之外的又一种处理废渣的重要手段。

焚烧是高温分解和深度氧化的过程,目的在于使可燃的固体废物氧化分解,借以减容、去毒并回收能量及副产物。固体废物经过焚烧,体积一般可减少 80%~90%,一些有害固体废物通过焚烧,可以破坏其组成结构或杀灭病原菌,达到解毒、除害、回收能量等的目的。而且处理废物快速高效,工厂化、全天候、处理能力大。目前,全世界有2 000 多座现代化垃圾焚烧工厂,我国有 400 多座,其中上海老港再生能源利用中心日焚烧处理垃圾总量达到 9 000 t/d。2017 年我国城市生活垃圾无害化处理中,焚烧方式处理占比 44%,填埋占 53%,其他方式占 3%。焚烧产生的热能可用于产生蒸汽或发电。据统计,平均 5 t 垃圾焚烧产生的热量相当于 1 t 标准煤。故焚烧技术不仅具有环保意义,而且具有经济价值。由于土地资源紧缺,未来以填埋方式处理的垃圾比例将继续下降,焚烧处理能力会不断增强。

与工业废渣相比,城市生活垃圾的组成更加复杂,焚烧处理的技术和设备要求更高。尤其是焚烧产生的二次污染,是制约焚烧技术的重要因素。焚烧二次污染主要源于烟气和飞灰。其中,烟气中的主要污染物质有:颗粒物、HCl、CO、CO_2、H_2S、NO_x、二噁英、重金属等;飞灰中主要有重金属、二噁英。对于焚烧的二次污染,可以通过改变焚烧方式(热解气化熔融焚烧可减少烟尘量、降低二噁英的生成)、增加尾气处理(湿式有害气体洗涤及脱硝设备)及除尘处理(布袋除尘)等消除。

　　水泥窑协同处置固体废物是一种新的废物处理方式,它是指将满足或经过预处理后满足入窑条件的固体废物投入水泥窑,在进行水泥熟料生产的同时实现对固体废物的无害化、减量化、资源化处置过程。我国的水泥窑协同处置固体废物虽然起步较晚,但是发展迅速,在2018年危险废物焚烧处理中,已占到45%的比例。

　　水泥窑协同处置可依托水泥厂已有设备,投资运行费用低,更高的温度可以使固体废物的处理更加彻底,避免二噁英的产生,大部分重金属元素也可以固化在水泥熟料中。另外,水泥窑中的碱性环境可吸收焚烧气体中大量的 SO_2、HCl、HF 等酸性气体,无机成分进入熟料,废气经过水泥窑原有尾气处理系统处理后达标排放。

　　水泥窑协同处置过程中,虽然炉温高有利于有机物和二噁英等物质的分解,但也会造成 NO_x 量急剧升高。在危废处置过程中,若处理中所使用的设备不达标,可能会造成严重的后果。另外,危险废物处理中有易燃易爆或者是产生化学反应的物料,对设备的安全性和适应性要求很高,需要充分考虑物料处理过程中可能出现的危险情况。因此水泥窑协同处置的设备和技术,在设计上要充分考虑固体废物处理的复杂性。

四、热解技术

　　固体废物热解是利用有机物的热不稳定性,在无氧或缺氧条件下受热分解的过程。热解法与焚烧法相比是完全不同的两个过程。焚烧是放热的,热解是吸热的;焚烧的产物主要是二氧化碳和水,而热解的产物主要是可燃的低分子化合物:气态的氢、甲烷、一氧化碳,液态的甲醇、丙酮、醋酸、乙醛等有机物及焦油、溶剂油等,固态的主要是焦炭或炭黑。

五、微生物分解技术

　　利用微生物的分解作用处理固体废物的技术,应用最广泛的是堆肥化。堆肥化是指依靠自然界广泛分布的细菌、放线菌和真菌等微生物,人为地促进可生物降解的有机物向稳定的腐殖质生化转化的微生物学过程,其产品称为堆肥,包括好氧堆肥和厌氧堆肥两种方式。堆肥化常用于处理城市生活垃圾或有机物含量较高的工业固体废物,可实现固体废物的资源化利用。经堆肥处理后的固体废物可用于农业耕作中作肥料或土壤改良剂。但堆肥过程中存在重金属的积累与富集,有进入食物链影响人体健康的风险,需慎重使用。

六、转化利用技术

　　该技术属资源化范围,利用化工新工艺、新方法把废渣转化为新的有用产品。这是在废渣处理时应优先考虑的方法。

第三节　典型化工废渣的回收利用技术

一、塑料废渣的处理和利用

随着塑料在生产和生活中使用量的不断增长,因塑料造成的白色污染和微塑料污染等也一直是世界环境污染处理的难题。我国多年来一直处在世界塑料生产消费的第一位,也曾是世界最大的废旧塑料进口国。与此同时,我国的废塑料的产量也迅速增长。据我国物资再生协会再生塑料分会的统计数据显示,2019年我国生产废塑料达6 300万吨,其中填埋量2 016万吨(占比32%),焚烧量1 953万吨(占比31%),回收量1 890万吨(占比30%),其余441万吨(占比7%)则被遗弃。废塑料性质稳定,在自然环境中很难降解分解,是我国最典型的化工废渣之一。

白色污染

微塑料污染

我国一向高度重视塑料污染问题,2007年底开始实行《废塑料回收与再生利用污染控制技术规范》(试行,HJ/T 364—2007)。2008年6月开始实施“禁塑令”,2017年8月和2018年4月宣布禁止生活来源废塑料和工业来源废塑料的进口。同时也制定了相应的政策,控制国内废塑料的产生。2020年1月9日,国家发展改革委、生态环境部公布了《关于进一步加强塑料污染治理的意见》,这些政策的逐步实施对我国废塑料的处理和利用提供了新的挑战和机遇。

《废塑料回收与再生利用污染控制技术规范》(试行,HJ/T 364—2007)

塑料废渣属于废弃的有机物质,主要来源于树脂的生产过程、塑料的制造加工过程及包装材料。塑料的物理性质之一是较低温条件下可以软化成型。另外在有催化剂的作用下,通过适当温度和压力,高分子可以分解为低分子烃类。根据这些物理、化学性质,可以将塑料废渣热分解或者再加热成型使用。塑料的另一个特点是种类繁多,用途广泛,而废塑料则是杂品混合,性质各异。要想再生利用,对其进行预分选操作是不可避免的一个环节。根据各种塑料废渣的不同性质,通过预分选后,废塑料可以进行熔融再生或热分解处理。

《关于进一步加强塑料污染治理的意见》

1. 预分选

一般废品中的废塑料均为混合物。废塑料在以往的使用过程中若是混杂于其他废物中时,或多或少附有泥、沙、草、木等,有时还会与金属等别种物质共同构成物件,如电包覆线、塑钢等。因此其预处理工艺是很复杂的。

(1)对废塑料进行粉碎:塑料具有韧性,经低温处理增加其脆性则有利于粉碎作业。事前可加以必要的水洗,或者在粉碎后水洗或水选,也可用不同相对密度的液体进行浮选,还可在水洗干燥后再风选。这类过程都是利用相对密度不同而完成的分离工作。

(2)磁选:为了排除废塑料中的铁质金属也可采用磁选。

(3)分类收集:为了减少分选的困难,往往在回收废塑料时就要注意分类收集。例如,在塑料工厂回收塑料时,由于工厂生产常用单一性质的塑料生产制品,这样就可把这种单一的塑料收集在一起,或按生产车间分别回收不同的塑料。若是能要求废品收购站在回收废塑料时按不同的类型加以集中,将为分选工作也带来方便。如某工厂的某种废塑料量少时,也可按地区由多地联合回收某一品种的塑料。

2. 熔融再生法

熔融再生法是回收利用热塑性塑料最简单、最有效的方法。

从再生制品的质量考虑,根据投加材料的不同可分为两类:一类是在回收的废塑料中按一定比例加入新的塑料原料,从而提高再生制品的性能。或是从混合废塑料中,按不同密度回收各种塑料,再依其不同密度以一定配比制成再生制品;另一类是在废塑料中加入廉价的填料。如用废塑料制造可替代木料的塑料柱,或制成马路摆设用的大花盆等粗制品时,可加入一定量的泥土。如果制成在海洋中使用的鱼礁时,也可在回收的废塑料中加入一定比例的河沙,这样还可以增加其相对密度,容易沉入海底。一般采用热载体熔融固化法进行,此法的过程是将无机填料热载体加热至 $350 \sim 400\ ℃$ 后与常温废塑料混合(后者占比例为 $40\% \sim 60\%$),在 $200\ ℃$ 下用桨叶搅拌器混合 $5 \sim 10\ min$ 后熔融、成型。制成品的外观与混凝土制品相似,抗拉强度亦相同,但压缩强度略低而抗弯强度较高,相对密度在 $1.3 \sim 1.7$。

3. 热分解法

热分解法是通过加热等方法将塑料高分子化合物的链断裂,使之变成低分子化合物单体、燃烧气或油类等,再加以有效利用。热分解法是希望尽可能在常压低温下进行,以节省能源。为此需采用有效的催化剂。但对塑料热分解来说,从催化剂性能和使用寿命两方面要求,还未找到满意的催化剂,故催化热分解法尚未推广。目前主要采用热分解法。

被分解物质的加热性能,主要有导热系数和熔融热。聚苯乙烯、聚乙烯的导热系数分别为 $0.08\ W/(m^2 \cdot K)$ 与 $0.35\ W/(m^2 \cdot K)$,相当于木料的数值。聚丙烯、聚乙烯的熔融热分别为 $58.6\ kJ/kg$ 和 $71.1\ kJ/kg$,塑料熔点一般在 $100 \sim 250\ ℃$,虽然比较低,但若加热不均匀,局部可超过 $500\ ℃$,会出现炭化现象,应尽量避免。因此,在处理时均匀加热是热分解过程中的一项关键技术。另外,聚氯乙烯、聚氯维尼纶等可能分解出氯化物或重金属等物质,最好在废塑料处理时,通过密度分选法进行分离操作,将这些有害物排除。

聚苯乙烯、聚甲基丙烯酸甲酯等接枝反应型塑料进行热分解可生产该物质的单体,然后再生用作聚合原料。但聚乙烯、聚丙烯、聚氯乙烯等不规则分解型则只能分解成为 $C_1 \sim C_{30}$ 的各种饱和烃类化合物和不饱和烃类化合物的混合物,目前尚不能进行进一步的分离,仅作为燃料使用。由于不含硫,可以作为较好的燃料使用。塑料一般要到 $380 \sim 400\ ℃$ 的高温才能开始热分解。热分解产物 $C_1 \sim C_4$ 为气态烃, $C_5 \sim C_6$ 为轻质油, $C_7 \sim C_{30}$ 为重质油。塑料热分解技术可以分为熔融液槽法、流化床法、螺旋加热挤压法、管式加热法等。现介绍应用较多的熔融液槽法。熔融液槽法工艺流程如图 3-3 所示。

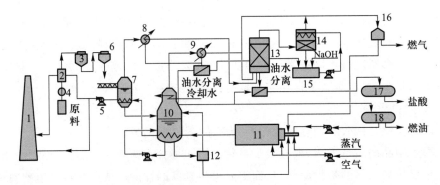

图 3-3 熔融液槽法处理废塑料工艺流程图

1. 烟囱；2. 干燥器；3. 原料槽；4. 破碎机；5. 螺旋给料器；6. 贮槽；7. 熔融槽；8. 熔融槽冷凝器；
9. 分解槽冷凝器；10. 分解槽；11. 热风发生炉；12. 残渣排出装置；13. 吸收塔；14. 中和槽；
15. 碱罐；16. 气体捕集器；17. 盐酸罐；18. 生成油罐

　　将经过破碎、干燥的废塑料加入熔融槽中，进行有效而均匀的加热熔化，并缓缓地分解。熔融槽温度为 300~350 ℃，而分解槽温度为 400~500 ℃。各槽均靠热风加热，分解槽有泵进行强制循环，槽的上部设有回流区（200 ℃左右），以便控制温度。焦油状或蜡状高沸点物质在冷凝器经分离后需返回槽内再加热，进一步分解成低分子物质。低沸点成分的蒸气，在冷凝器内分离成冷凝液和不凝性气体，冷凝液再经过油水分离后，可回收油类。该油类黏度低，凝固点在 0 ℃以下，发热量也高，是一种优质的燃烧油。但沸点范围广，着火点极低，最好能除去低沸点成分后再加以利用。不凝性气态化合物，经吸收塔除去氯化物等气体后，可作燃料气使用。回收油和气体的一部分可用作产生热风的能源。本工艺的优点是可以任意控制温度而不致堵塞管路系统。

二、硫铁矿炉渣的处理和利用

　　硫铁矿炉渣是生产硫酸时焙烧硫铁矿产生的废渣，也称硫酸渣。硫铁矿经焙烧分解后，铁、硅、铝、钙、镁和有色金属转入烧渣中，其中铁、硅含量较高，波动范围较大（见表 3-2）。根据铁含量的高低可分为高铁硫酸渣和低铁硫酸渣。高铁硫酸渣中氧化硅含量小于 35%，低铁硫酸渣中氧化硅含量高达 50%以上，类似于黏土。

表 3-2 硫酸渣化学成分含量

化学成分	Fe_2O_3	SiO_2	Al_2O_3	CaO	MgO	S
含量/%	20~50	15~65	10 左右	5 左右	5 以下	1~2

　　硫铁矿炉渣的处理和利用已有 100 多年的历史，目前有些国家硫铁矿炉渣已全部得到利用。我国每年产生的硫铁矿废渣（包括沸腾炉炉渣、余热锅炉灰、旋风除尘灰和电除尘灰等）约 1 500 万吨，但利用率不高，大部分被堆放处置或铺筑公路。硫铁矿炉渣的利用途径有 10 多种，其中 70% 作为水泥助熔剂，其余作为炼铁原料，并能从中提取

有色金属和稀有贵金属,或制造还原铁粉、三氯化铁、铁红等化工产品。因此硫铁矿炉渣又是一种很有价值的原料。

1. 硫铁矿炉渣炼铁

高炉炼铁对铁矿要求是铁含量>50%,硫含量<0.5%。硫铁矿炉渣炼铁的主要问题是硫含量较高,一般为1%~2%,这给炼铁脱硫工作带来很大负担,影响生铁质量。其次是含铁量较低,一般只有45%,达不到高炉原料铁含量大于50%的要求,且波动范围大,直接用于炼铁,经济效果并不理想,所以在用于炼铁之前,还需采取预处理措施,以提高含铁品位。硫铁矿炉渣中有铜、铅、锌、砷等金属或非金属,它们对冶炼过程和钢铁产品的质量有一定影响。因此,要使炼铁得到符合质量的生铁,应降低硫铁矿炉渣中硫的含量,提高铁含量,降低有害杂质的含量,这才能为高炉炼铁提供合格原料,以提高经济效益。

降低硫含量可用水洗法,去除可溶性硫酸盐,也可用烧结选矿方法来脱硫。一般烧结选矿脱硫率为50%~80%。将硫铁矿炉渣100 kg、白煤或焦粉10 kg、块状石灰15 kg拌匀后在回转炉中烧结8 h,得到烧结矿,含残硫可从0.8%~1.5%降至0.4%~0.8%。

提高硫铁矿炉渣的含铁品位大致有以下几种方法。

(1)提高硫铁矿含铁量:我国硫铁矿原料硫含量仅为35%~40%,相应的硫铁矿炉渣铁含量就低。而国外浮选硫铁矿含硫大都在45%以上,相应的硫铁矿炉渣铁含量均超过50%。如把现用的原料尾沙再浮选一次,得到精矿生产,不但对硫酸制造有利,也给硫铁矿炉渣的综合利用带来方便。

(2)重力选矿:红色炉渣中的铁矿物绝大多数是磁性很弱的铁矿物。对于这种炉渣,最好的处理方法是重力选矿。根据硫铁矿炉渣中的氧化铁与二氧化硅相对密度不同进行重力选矿,可提高硫铁矿炉渣的铁含量。SiO_2的密度为2.2~2.65 g/cm^3,Fe_2O_3的密度为5.24 g/cm^3,Fe_3O_4的密度为5.2 g/cm^3,FeO的密度为4.8 g/cm^3,水的密度为1 g/cm^3。

若A为氧化铁的密度与水的密度之差;B为二氧化硅的密度与水的密度之差。

当$A/B>2.5$时二者极易分离;$A/B=1.75~2.5$时二者容易分离;$A/B<1.25$时二者极难分离。

从上列数据看到二者之比都在1.75~2.5以上,因此容易用重力选矿法分离。我国南通磷肥厂对小于0.5 mm的细矿渣进行二次摇床重力选矿,矿渣铁含量从28.28%提高到48.3%。

(3)磁力选矿:黑色炉渣中的铁矿物,主要是以磁性铁为主,这种硫铁矿炉渣可以采用适当的磁场强度进行选矿。

进行磁选要求矿渣呈磁性,对磁性弱的硫铁矿炉渣在磁选之前应将其进行磁性焙烧,即加入5%炭粉或油在800 ℃焙烧1 h,使铁的氧化物极大部分呈磁性的Fe_3O_4或$\gamma\text{-}Fe_2O_3$,转化为磁性矿渣再磁选。

经过脱硫和选矿后的精硫铁矿炉渣配以适量的焦炭和石灰进入高炉可以得到合格的铁水。

2. 硫铁矿炉渣联产生铁和水泥

高炉炼铁及其他转炉冶炼都不能直接利用高硫酸渣,而应用回转炉联产生铁-水泥法可以利用高硫酸渣制得含硫合格的生铁,同时得到的炉渣又是良好的水泥熟料。用炉渣代替铁矿粉作为水泥烧成时的助熔剂时,既可满足需要的铁含量,又可以降低水泥的成本。回转炉联产生铁-水泥过程如下。

将硫铁矿炉渣与还原剂无烟煤或焦末,以及使炉渣得到水泥成分的添加剂石灰石等,按比例配料,混匀。按水泥生料细度要求磨细至通过 4 900 孔/cm² 筛,将其选粒。经干燥后由炉尾进入回转炉。在炉头用一次风将燃料煤粉(或重油)喷入炉内造成 1 600 ℃ 左右的高温火焰,与炉尾进来的物料逆流相遇,炉料在有斜度 2%~5% 的转筒中,借助炉子的转向和本身的重力向低端运行,依次进行预热、干燥、氧化铁还原和水泥煅烧等过程,最后成液态的铁水存在于炉头的挡圈里,定期排放生铁。物料在高温煅烧成软黏的水泥熟料越过挡圈从卸料端排出。所得熟料中混有 10% 左右的铁粒,经磁选法分离去铁粒,熟料进一步磨制成 400# 以上的普通硅酸盐水泥,其主要过程如图 3-4 所示。

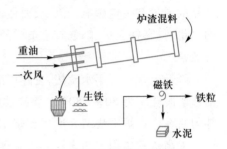

图 3-4   回转炉联产生铁-水泥法流程示意图

3. 从硫铁矿炉渣回收有色金属

硫铁矿炉渣除含铁外,一般都含有一定量的铜、铅、锌、金、银等有价值的有色贵重金属。如含量较高,则值得回收。现在常用氯化挥发(高温氯化)和氯化焙烧(中温氯化)的方法回收有色金属,同时亦提高炉渣铁含量,可直接作高炉炼铁的原料。

氯化挥发和氯化焙烧的目的都是回收有色金属,提高炉渣的品位,它们的区别在于温度不同,预处理及后处理工艺也有差别。氯化焙烧法是炉渣与氯化剂(CaCl₂、NaCl等)在最高温度 600 ℃ 左右进行氯化反应,主要在固相中反应,有色金属转化成可溶于水和酸的氯化物及硫酸盐,留在烧成的物料中,然后经浸渍、过滤使可溶性物与渣分离。溶液回收有色金属,渣经烧结后作为高炉炼铁原料。氯化挥发法是将炉渣造球,然后在最高温度 1 250 ℃ 下与氯化剂反应,生成的有色金属氯化物挥发随炉气排出,收集气体中的氯化物,回收有色金属。

氯化的主要反应是

$$MeO+2CaCl_2+\frac{1}{2}O_2 \Longrightarrow MeCl_2+2CaO+Cl_2$$

式中 Me 代表有色金属元素。

氯化焙烧回收有色金属过程如图 3-5 所示。

4. 硫铁矿炉渣制砖

含铁品位低的硫铁矿炉渣由于回收价值不高,可以直接与石灰按 85:15 的比例混合细磨,达到全部通过 100 目筛,加 12% 的水进行消化,压成砖坯,再经24 h蒸汽养护可

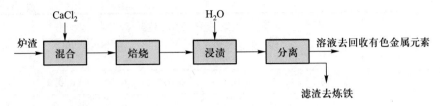

图 3-5　焙烧法回收有色金属过程示意图

制成 75 号砖。

三、磷石膏废渣的处理和利用

磷石膏是磷酸或磷酸铵生产过程中产生的废渣。其主要成分是 $CaSO_4 \cdot 2H_2O$,含有多种杂质,具体组成随磷矿组成和生产条件的不同而异。表 3-3 是某厂一些磷石膏样品组成。

表 3-3　某厂一些磷石膏样品组成

磷矿种类	样品组成(质量分数)/%										pH
	CaO	SO_3	总 P_2O_5	水溶 P_2O_5	F	SiO_2	Fe_2O_3	Al_2O_3	HgO	水	
摩洛哥（非洲）	31.5	43	1.4	0.3	0.5	1.1	0.4	0.15	0.1	22.3	3
宜昌	30	40	1.3	0.7	0.3	5.2	0.1	0.02	0.2	21.6	4
昆明	37.6	51.6	1.5	0.9	0.2	2.2	0.1	0.15	0.1	5.7	3.5

在磷化工生产过程中,平均每产出 1 t P_2O_5 便会产生 5 t 左右的磷石膏。2011—2017 年,我国每年所产生的磷石膏约为 7 500 万吨。截至 2017 年底,我国磷石膏累积堆存量约为 4.6 亿吨,但 2017 年的利用量只有 2 900 万吨。和世界其他国家一样,这些未被利用的磷石膏基本都被堆放处置。磷石膏粒度很细,直径为 10~150 μm,具有一定的水溶性,呈酸性,且含有一定的挥发性组分和可溶物,另外磷石膏中还含有氟、重金属等有害杂质,有些甚至含有微量的放射性元素。表 3-4 给出了我国部分磷肥企业磷石膏渣库样品浸出毒性检测结果。

表 3-4　我国部分磷肥企业磷石膏渣库样品浸出毒性检测结果

(单位:mg/L,pH 除外)

样品来源	甘肃某渣场（1#）	贵州某渣场（2#）	贵州某渣场（3#）	云南某渣场（4#）	云南某渣场（5#）	四川某渣场（6#）	河南某渣场（7#）	污水综合排放标准
pH	5.14	2.15	4.57	5.67	5.74	5.54	3.84	6~9
铜	—	0.01	—	0.02	0.06	0.01	0.10	0.5
铅	0.01	0.04	0.03	0.01	0.05	0.07	0.03	1.0

续表

样品来源	甘肃某渣场（1#）	贵州某渣场（2#）	贵州某渣场（3#）	云南某渣场（4#）	云南某渣场（5#）	四川某渣场（6#）	河南某渣场（7#）	污水综合排放标准
锌	0.074	0.128	0.012	0.128	0.312	0.07	0.078	2.0
铬	0.01	0.05	0.01	0.05	0.02	0.08	0.12	1.5
镉	0.027	0.002	0.013	0.007	0.009	0.012	0.003	0.1
铍	—	0.001	—	0.0001	—	0.0001	—	0.005
镍	0.12	0.08	0.07	0.04	0.01	—	0.04	1.0
砷	0.125	0.043	0.002	0.009	0.089	0.0008	0.006	0.5
汞	0.0005	0.0005	0.0087	0.0015	0.0013	0.016	—	0.1
六价铬	0.004	—	0.003	0.024	0.007	0.033	0.002	0.05
氰化物	0.001	—	0.001	—	0.001	—	0.001	0.5
氟化物	14.1	45.7	10.8	7.02	20.7	2.88	12	10

《一般工业固体废物贮存场、处置场污染控制标准（征求意见稿）》（GB 18599—2019）编制说明

注:数据源于《一般工业固体废物贮存场、处置场污染控制标准(征求意见稿)》编制说明,2019年10月。

磷石膏的大量堆放不仅占有土地,而且易造成地下水及空气污染,对人体健康危害也较大。目前各国对磷石膏的综合性利用主要有以下几种方法。

1. 磷石膏直接利用

人们根据磷石膏性质,首先进行了直接利用的研究和试验。直接利用主要有以下几种。

(1)用作土壤调节剂:调节土壤碱性和盐浓度,对于含钠高的土壤是有效的。

(2)用作生产装饰板原料:因我国石膏矿资源较丰富,以磷石膏为原料生产装饰板,需进行较复杂的预处理,故在成本上不会占多少优势。

(3)用作水泥缓凝剂:磷石膏替代天然石膏作为水泥缓凝剂是应用最广、消纳磷石膏量最大的方法。

磷石膏直接利用过程较简单,但创造的附加值一般较低。

2. 磷石膏生产硫酸和水泥

该法是磷石膏中掺入一定量的硅酸盐与焦炭后,在高温下煅烧,$CaSO_4$ 分解为 SO_2 和 CaO,SO_2 用于生产硫酸,CaO 与硅酸盐反应生成水泥熟料,反应如下:

$$CaSO_4 \cdot 2H_2O + 2C \xrightarrow{约900\,℃} CaS + 2CO_2 + 2H_2O + Q$$

$$2CaS + 3O_2 \xrightarrow{约900\,℃} 2CaO + 2SO_2 + Q$$

$$CaO + 硅酸盐 \xrightarrow{约1\,400\,℃} 水泥熟料 - Q$$

该法优点是磷石膏处理量大、利用率高,我国已有工业化装置,缺点是生产流程复杂、投资大、能耗高。

3. 磷石膏制取硫酸钾

硫酸钾是无氯钾肥的主要品种,是忌氯喜钾作物如烟草、茶叶、糖料和水果等经济作物生产的首选肥料。我国对硫酸钾的年需求量约 120 万吨,但年产量不足 20 万吨,每年要进口几十万吨硫酸钾以缓解供需矛盾。西北大学化工学院硫酸钾研究组开发了磷石膏、氯化钾及碳酸氢铵为主要原料生产硫酸钾和氮钾复合肥料的工艺技术获得成功。其生产过程由两部分组成。

第一部分,磷石膏在水溶液中与碳酸氢铵反应生成硫酸铵与碳酸钙,分离出的副产物碳酸钙可用于生产石灰、水泥或用于土建。反应过程如下:

$$CaSO_4 \cdot 2H_2O + 2NH_4HCO_3 \Longrightarrow (NH_4)_2SO_4 + CaCO_3 + 3H_2O + CO_2$$

第二部分,硫酸铵溶液在促进剂的作用下与氯化钾在 90 ℃ 左右时进行如下反应:

$$(NH_4)_2SO_4 + 2KCl \Longrightarrow K_2SO_4 + 2NH_4Cl$$

然后在较低温度下分离得到固体主产物硫酸钾。滤液经蒸发浓缩得到氯化铵为主的氮钾复合肥料。用该方法生产的硫酸钾质量优于国家农用一等品质量标准,即 K_2O 含量 ≥45%,Cl 含量 ≤2.5%。磷石膏利用率高于92%,氯化钾转化率达94%以上。该法综合利用磷石膏取得了较好的经济效益、环境效益和社会效益。

 复习思考题

1. 简述我国对废渣防治的技术政策。
2. 简述废渣预处理技术。
3. 简述废渣处理中焚烧法和热分解法技术原理。
4. 简述从硫铁矿炉渣回收有色金属原理及原则流程。
5. 简述磷石膏制取硫酸钾的原理及流程。
6. 简述常用化工废渣处理的方法及特点。

4

第四章　　　　化工清洁生产概要

　　本书前几章讨论了化工"三废"的治理技术,这些技术本质上都属于"末端治理",是一种头痛治头,脚痛治脚的被动方式。"末端治理"虽然在一定程度上减轻了部分环境污染,但并没有从根本上改变人类整体环境恶化的趋势。污染的防治应该或最终要走"根本消除"污染之路,从源头消除污染。环境保护的根本出路在于"防污",要树立"防污"重于"治污"的观念。应该从产品(尤其是化工产品)规划设计、施工、生产、消费、回收等各个环节全面考虑、全程监控、逐点落实。最理想的状况是在生产和消费的全过程不产生污染,即"零污染";任何时候努力达到的目标应该是尽可能减少污染物,防治结合,做到"零排放"。最低要求也应该做到"达标排放",而这个"标"也是会随着人们的认识和科技水平的提高而不断提高的。即使在不得不选择末端治理方案时,也要尽可能做到"资源化",充分利用一切物料和能量。这就是当前全球大力提倡的清洁生产和循环经济。我国于 2002 年 6 月 29 日发布了《中华人民共和国清洁生产促进法》,并于 2012 年 2 月 29 日发布了该法的修正版(案)。从法律上确立了发展清洁生产的重要地位。

《中华人民共
和国清洁生
产促进法》

　　按照清洁生产的基本概念及《中华人民共和国清洁生产促进法》规定,清洁生产范围包括所有从事生产和服务活动的单位及从事相关管理活动的部门,生产企业应包括机械制造、电子电气、纺织业及加工业等。但主要范围是广义化学工业,即含有化学变化过程的工业,如化工、制药、轻工、建材、冶金、火力发电等行业,这些广义化学工业造成的环境污染量最大,种类最多。对实施清洁生产的需求最迫切,而它们的清洁生产技术具典型性和示范性。所以研究广义化工清洁生产的人最多,开发成功的化工清洁生产技术亦最多,已经形成一个专门的清洁生产科学技术,即社会上所说的"绿色化学"、"绿色化学化工"、"绿色化学工艺"等。也就是说化工领域的清洁生产叫化工清洁生产,其别称是绿色化学化工。为与国家提法一致,本书统一称为化工清洁生产。

绿色化学

第一节　清洁生产进展

一、清洁生产的定义和主要内容

1. 清洁生产的定义

清洁生产的概念,最早由 1976 年 11—12 月欧洲共同体在巴黎举行的"无废工艺和无废生产的国际研究会"提出并进行讨论交流。其后,被各国环保工作者不断扩展和深化。

清洁生产在不同的地区和国家有许多不同的但相近的提法,欧洲的有关国家有时又称"少废无废工艺"、"无废生产",日本多称"无公害工艺",美国则定义为"废料最少化"、"污染预防"、"削废技术"。此外,一些学者还有"绿色工艺"、"生态工艺"、"环境完美工艺"、"与环境相容(友善)工艺"、"预测和预防战略"、"避免战略"、"环境工艺"、"过程与环境一体化工艺"、"再循环工艺"、"源削减"、"污染削减"、"再循环"等提法。这些不同的提法实际上描述了清洁生产概念的不同方面,我国则比较通行"无废工艺"的提法。

我国的《中华人民共和国清洁生产促进法》中定义清洁生产为:不断采取改进设计、使用清洁的能源和原料,采用先进的工艺技术与设备、改善管理、综合利用等措施,从源头削减污染,提高资源利用率,减少或者避免生产、服务和产品使用过程中污染物的产生和排放,以减轻或者消除对人类健康和环境的危害。

在环境保护理念范围内,与"清洁"概念相近相通的是"绿色"。"绿色"表示某一产品、技术、活动等有益于环境或对环境无害,或对环境危害很小。我国目前在法律层面的提法是"清洁"。

2. 清洁生产的主要内容

根据清洁生产的定义,清洁生产总体上包括以下 3 方面内容:

(1) 生产清洁的产品:产品应尽可能节约原料和能源,少用昂贵和稀缺原料,多利用二次资源作原料;产品在使用过程中及使用后不含有危害人体健康和生态环境的因素;易于回收、复用和再生;合理包装;具有合理的使用功能(含节能、节水、降低噪声功能)和合理的使用寿命;产品报废后易处理、易降解等。

(2) 采用清洁的生产过程:尽量不用、少用有毒有害的原料、材料及中间产品;消除或减少生产过程的各种危险性因素,如高温、高压、易燃、易爆、强噪声、强震动等;选用无废、少废的工艺;高效的设备;物料的再循环(厂内、厂外);简便、可靠的操作和控制;完善的管理等。

(3) 使用清洁能源:包括常规能源的清洁利用和节约能源,如采用洁净煤技术,逐步提高液体燃料、天然气的使用比例,回收利用生产过程的各种余热,逐级使用热能等以降低能耗对环境的污染。还包括大力开发利用清洁且可再生能源,如水力能、太阳能、生物质能、风能、地热能、潮汐能等。

二、清洁生产的发展

清洁生产明确的提法由联合国环境规划署(UNEP)于 1989 年 5 月首次提出,但其基本思想最早出现于 1974 年美国 3M 公司曾经推行的实行污染预防有回报"3P(Pollution Prevention Pays)"计划中,UNEP 于 1990 年 10 月正式提出清洁生产计划,希望摆脱传统的末端控制技术,超越废物最小化,使整个工业界走向清洁生产。1992 年 6 月在联合国环境与发展大会上,正式将清洁生产定为实现可持续发展的先决条件,同时也是工业界达到改善和保持竞争力和可盈利性的核心手段之一,并将清洁生产纳入《二十一世纪议程》中。随后,根据联合国环境与发展大会的精神,UNEP 调整了清洁生产计划,建立示范项目及清洁生产中心,以加强不同地区的清洁生产能力。

《二十一世纪议程》

清洁生产一直受到美国各界的重视。美国国会于 1984 年通过了《资源保护与恢复法——固体及有害废物修正案》,明确规定废物最少化是美国的一项国策。这些法案要求产生有毒有害废物的单位应制定废物最少化的规划。1990 年秋季美国国会又通过了污染预防法案,法案中明确宣告美国环境政策是必须在污染的产生源预防和削减污染的产生;无法预防的污染物应当以环境安全的方式转化利用;污染物的处置或向环境中排放只能作为最后的手段,并且应当以环境安全的方式进行。目前,污染预防已经形成一套完整的法规、政策和实施体系。

在欧洲,欧洲联盟委员会从 1993 年起开始实施第五环境行动纲领,并发布了综合污染预防指令。把环境保护政策纳入工业制造、能源、交通、农业和旅游等领域的生产活动中。2001 年颁布的第六环境行动纲领进一步扩展到气候变化、自然和生物的多样性、环境与健康、自然资源与废物等生产生活活动中。荷兰、丹麦、英国和比利时还开展了清洁工艺和清洁产品的示范项目,例如,在荷兰技术评价组织(NOTA)的倡导和组织下,主持开展了荷兰工业公司预防工业排放物和废物产生示范项目,并取得了较大成功。示范项目证实了把预防污染付诸实践不仅大大减少污染物的排放,而且会给公司带来很大的经济效益。

我国从 20 世纪 80 年代开始研究推广清洁生产工艺,已陆续研究开发了许多清洁生产技术,为清洁生产的实施打下了基础。并对清洁生产的管理也日益重视,2013 年 1 月 1 日起正式实施《中华人民共和国清洁生产促进法》(简称《促进法》),标志我国清洁生产工作进入法制化稳步发展阶段。《促进法》明确了各级政府负责领导本辖区的清洁生产促进工作,要把它纳入国民经济和社会发展计划,制定相应的政策,做好技术咨询等服务工作。由政府确定的清洁生产综合协调部门负责组织、协调,其他有关部门各负其责,共同搞好清洁生产促进工作。

国家鼓励支持开展清洁生产的科学研究、技术开发和推广工作,要求把该技术和管理课程纳入有关高等教育、职业教育和技术培训体系。《促进法》明确了清洁生产的实施工作内容,主要是:新建、改扩建项目要进行环境影响评价,优先采用低消耗低污染的清洁生产技术;企业技术改造、工程建设和农业生产等要采取清洁生产措施;在运企业要适时实施清洁生产审核。经上下努力,我国清洁生产正全面、扎实、快速向前推进。

三、清洁生产审核

为了全面推行清洁生产,国家发展和改革委员会和国家环境保护总局(部)于 2004 年 8 月 16 日联合发布了《清洁生产审核暂行办法》,开始在全国开展清洁生产审核工作,并在 2016 年 5 月 16 日发布了修订后的《清洁生产审核办法》。清洁生产审核是指按照一定程序,对生产和服务过程进行调查和诊断,找出能耗高、物耗多、污染重的原因,提出降低能耗、物耗、废物产生及减少有毒有害物料的使用、产生和废物资源化利用的方案,进而选定并实施技术经济及环境可行的清洁生产方案的过程。国家发展和改革委员会会同环境保护部负责全国清洁生产审核的组织、协调、指导和监督工作。县级以上地方人民政府确定的清洁生产综合协调部门会同环境保护主管部门、管理节能工作的部门(以下简称"节能主管部门")和其他有关部门,根据本地区实际情况,组织开展清洁生产审核。清洁生产审核应当以企业为主体,遵循企业自愿审核与国家强制审核相结合、企业自主审核与外部协助审核相结合的原则,因地制宜、有序开展、注重实效。

清洁生产审核分为自愿性审核和强制性审核。国家鼓励企业自愿开展清洁生产审核。需实行强制性审核的企业包括:污染物排放超过国家或者地方规定的排放标准,或者虽未超过国家或者地方规定的排放标准,但超过重点污染物排放总量控制指标的;超过单位产品能源消耗限额标准构成高耗能的;使用有毒有害原料进行生产或者在生产中排放有毒有害物质的。广义化工企业基本属于强制性审核企业。

清洁生产审核程序原则上包括审核准备、预审核、审核、方案的产生和筛选、方案的确定、方案的实施、持续清洁生产等。其中,使用有毒有害原料进行生产或者在生产中排放有毒有害物质的强制性清洁生产审核的企业,两次清洁生产审核的间隔时间不得超过五年。自愿实施清洁生产审核的企业可参照强制性清洁生产审核的程序开展审核。清洁生产审核以企业自行组织为主,也可以委托有资质的咨询服务机构协助开展。

对自愿实施清洁生产审核,以及清洁生产方案实施后成效显著的企业,由省级以上相关主管部门对其进行表彰,并给予财政支持。而违反审核规定的企业,按相关法律法规进行处罚。

为了规范、统一评价各企业的清洁生产水平,国家环境保护部编制并公布了具体行业的《清洁生产标准》达 70 余件。而国家发展和改革委员会也公布了行业《清洁生产评价指标体系》近 10 部。为清洁生产审核提供评价的科学、权威基准。《清洁生产标准》一般把清洁生产各项指标分为三级:一级代表国际先进水平,二级代表国内先进水平,三级代表国内基本水平。通过审核可评判企业清洁生产水平的级别。而《清洁生

《清洁生产
审核办法》

产评价指标体系》则把各项指标进行百分数权重量化,审核后可测评出一个企业的清洁生产水平的分值,一般 60 分以上为合格。审核不合格的,限期整改后再审核。审核不是一次定终生,而是定期常态化。审核周期有 2 年、3 年和 5 年三种。

第二节　化工清洁生产原理与技术

化工清洁生产的研究目标是利用当代先进物理技术和化学方法相结合,研究和开发对环境友好的新反应、新工艺、新产品,消除或减少对人类健康和环境有害的原料、试剂、溶剂和催化剂等的使用及废物的产生,实现社会-经济-生态环境的协调发展,实现化学化工技术的"绿色化"。

一、化工清洁生产原理

现在大多数人认为的化工清洁生产原理涵盖以下几方面内容。

1. 设计、生产安全化学品

首先,作为最终使用的化学品应该对人类健康和环境是无害的。例如,在农药行业,明令禁止使用会对环境造成持久危害的六六六、DDT,推广使用烟碱制剂、鱼藤制剂、川楝素制剂、大蒜素制剂等无公害的植物源农药和生物农药,如用于防治稻瘟病的灭瘟素(Blasticidin),对防治水稻、马铃薯、蔬菜、草莓、烟草、生姜、棉花、甜菜等作物的立枯丝核菌病的防治卓有成效。在轻化行业用无磷洗涤剂取代有磷洗涤剂,用可降解塑料取代难自然降解塑料等。

考察一种化学品是不是安全的、是不是环境友好的,不但必须考察分子水平的生物效果、直接影响,而且必须考虑其在环境中可能发生的结构变化,降解后在空气、水、土壤中的扩散及潜在的、间接的、长远的危险。例如,氟里昂作为溶剂、推进剂、发泡剂曾被广泛应用,它对人和生物的毒性并不大,也不易燃、不易爆炸,但后来发现,它扩散到大气同温层会破坏臭氧层,所以被禁止使用。

2. 采用无毒、无害的原料

反应的初始原料,往往决定了反应类型或合成路线的许多特征。原料的选择也决定了生产者、原料提供者、运输者所直接面对的危害及风险。所以,原料的选择是实施化工清洁生产的基础之一。

目前,石油是化工行业的主要原料,95% 以上的有机化学品来自石油。石油的储量有限,又不可再生,由于供求关系紧张,其国际市场售价年年上涨,已从过去的每桶 20~30 美元上涨至超过 100 美元;同时,石油转变为有用的有机化学品,通常要经过裂解、氧化等反应,而这些过程是由来已久的污染步骤。因此,减少和取代石油产品的使用不但是必要的,甚至是必需的。

3. 尽量使用可再生原料

在资源短缺和环境污染双重压力下,可再生资源的开发和利用又成了众所瞩目的焦点,其中最主要的是生物质资源。所谓生物质(biomass),泛指以光合作用为基础产生的所有生物有机体。植物在地球上的储量高达 $2×10^8$ 亿吨,每年的再生速度为 1 640亿吨。将组成植物体的淀粉、纤维素、半纤维素、木质素等大分子化合物转化为葡萄糖、木糖、乙醇、丙酮等,进而可进一步合成各种化学品。植物油、动物脂肪(油脂)也是重要的可再生原料。1998 年,全球就产有 1.01 亿吨油脂,其中有 1 400 万吨用于油化学,这个数字还在逐年增长。椰子油和棕榈油中的十二和十四碳脂肪酸含量高,可进一步作为洗涤剂、化妆品中的表面活性剂。而大豆、油菜籽、牛脂中所含十八碳脂肪酸,可作为聚合物、润滑油原料。由脂肪酸(单、二羧酸)和醇(单、多羟基)衍生的脂肪酸酯不仅可作"生物柴油",还显示了特殊的润滑性能,成为矿物油产品的环境友好替代品。

4. 设计选择安全、高效的化学反应

为了人员和环境的安全,化工技术人员除了要选择无毒害的原料和产品外,还要设计选择安全、高效的化学反应。安全即是采用安全的反应物和反应条件,反应中不会产生有毒害的中间产品等。高效即尽可能使生产原材料都进入最终目标的产品,而使副产品产生量降到最低,努力达到"原子经济性"程度。即在获取目标产品的转化过程中,充分利用每一个原料原子,实现"零排放"。

原子经济性

"原子经济性"是绿色化学的核心内容之一。化学反应是否经济主要包括两个方面,一是反应的选择性,如化学选择性、区域选择性、非对映选择性、对映选择性等;另一方面是原子经济性,即反应物分子中究竟有百分之几的原子可以转化到产物中去。原子经济性可以用原子利用率来衡量(原子利用率=目标产物的量/反应物的量之和×100%)。一旦所采用的化学反应计量式确定下来,最大原子利用率也就确定了。理论上,有机反应中的重排、加成、周环反应及无机反应中的化合反应等原子经济性可达100%,但是实际中存在反应的平衡转化率低,反应物与产物难以分离,反应物难于循环使用的问题;另外,虽然生成目标产物的反应是原子经济的,但反应可能存在其他平行反应,生成不需要的副产物,所以实际中要达到高的"原子经济性"非常困难。开发"原子经济性"反应,提高反应转化率和选择性是实现清洁生产、避免污染的重要途径。

5. 采用环境友好的溶剂、助剂、催化剂

在传统的有机反应中,有机溶剂是最常用的反应介质。由于有良好的溶解性,二氯甲烷、氯仿、四氯化碳等溶剂得到广泛应用。但它们被怀疑为致癌剂。苯、芳香烃也致癌。所以,开发无溶剂反应体系,采用无毒无害的溶剂、助剂是发展化工清洁生产的重要途径。

水是地球上自然丰度最高、最廉价、无毒、无害的溶剂,许多有机反应也可以在水中成功进行,如烯丙基化反应、醛醇缩合等。其中最为突出的是水溶剂体系中的 Diels-Alder(狄尔斯-阿尔德)反应。相当长一段时间,水都被认为不宜作 Diels-Alder 反应的溶剂。但 Breslow 等人研究发现,在水中进行的 D-A 反应,不但其速率比在有机溶剂中提高很多,而且倾向于生成内向环加成产物,反应区域选择性也提高。

加催化剂是提高反应速率和选择性的有效手段,95%以上的有机反应都用催化剂。例如,酯化、水解、醚化、氧化、异构化、酰基化、烷基化、聚合等反应,都是在酸催化下进行的。最初,酸催化剂多用 H_2SO_4、H_3PO_4、HF、$AlCl_3$ 等液体酸。但液体酸腐蚀严重,危害人体健康,排出大量含酸废水污染环境,产物分离后处理麻烦,于是,固体酸 Al_2O_3-SiO_2、沸石、分子筛等催化剂便应运而生。20 世纪 70 年代又开发出了用液体强酸或液体超强酸处理酸性和中性载体制成的固体超强酸。固体酸和固体超强酸的主要优点是无腐蚀,易与产物分离,反应条件温和。目前,酯化、异构化、烷基化、加成、缩合、聚合等多类反应过程已用固体酸或固体超强酸替代液体酸作为催化剂实现了工业化,见表 4-1。

表 4-1   以固体酸代替液体酸作催化剂的一些催化过程

产物	反应过程	液体酸	固体酸
乙苯	苯与乙烯烷基化	$AlCl_3$	ZSM-5、Y 沸石
异丙苯	苯与丙烯烷基化	$AlCl_3$/HCl	丝光沸石、Y 沸石、β 沸石等
直链烷基苯	苯和 $C_{10} \sim C_{14}$ 烯烃烷基化	HF	含氟的 Al_2O_3-SiO_2
异辛烷	2-甲基丙烷与 2-甲基丙烯烷基化	浓 H_2SO_4、HF	酸性黏土
壬基酚	丙烯三聚体与苯酚烷基化	H_2SO_4、BF_3	离子交换树脂
聚丁基醚	四氢呋喃开环聚合	发烟 H_2SO_4	Nafion-H
丙基酯双酚 A	苯酚与丙酮缩合	H_2SO_4、HCl	离子交换树脂
丙二醇醚	环氧乙烷与低级脂肪醇加成	BF_3	改性 γ-Al_2O_3
仲丁醇	丁烯水合	H_2SO_4	磺化离子交换树脂
对二甲苯	邻二甲苯异构化	HF/BF_3	ZSM-5

6. 催化剂使用优于化学试剂

这里的化学试剂是指在化学反应体系中为了进行反应或促进反应,需要加入的额外的(非水)化学试剂。这些试剂在反应完成后需从产品中分离回收,但总有部分试剂被排放到废物流中。而催化剂的作用是促进所需的转化反应,本身在反应中不消耗,一般不出现在最终产品中。因此,研制、使用高效、新型催化剂不仅是实现"原子经济"的关键之一,而且可以减少试剂的使用量,从而减少废物的产生。

7. 合理使用和节省能源

化学加工过程的能源要求应考虑它们的环境影响,并应尽量合理、节省。如有可能,化学反应应在室温和常压下进行。

8. 预防污染的检测和控制

开发或采用新的检测方法,进行实时的生产过程监测,并有在污染形成前给予控制的技术。

9. 防止事故发生的安全化学

应十分注意在化学过程中将化学意外(包括泄漏、爆炸、火灾等)可能性降至最低。途径之一是慎重选择物质及物质状态,如使用固体或最低蒸气压液体代替易挥发液体或气体等。

可见,实施化工清洁生产不仅将从根本上解决化工污染问题,而且将从根本上减少或消除化工生产事故隐患,即化工清洁生产也是安全的生产、文明的生产。

二、化工清洁生产技术

化工清洁生产的实施,必然要改变传统工艺,根治污染,保护和修复生态环境,进而实现化工的可持续发展,这一切离开了清洁生产技术是办不到的。这些技术包括:新型催化技术、生物工程技术、微波技术、超声技术、膜技术、超临界流体技术、辐射加工技术等,其中新型催化技术在本节前文已有述及,下面再介绍一些已有较多应用的化工清洁生产技术。

1. 生物工程技术

生物工程技术主要应用生物学、化学和化学工程学的基本原理和方法,生产一些用传统工艺无法生产的物质;或替代有严重污染、条件苛刻、浪费资源和能源的传统工艺。

在发展清洁化工生产时,生物技术有着广阔的前景。如酶的催化效率要比一般化学催化剂高出 $10^6 \sim 10^{13}$ 倍。而且,大多数酶具有高度的专一性,能迅速专一地催化某一基团或某一特定位置的反应,合成出用化学方法很难得到的复杂结构化合物,特别是具有光学活性的不对称化合物,如人工胰岛素、多肽化合物、抗生素、干扰素、甾体激素类化合物。同时,酶反应可在常温下进行,条件温和,控制容易,副反应少,环境污染小。特别是固定化生物催化剂(固定化酶和固定化细胞)在化学品制备中有极其重要的应用。表4-2列出了一些应用实例。

表4-2　固定化生物催化剂在精细化工中的应用实例

原料	酶或细胞	载体	产物
N-酰化-DL-氨基酸	氨基酰化酶	DEAE-纤维素	L-氨基酸
葡萄糖	葡萄糖异构酶	DEAE-纤维素	果葡糖浆
青霉素 G	青霉素酰化酶 丙烯酸酯类大孔树脂	羧甲基纤维素	6-氨基青霉烷酸 (6-APA)
青霉素 G	含青霉素酰化酶的 大肠杆菌	三醋酸纤维素	6-APA
头孢霉素化合物	青霉素 G 酰化酶	硅藻土	7-氨基头孢霉烷酸(7-ACA)
2-噻吩乙酸甲酯和 7-ACA	青霉素 G 酰化酶	硅藻土	头孢噻吩
延胡索酸	黄色短杆菌	聚丙烯酰胺	L-苹果酸

原料	酶或细胞	载体	产物
葡萄糖	土曲霉素	聚丙烯酰胺	衣康酸
富马酸和氨	大肠杆菌	聚丙烯酰胺	L-天冬氨酸
天冬氨酸	德阿昆哈假单胞菌	K-卡拉胶	L-丙氨酸
葡萄糖	谷氨酸棒杆菌	K-卡拉胶	L-谷氨酸
DL-苏氨酸	酸性磷酸酶	K-卡拉胶	L-苏氨酸

2. 微波技术和超声技术

微波技术和超声技术是最清洁的强化反应过程的有效手段,因为不存在从产物中分离微波和超声波的问题,所以就从根本上排除了这方面的污染。

微波是指频率在 300 MHz ~ 300 GHz(即波长 1 m ~ 1 mm)的电磁波,位于电磁波谱红外辐射和无线电波之间。大量实验结果表明,微波对许多有机反应速率的影响较常规方法能增加几倍、几十倍,甚至上千倍。特别值得一提的是,J K S Wan 等利用微波诱导催化法模拟自然界的光合作用,取得了可喜的成果。他们采用一种传输线反应器,微波功率为 3 kW,频率 2 450 MHz,催化剂为负载型 Ni/NiO(N-1404),在 H_2-He 气氛中于 400 ℃ 下预处理 5 ~ 6 h。当 CO_2 和水蒸气的物质的量比为 1:2.5 的混合气在反应器中通过并平衡 20 ~ 30 min,接受平均功率为 2.2 kW,脉宽为 168 ms 的微波间歇辐照。其产物经色谱分析为:CH_4 55.1%,C_2H_6 0.3%,CH_3OH 5.5%,CH_3COCH_3 4.7%,C_3 醇 5.8%,C_4 醇 28.4%。

早在 1939 年,Schmid 和 Rommel 研究发现,超声波可引起合成聚合物的降解,但直到 20 世纪 70 年代才引起人们的重视,并由此而诞生了声化学这一新兴学科。声化学效应能改变反应进程,提高反应选择性,增加反应速率和产率,降低能耗,减少废物的排放,在许多类反应中都成功应用。表 4-3 列举了几个有代表性的声化学合成反应。

表 4-3　声化学合成反应示例

反应	常规条件	超声条件
高锰酸盐氧化 2-辛醇 	搅拌 温度:50 ℃ 时间:5 h 产率:3%	超声水浴 温度:50 ℃ 时间:5 h 产率:93%
5-羟基色酮羟烃基化 	搅拌 温度:65 ℃ 时间:105 h 产率:48%	超声探针 温度:65 ℃ 时间:60 min 产率:79%

续表

反应	常规条件	超声条件
邻醌狄尔斯-阿尔德环加成 	产率:15% (A∶B) =(1∶1)	产率:76% (A∶B) =(5∶1)
克莱森-施密特缩合法合成查耳酮 	搅拌 温度:25 ℃ 时间:60 min 催化剂:1.0% 产率:5%	超声水浴 温度:25 ℃ 时间:10 min 催化剂:0.1% 产率:76%
甲氧基硅烷的还原 	搅拌 不发生反应	超声水浴 温度:35 ℃ 时间:3 h 产率:100%
5,5-二取代乙内酰脲的合成 	搅拌 温度:58~70 ℃ 时间:4~26 h 产率:0~92%	超声水浴 温度:45~50 ℃ 时间:3~4.5 h 产率:96%
长链不饱和脂肪酯的环氧化 $CH_3(CH_2)_7CH=CH(CH_2)_7COOCH_3 \xrightarrow{MCPBA}$ $CH_3(CH_2)_7CH-CH(CH_2)_7COOCH_3$	搅拌 时间:2 h 产率:48%	超声探针 频率:20 kHz 温度:20 ℃ 时间:15 min 产率:92%

3. 膜技术

膜技术是当代最有发展前景的高新技术之一,不但可用于混合物分离,还可用于强化学反应过程,组成将化学反应和产物分离在同一设备或同一单元操作中完成的"反应-分离"系统。膜催化技术是近二十年来在多相催化领域中出现的一种新技术。

该技术是将催化材料制成膜反应器或将催化剂置于膜反应器中操作,反应物可选择性地穿透膜并发生反应,产物可选择性地穿透膜而离开反应区,从而有效地调节反应物或产物在反应区的浓度,打破化学反应在热力学上的平衡状态,实现反应的高选择性,提高原料的一次利用率。如膜催化技术已成功用于催化加氢(烯烃、环烯烃、芳烃加氢,C_2、C_3 选择性加氢),催化脱氢($C_2 \sim C_5$ 脱氢制烯烃,长链烷烃,如庚烷脱氢环化制芳烃,丙烷脱氢环化二聚制芳烃),烃类催化氧化(甲烷氧化偶联制烯烃,甲烷直接氧化制甲醛,甲醇氧化制甲醛,乙醇氧化制乙醛,丙烯氧化制丙烯醛)。此外,在膜反应器中进行 NO_x 还原反应,其转化率可达 100%,这对汽车尾气的处理、大气环境的保护意义重大。

4. 超临界流体(SCF)技术

超临界流体是指处于超临界温度及超临界压力下的流体,是一种介于气态和液态之间的流体状态。其相对密度接近于液体(比气体约大 3 个数量级),而黏度接近于气态(扩散系数比液体大 100 倍左右)。超临界流体具有许多优异的特性,如:对大多数固体有机化合物和气体具有较强的溶解能力;可通过控制该流体的密度、黏度等来控制对相关组分的溶解选择性和反应活性;在完成其溶剂(介质)作用后,易与其他组分分离;过程安全性高,现工业应用的主要是二氧化碳和水的超临界流体,不燃、无毒且价廉。特别是超临界二氧化碳作为有机溶剂的替代物,已在废水处理、天然化合物的抽提、有机合成中得到广泛应用。在超临界二氧化碳参与的反应中,最突出的就是美国 Los Alamos 国家实验室发现的不对称催化还原反应,尤其是加氢作用和氢转移反应,其选择性比在传统有机溶剂中更高。

三、实现化工清洁生产的途径

开发实施化工清洁生产是十分复杂的综合过程,且因各化工生产过程的特点各不相同,故没有一个万能的方案可沿袭。但根据清洁生产的原理及近年来应用清洁生产技术的实践经验,可以归纳如下一些实现化工清洁生产的途径。

1. 革新产品体系,正确规划产品方案及选择原料路线

清洁生产的产品和原料均应是对环境和人类无害无毒的,因此必须首先对产品方案进行正确的规划,并选择合理的原料路线。采取安全无害的产品和原料代替有毒有害的产品和原料,采用精料代替粗料。

2. 实现资源和能源充分、综合利用

我国一般工业生产中原料费用约占产品成本的 70%,而单位产值的能耗(2010 年数据)是世界平均水平的 3~4 倍、日本的 8 倍。这表明过去的工业生产模式是以大量消耗资源为前提的,生产过程中对资源的浪费很惊人。对原料和能源的充分综合利用,可以显著降低产品的生产成本,同时可以减少污染物的排放,降低"三废"处理的成本。

3. 采用高效设备和少废、无废的工艺

改革工艺和设备以实现清洁生产的做法有:① 简化工艺流程,减少工序和设备;

② 实现过程的连续操作,自动控制,减少因不稳定运行而造成的物料损耗;③ 改革工艺条件,实现优化操作,使反应更趋完全,以提高物料利用率并减少污染物的产生;④ 采用高效设备,提高生产能力,减少设备的泄漏率。

4. 组织物料和能源循环使用系统

工业生产中贯穿着物料流和能量流两大系统。传统的工业生产采用的大多是一次通过的顺序式物料流和能量流。而清洁生产工艺要求物料流和能量流应采用循环使用系统,如将流失的物料回收后作为原料返回流程,将废料适当处理后也作为原料返回生产流程。在用能方面,实行梯级或按质用能,不浪费有用能;采用高效的动力机械和传热设备;充分回收利用各种生产余热。这里所指的物料和能量循环使用系统也可以在不同工厂之间执行,即组织区域范围内的清洁生产。

5. 加强管理,提高操作人员的素质

加强管理与其他措施相比,是花费最少或不花钱就可以得到较大收益的措施,包括:① 安装必要的监测仪表,加强计量监督;② 建立环境审计制度、考核制度,对各岗位明确环境责任制;③ 加强设备日常维修,减少跑、冒、滴、漏;④ 妥善存放原料和产品,防止损耗流失;⑤ 采取奖惩制度及经济手段组织清洁生产。

6. 采取必要的末端"三废"处理

采用清洁生产工艺后,不等于完全不产生污染物,所以必要的末端"三废"处理对实现清洁生产是非常必要的。

这些途径可以单独实施,也可以相互组合,一切要根据实际情况来确定。

第三节　化工清洁生产实例

随着社会的进步、科学技术的发展,国内外化工界自觉不自觉地开发、采用了许多成功的化工清洁生产装置。本节选择其中一部分作简要介绍。

一、湿法磷酸清洁生产

磷酸是重要的基础化工产品,由磷酸可以生产各种磷酸盐,而磷酸盐与国计民生和科学技术的发展密切相关。

磷酸的生产方法主要有热法和湿法两种,其中湿法生产工艺因其原料易得,工艺简单,技术成熟和能耗较低等而成为磷酸最重要的工业生产方法。

湿法磷酸生产是用无机酸(如 H_2SO_4)分解磷矿[$Ca_5F(PO_4)_3$]制备磷酸。该分解是液固多相反应过程,其化学反应式为

$$Ca_5F(PO_4)_3 + 5H_2SO_4 + 5nH_2O \Longrightarrow 3H_3PO_4 + HF + 5CaSO_4 \cdot nH_2O$$

磷矿中一般均含有氧化硅等杂质,此时会发生反应:

$$4HF+SiO_2 \Longrightarrow SiF_4+2H_2O$$

此分解过程也称萃取过程,生成物中目标产品磷酸是液态,氟化物是气态,硫酸钙是固相,其中带的结晶水(n)可以是0、1/2或2,也称磷石膏。氟化物和磷石膏是副产品,尤其是后者,其产量巨大,任其排放会严重污染环境。为此,各国科技工作者进行了大量的研究开发工作,取得了一些有意义的成果。其中典型的湿法磷酸清洁生产工艺流程如图4-1所示。

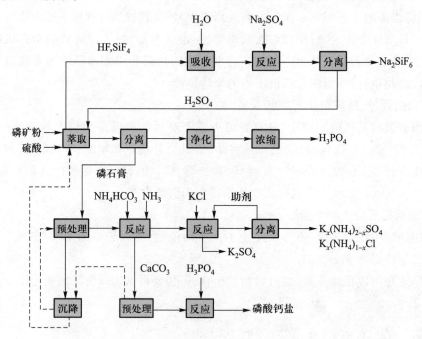

图 4-1 湿法磷酸清洁生产工艺流程

1. 湿法磷酸清洁生产工艺特点

(1)在突出主要产品 H_3PO_4 制备的同时,通过"封闭循环"、工艺消化,实现资源的综合利用。

(2)磷矿中的氟通过吸收和相关反应,可制备 Na_2SiF_6 等氟化学产品,反应产生的 H_2SO_4 可返回系统用于分解磷矿。

(3)磷石膏和 NH_4HCO_3 反应转化为硫酸铵,然后再与 KCl 反应,生成无氯钾肥 $K_x(NH_4)_{2-x}SO_4$ 和有氯钾肥 $K_x(NH_4)_{1-x}Cl$,实验表明,磷石膏的转化率可达95%以上,KCl 的转化率可达92%以上。$K_x(NH_4)_{2-x}SO_4$ 可用于烟草、茶叶、药材等专用肥料,$K_x(NH_4)_{1-x}Cl$ 可作为粮食作物的多元肥料。

(4)磷石膏转化中产生的碳酸钙,通过进一步处理可作为微细碳酸钙材料;也可以通过净化处理,然后和磷酸反应生成磷酸钙盐,作为饲料添加剂或助剂。

2. 湿法磷酸清洁生产工艺的重要性

湿法磷酸的清洁生产工艺在理论上是合理的,在实际上也是可行的。其重要意义表现在以下三个方面。

（1）从根本上减少了湿法磷酸生产中"三废"对环境的污染,尤其是为磷石膏的处理和综合利用提供了一条新的途径。

（2）为无氯钾肥的生产提供了一种新的方法。我国是一个缺钾贫硫的国家,还未发现可直接生产硫酸钾的矿源,用磷石膏生产硫酸钾,可以实现磷石膏中硫资源的再生利用,同时将有氯钾肥（KCl）转化为无氯钾肥（K_2SO_4）,可满足烟草、茶叶、药材等经济作物发展的需要。

（3）为我国碳铵氮肥厂的改造提供一条新出路。

二、氯乙烯清洁生产工艺

聚氯乙烯（PVC）是重要的合成塑料,可加工成管材、板材、薄膜、建筑材料、涂料和合成纤维等,而且物美价廉,广泛应用于人们生活生产中,其产量居各种塑料前列。氯乙烯（CH_2＝$CHCl$）是合成聚氯乙烯的单体,而且还可用于合成三氯乙烷和二氯乙烯等。因此,氯乙烯的生产在基本有机化工中占有重要地位。

氯乙烯的工业生产方法主要有两种:一种是以电石为原料的乙炔加成氯化法,一种是以乙烯为原料的乙烯氧氯化法。下面分别讨论、比较之。

1. 乙炔加成氯化法——氯乙烯经典生产工艺

乙炔加成氯化法生产氯乙烯,开始于 20 世纪 20 年代,延续至今。作为一个完整的以乙炔加成氯化法生产氯乙烯的工厂,一般包括如下几部分。

（1）电石生产:生石灰和焦炭在 $1\,800\sim2\,200$ ℃的高温下反应得到电石（碳化钙）。

$$CaO+3C \xrightarrow{\approx 2\,000\ ℃} CaC_2+CO-Q$$

（2）乙炔气发生:电石与水在常压、70 ℃下反应生成乙炔气体与熟石灰。

$$CaC_2+2H_2O \xrightarrow{70\ ℃} C_2H_2+Ca(OH)_2\downarrow+Q$$

（3）氯乙烯合成:乙炔与氯化氢加成反应得氯乙烯。

$$C_2H_2+HCl \xrightarrow{HgCl_2} CH_2 \rightleftharpoons CHCl+Q$$

（4）生产过程:乙炔加成氯化法生产工艺如图 4-2 所示。

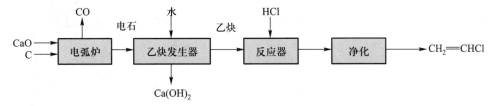

图 4-2　乙炔加成氯化法生产氯乙烯工艺示意图

电石乙炔加成氯化法生产氯乙烯技术成熟,产品纯度高。但由于生产电石要消耗大量电能,故能耗大。而催化剂含有汞,不利于劳动保护和环境保护,在生产中会产生污染环境的废气(如 CO)和废渣[如 Ca(OH)$_2$]。该法生产氯乙烯的工厂目前还有不少,如我国用该法生产的氯乙烯量约占总产量的 50%。但正逐步被 20 世纪 60 年代开发成功的乙烯氧氯化法所取代。

2. 乙烯氧氯化法——氯乙烯清洁生产工艺

相对于乙炔加成氯化法,乙烯氧氯化法制备氯乙烯,可属于清洁生产工艺。因为该法从理论上不产生环境污染物。而且主原料乙烯是石油化工生产厂的大宗产品,其生产成本比乙炔要低。该生产过程由三部分组成。

(1)乙烯氯化:乙烯与氯气加成反应生成二氯乙烷。工业上通常是在二氯乙烷液中,用三氯化铁作催化剂完成的。

$$CH_2\!=\!CH_2+Cl_2 \xrightarrow[<70\ ℃]{FeCl_3} CH_2ClCH_2Cl+Q$$

(2)二氯乙烷裂解:二氯乙烷被加热至高温(500~550 ℃)即发生裂解反应,脱去氯化氢而转化成氯乙烯。

$$CH_2ClCH_2Cl \xrightarrow{\triangle} CH_2\!=\!CHCl+HCl-Q$$

(3)乙烯氧氯化:乙烯与氯化氢和氧气反应生成二氯乙烷。

$$CH_2\!=\!CH_2+2HCl+\frac{1}{2}O_2 \longrightarrow CH_2ClCH_2Cl+H_2O+Q$$

工业生产上的上述反应所需氧气一般取空气。

乙烯氧氯化法生产氯乙烯工艺主要过程如图 4-3 所示。

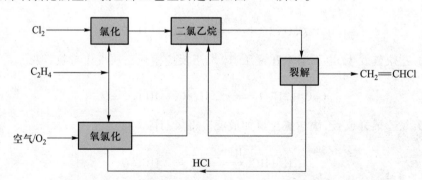

图 4-3   乙烯氧氯化法生产氯乙烯主要过程示意图

从以上讨论可见,乙烯氧氯化法生产氯乙烯工艺从理论上不产生无用有害的"三废",而原料路线也比较合理,而这些均是清洁生产的基本条件。

三、银杏叶有效成分清洁提取工艺

银杏又名白果,是最古老的中生代的稀有植物之一,有裸子植物活化石之称,为我国特有的树种,主产于黄河以南至长江流域广大地区。银杏叶中含有黄酮类、萜内酯类及银杏酚酸等活性成分,对中枢神经系统、血液循环系统等有较强的活血、化瘀、通络等生理活性,同时有抗菌、消炎、抗过敏、消除自由基等作用,自 20 世纪 60 年代起,国内外的许多学者对其化学成分及提取工艺进行了大量的研究,开发了一种清洁提取工艺——超临界流体萃取(SCFE)工艺。

1. 传统溶剂提取法

以 60% 的丙酮为提取溶剂,经过一系列的过程提取产品,提取物经测定,含灰分约 0.25%,重金属约 20 μg/g。

此类工艺的一个共同特点是:需要进行长时间提取,多次的洗涤、过滤和萃取,工艺路线长;消耗了大量的有机溶剂,生产成本高;收率低,产品的质量较差;产生大量的废液和废渣,对环境污染大;产品中含有重金属和有机溶剂的残余,会给人们带来毒副作用。为克服上述缺点,人们开始应用超临界流体萃取(SCFE)银杏有效成分。

2. 超临界流体萃取工艺

取绿色银杏叶干燥粉碎,经过预处理后,分次装到萃取器中压紧密封,打开萃取器、分离器和系统的其他加热装置,进行整个系统的预热,同时设定萃取分离所需的温度;输入流体二氧化碳,启动压缩机,使压力达到所需的范围。当温度和压力达到萃取的要求时,保持一定时间;打开分离用的阀,进行分离操作;当实验压力为 10 MPa 并稳定时,进行脱除银杏酚酸和叶绿素等杂质的过程;当实验压力大于 10 MPa 并稳定时,进行银杏叶有效成分的萃取分离和收集。

将 SCFE 工艺和溶剂提取法进行比较可知:SCFE 的萃取率(3.4%)高,比溶剂提取法高 2 倍;SCFE 流程短,萃取分离一次完成,萃取操作时间约为 2 h,比溶剂提取法(24 h)缩短了 11 倍,提高了效率;银杏叶有效成分质量(银杏黄酮含量 28%,银杏内酯含量 7.2%)高于国际上公认的标准。SCFE 采用了二氧化碳为萃取介质,在 35～40 ℃进行萃取操作,保持了银杏叶有效成分的天然品质,没有重金属和有毒溶剂残留。因此,与溶剂提取法相比,SCFE 提取银杏叶有效成分是一条较好的清洁提取工艺。

第四节　循环经济简介

一、传统经济发展模式与生态危机

茫茫宇宙,广阔无垠;星云密布,数量无穷。但星体虽多,地球却只有一个。就目前所知,茫茫星海之中唯一孕育了生命的星体,就是我们人类的家——地球。地球是人类和一切生物的母亲。经过以亿年为单位时间的转化、积累,地球母亲为我们提供了清新的空气、洁净的水源、肥沃的土地、丰富的矿藏、多样化的生物,并以被称为"自然净化和恢复"的方式不辞辛苦地清除掉人类活动所带来的损害,力图使一切恢复到原来和谐的状态,以保证地球的子民们能世代安康。

但长期以来,人类较少考虑地球母亲的体积是有限的,质量是确定的。除了太阳为人类慷慨提供了一次能源之外,人类生存所需要的一切,都要从地球母亲那里取得。要知道,母亲再无私给予,能力终究是有限的。如果子女只知道毫无节制地攫取,丝毫不考虑回报,母亲总有一天会承受不起。

特别是 20 世纪以来,科学技术得到了空前的发展,社会生产力也随之得到了极大的提高,人类创造了前所未有的物质财富,加速推进了物质文明的进程。但与此同时,人类过高地估计了自己的能力,在处理人与自然的关系时,形成了极端的人本主义和功利主义,把自己当作了自然的主宰,忽视了人与自然环境的相互依赖性;短视的功利主义则为满足眼前的需求,以杀鸡取卵的方式对自然资源进行掠夺式的开发和利用,忽视了资源和生态的可持续发展。在这种理念的驱使下,企业对产品的设计与生产过程的设计,其基本流程是开环性的,即走的是资源—产品—排放的基本模式。这也称作"高开采、低利用、高排放"的线性经济。这种开环性开发利用,导致了全球性资源浪费和耗竭及生态环境的严重恶化,形成了严重的生态危机。普遍性的大气污染、淡水资源短缺、土地沙化、以石油为代表的资源日益枯竭等,已经给人类的可持续生存和发展带来了严重威胁。这是地球母亲对人类这个不肖子孙的严重警告。为了我们自己的生存,为了子孙后代,开环性传统经济发展模式再也不能继续下去了。

二、可持续发展与循环经济

1. 可持续发展

可持续发展(sustainable development)是 20 世纪 80 年代提出的一个新概念。1987年世界环境与发展委员会在《我们共同的未来》报告中第一次阐述了可持续发展的概念,得到了国际社会的广泛共识。可持续发展是指既满足现代人的需求又不损害后代人需求的发展。换句话说,就是指经济、社会、资源和环境保护协调发展,它们是一个密不可分的系统,既要达到发展经济的目的,又要保护好人类赖以生存的大气、淡水、海洋、土地和森林等自然资源和环境,使子孙后代能够永续发展和安居乐业。可持续发展战略的核心是经济发展与保护资源、保护生态环境的协调一致,是为了子孙后代能够享有充分的资源和良好的自然环境。就化学工业而言,可持续发展的含义应该是尽可能降低工业本身对自然和社会环境的负面影响。

2. 循环经济

为了解决人类经济活动与生态系统之间在资源供求和环境容量问题上的矛盾,促进人与自然的协调,使经济可持续发展,通过对传统现代工业掠夺式、开环性组织方式的深刻反思,循环经济应运而生。

所谓循环经济(circular economy)是物质闭环流动性经济的简称。它把经济活动组成"资源—产品—再生资源"的反馈式流程。这个反馈式不单是指某一特定产品的重复,还包括生产、生活整体经济活动体系内部以互联式进行的物质交流。所有资源和能源在这个不断进行的经济循环中得到合理持久的利用,使经济活动对自然环境的影响降低到尽可能小的程序,从而达到"低开采、高利用、低排放"的社会效果。与传统经济的"开环性"模式相对应,循环经济的基本特点是"闭环性"。

我国于 2008 年 8 月 29 日颁布了《中华人民共和国循环经济促进法》,并于 2009 年 1 月 1 日起实施,标志我国从法律上确定了发展循环经济的战略方向。该法指出:促进循环经济发展的目的是提高资源利用效率,保护和改善环境,实现可持续发展。该法明确所称循环经济,是指在生产、流通和消费等过程中进行的减量化、再利用、资源化〔即一般称 3R(reduce, reuse, recycle)原则〕活动的总称。而"减量化",是指在生产、流通和消费等过程中减少资源消耗和废物产生。"再利用"是指将废物直接作为产品或者经修复、翻新、再制造后继续作为产品使用,或者将废物的全部或部分作为其他产品的部件予以使用。"资源化"是指将废物直接作为原料利用或者对废物进行再生利用。并强调:在废物再利用和资源化过程中,应当保障生产安全,保证产品质量符合国家规定的标准,并防止产生再次污染。

《中华人民共和国循环经济促进法》

循环经济

该法指出:发展循环经济是国家经济社会发展的一项重大战略,应当遵循统筹规划、合理布局、因地制宜、注重实效,政府推动、市场引导,企业实施、公众参与的方针。

3. 循环经济与清洁生产

从前面的介绍发现,循环经济与前文介绍的清洁生产内容有许多重叠之处,如都强调 3R 原则。实际上,清洁生产主要是从环境保护的角度强调了单个企业内部生产的全过程控制,通过提高资源利用效率来削减污染物排放,而这正是在企业层面循环经济的主要实现形式。其不同点在于,清洁生产主要在单个企业实施,而循环经济则可以在更大的空间范围内有效地配置资源和能源,实现大范围的清洁生产:通过延长产业链,将上游产业的废物变成下游产业的原料,以梯级式利用能源,将企业活动各项消耗和废物排放控制在国际先进指标内,这也称为企业层次的循环经济。

由于物质的多样性,在大多数情况下,在一个企业内部要想将所有涉及的物料、能量加以合理利用,往往是很难的。按以上相同思路,如果将有物流关系的相关企业群建在一个工业区内,按循环经济原理,通过工业区内物流和能源的正确设计模拟自然生态系统[1],形成企业间的共生网络,而每个企业均实现清洁生产,全区人均工业生产值,单位产值物耗、能耗、废物排放量均应达到国际先进水平。这就是生态工业园。这是一种范围更大的区域层次循环经济,实施起来往往更合理、更科学。生态工业园是目前我国乃至全世界各地推行循环经济的主要载体。

如果把这种思路扩展到整个社会层面,即以循环经济规律为指导,通过生态经济综合规划、设计社会经济活动,如在全社会推行废物回收、再生循环利用工作,使不同区域、不同行业的企业间形成共享资源和互换副产品的生产共生组合,达到产业之间资源的最优

---

① 生态概念见第五章第二节相关处。

化配置,使规划区域内的物质和能源在经济循环中得到高效、永续利用,从而实现产品绿色化、生产过程清洁化、资源可持续利用的环境和谐经济,就是循环经济的最高境界。

三、循环经济实施实例

2017 年国家
生态工业示
范园区名单

我国早在公元前 770—公元前 403 年的春秋战国时期就有"桑基鱼塘"这种传统复合型农业生产模式,这也是循环经济的一种雏形。改革开放后,我国经济建设步入发展的快车道。为了发展循环经济,实现可持续发展过程中经济和环境的"双赢",国家在 2000 年后开始批准建设区域层次的循环经济实施载体——国家生态工业园区。到 2019 年 7 月,我国已批准建设的国家生态工业示范园区有 62 个,通过验收批准命名的共有 29 个。现简单介绍其中几个典型的生态工业园区。

1. 广西贵港生态工业园

广西贵港生态工业园是我国第一个获批建设的国家生态工业园。贵糖集团利用甘蔗榨糖,副产酒精和纸品,在此基础上成功地建设了一个包括两条主产业链的生态工业园的雏形,如图 4-4 所示。这是在企业内部搞循环经济的实例。

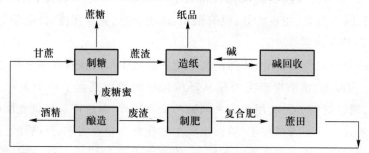

图 4-4   贵港生态工业园产业链示意图

2. 上海化学工业区

上海化学工业区是第一个由国家发展和改革委员会批准的以石油化工和精细化工为主的专业开发区,也是"十五"期间我国投资规模最大的工业项目之一,规划面积为 29.4 km^2。自 2001 年 1 月开工建设至 2004 年 9 月底,区内共引进投资企业 35 家,外商投资企业 18 家。在开发过程中,学习借鉴世界级大型化学工业区的成功经验,并结合自身特点,提出了产品项目一体化、公用辅助一体化、物流运输一体化、环境保护一体化、管理服务一体化的 5 个"一体化"建设理念,初步建立了产业循环经济体系,确保可持续发展。下面选几个技术性问题予以介绍。

(1)产品项目一体化:上海化学工业区根据化工产品链的特点,对园区建设做整体性规划,按照化工产品上、中、下游产品链关系组织招商,合理布局产品项目,在园区内形成了企业间相互依从、相互支持、相互供应的资源共享体系。在第一期项目建设中,以赛科 90 万吨乙烯为龙头,基本形成以乙烯为核心的基本有机化工原料、聚碳酸酯、聚异氰酸酯三大聚合物生产的产品系列。

（2）产品和资源的循环利用：按传统工艺，25 万吨烧碱装置生产的 20 万吨氯气，配上 15 万吨乙烯，可生产约 30 万吨聚氯乙烯；而在上海化学工业区天原公司烧碱装置生产的氯气首先提供给巴斯夫公司和亨斯迈公司的 MDI/TDI（二苯基甲烷二异氰酸酯/二异氰酸甲苯酯）装置，可生产近 29 万吨 MDI/TDI，同时将副产品氯化氢配上乙烯又可生产 30 万吨聚氯乙烯。也就是说，一份氯气做了两份工。巴斯夫公司聚四氢呋喃生产中将混合丁烷分离出来的异丁烷送工业气体公司制氢。区内 60 万千瓦发电厂搞热电联供，在发电的同时向企业供蒸汽，大大提高了能量利用率。

（3）废物资源化：乙烯生产中产生的废焦油引进了哥伦比亚化学公司工艺，将其作为再生原料，生产炭黑；利用氢氰酸废料引进了英国璐彩特公司生产 MMA（甲基丙烯酸甲酯）产品；以天原公司烧碱项目产生的盐泥为原料，生产人行道板，大大增强了人行道板的强度和耐磨性；将各企业的多余蒸汽回收用于发电，年发电量可达 1 亿度。目前，上海化学工业区乙烯工程的设计热效率达到 94%，超过美国同类型的生产装置。

3. 鲁北生态工业园

濒临渤海，地处黄河三角洲的山东鲁北生态工业园是联合国环境规划署亚太组织在中国的生态工业典型，也是我国循环经济发展的一面旗帜。该工业园包括化工、建材、轻工、电力等 10 多个行业的绿色化工企业，拥有多条循环经济产业链条，是目前世界上最大的磷铵硫酸水泥联合生产企业，全国最大的磷复肥生产基地。

该工业园主要通过磷铵-硫酸-水泥及锂电池材料联产、海水梯级综合利用和盐-碱-电-铝联产三条主产业链的有机沟通与整合，形成了以不同化工生产紧密共生的工业生态系统。其中以硫酸、海水等为系统物质流；蒸汽、电力合理梯级利用构成能量流；磷石膏、盐石膏、炉渣等回收利用构成废物流。以下为该园区的三条产业链介绍：

（1）磷铵-硫酸-水泥及锂电池材料联产：用生产磷铵排放的磷石膏分解水泥熟料和二氧化硫窑气，水泥熟料与锅炉排出的煤灰渣配制水泥，二氧化硫窑气制硫酸，硫酸返回生产磷酸，磷酸用于生产锂电池材料。如图 4-5 所示。

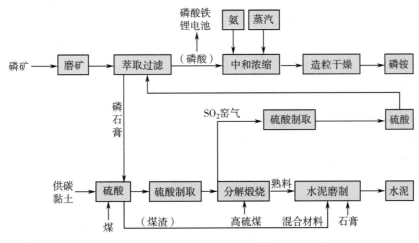

图 4-5　磷铵-硫酸-水泥及锂电池材料产业链

（2）海水梯级综合利用:拥有百万吨原盐生产规模,实现了初级卤水养殖、海水冷却、中级卤水提溴、饱和卤水盐碱联产、废渣盐石膏制硫酸和水泥的海水"一水多用"产业链。如图 4-6 所示。

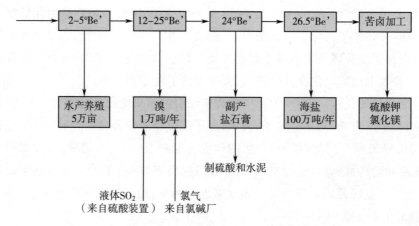

图 4-6   海水梯级综合利用产业链

（3）盐-碱-电-铝联产:利用百万吨盐场丰富的卤水资源和热电厂电力生产烧碱;热电厂采用海水冷却、电和蒸汽用于总公司生产,排放的煤灰渣、脱硫石膏用作水泥混合材料;氧化铝装置采用进口铝土矿,以拜耳法工艺生产。如图 4-7 所示。

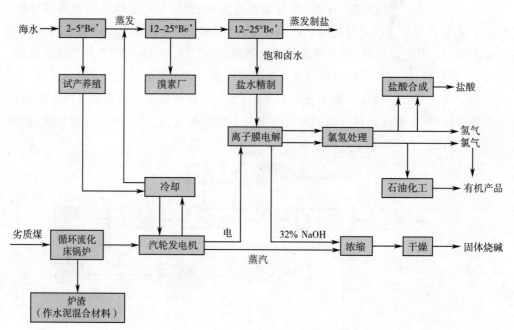

图 4-7   盐-碱-电-铝产业链

此外,该工业园区钛白粉的清洁生产依托硫酸规模优势,以钛矿为原料,采用成熟的硫酸法钛白粉生产工艺制得高质量金红石钛白粉产品,副产品废酸经净化、提浓后用来制取磷酸、复合肥；副产品磷钛石膏制取硫酸和水泥，实现了钛白粉清洁生产和钛、硫、磷、钙多体联产。

四、几个需明确的问题

1. 循环经济是一个发展着的概念

发展循环经济有一个内涵不断扩大、思路逐步清晰、重点不断调整的过程。因此，随着技术的进步，经济的发展，认识的深化，其内涵会不断丰富，不能用固定和僵化的观点看待循环经济。

2. 循环经济应是先进技术的有机结合

技术先进性是体现在低消耗、低污染等方面，即循环经济的每个环节应是实施清洁生产且达到先进水平，而不是简单的上、下游产品连接或延伸。

3. 人类经济社会活动不可能做到绝对的"封闭式的零排放"

总体来讲，人类经济社会活动的废物，一部分可以在人类经济社会活动中循环，另一部分则需排放于自然界，参与"生物—地球—化学"循环。所谓"循环经济"，仅是指前一部分；对后一部分，应该是"以非污染的方式排放"，参与"生物—地球—化学"循环。

 复习思考题

1. 简述化工清洁生产的原理与技术。
2. 何谓清洁生产？为什么要实现清洁生产？
3. 简述实现化工清洁生产的途径。
4. 何谓循环经济？有什么优点？
5. "清洁生产"和"循环经济"之间有何关联？
6. 试分析湿法磷酸清洁生产工艺特点。
7. 何谓清洁生产审核？有哪几种？

5

第五章　　　　　　　　　环境质量评价

环境质量评价是环境科学的一个重要分支。它从环境质量这一基本概念出发,探讨环境质量同人类社会行为之间的关系,评价人类活动对环境质量的影响,以及环境的变化对人类社会发展的影响。环境质量评价既是环境科学体系中一门基础性的工作,也是环境科学的一项重要研究课题。环境质量评价作为一门新的分支学科涉及范围广,内容多,且正处在迅速发展阶段。本章择要予以介绍。

第一节　环境质量评价概况

一、环境质量评价发展概况

人类社会进入 20 世纪后,科技、工业和交通等都获得了迅猛发展,但由此带来的环境污染问题也日益严重。为了防止环境污染,必须首先要全面正确地认识环境。为在研究和认识环境问题时有共同语言、共同标准,环境质量评价便应运而生。

美国是世界上最早把环境质量评价作为制度在国家环境政策法规中肯定下来的国家。美国在 20 世纪 60 年代中期就开始提出了大气和水体的质量指数评价方法,在1969 年制定的《国家环境法》中规定,一切大型工程兴建前必须编写环境影响评价报告书。瑞典、英国、德国、日本等发达国家也随之相继建立健全相同或相似的法律法规。环境质量评价在 20 世纪 70 年代获得蓬勃发展。我国于 20 世纪 70 年代中期开始进行一些环境质量评价的探索工作,20 世纪 70 年代后期大量开展起来。1979 年公布的《中华人民共和国环境保护法(试行)》中规定,一切企业、事业单位在新建、改扩建工程时必须提出环境影响报告书,经环保部门和其他有关部门审查批准后,才能进行设计。经20 多年实践,2002 年 10 月 28 日,我国颁布了《中华人民共和国环境影响评价法》(2018

年 12 月 29 日第二次修订),从而使我国的环评工作走上了法制化的健康发展道路。

我国在 1993 年颁布了《环境影响评价技术导则　总纲》,并于 2016 年进行了修订。在《总纲》的基础上,分别形成了大气环境、地表水环境、地下水环境、土壤环境及生态影响等评价导则,人们可以根据这些导则中的一般性原则、内容、工作程序、方法及要求对环境质量现状及影响等进行客观的评价和分析。

《中华人民共和国环境影响评价法》

《环境影响评价技术导则总纲》

二、环境质量评价的基本概念

1. 环境质量

环境质量是指环境系统内在结构和外部表现的状态对人类及生物界的生存和发展的适宜性。它是环境系统客观存在的一种本质属性,且能用定性和定量的方法描述的环境状态。例如,空气是由氮、氧和稀有气体等恒定组成,加上适量二氧化碳、水蒸气、尘埃、氮氧化物、臭氧等组分混合而成的。这种自然组成状态很适合人类和其他生物的生存和繁衍。而一旦空气的组成被局部破坏,如氧含量降低或一氧化碳、氮氧化物浓度增高,就会使人中毒,甚至死亡。

描述环境质量可以用定性和定量两种方法。例如,空气质量描述,其定量指标为 SO_2、NO_2、CO、O_3 和总悬浮颗粒物等的浓度;其定性指标为优、良、轻度污染等。判断环境质量的依据是我国的环境标准和法规。

环境始终处于运动和变化之中。作为环境状态表示的环境质量也处于不停的变化中。随着科学技术和经济发展水平的提高,人们对环境质量的要求也会越来越高。

2. 环境质量评价

环境质量评价是按一定的评价指标和评价方法评估一定区域范围的环境质量的优劣,预测环境质量发展的趋势和评价人类活动对环境的影响。环境质量评价的实质是研究人与环境之间的关系,人类的每一项社会活动都应当在充分认识到自己的行为将会对环境产生什么样的后果之后才开始进行。

三、环境质量评价的目的和任务

环境质量评价是人们认识和研究环境的一种科学方法,其任务是在大量检测数据和调查分析资料的基础上,按照一定的评价标准和方法来说明、确定和预测一定区域范围内人类活动对人体健康、生态系统和环境的影响程度。

环境质量评价的基本目的是为环境管理和环境规划提供依据,同时也是为了比较各地区受污染的程度,从而达到控制、保护、利用、改善环境质量,使之与人类的生存和发展相适应。

环境质量评价研究不仅是开展区域环境综合治理、进行环境区域规划的基础,而且对于搞好环境管理、制定环境对策具有重要的指导意义。

四、环境质量评价的分类

环境质量评价是一个统称,它包括非常广泛的评价对象和评价内容,为研究方便起见,通常将环境质量评价从不同角度进行分类。例如,从时间域上可以分为环境质量回顾评价、环境质量现状评价、环境质量预测(影响)评价;从空间域上可分为单项工程环境质量评价、城市环境质量评价、区域(流域)环境质量评价、全球环境质量评价;从环境要素上可以分为大气环境质量评价、水环境质量评价、土壤环境质量评价、噪声环境质量评价等;从评价内容上可以分为健康影响评价、经济影响评价、生态影响评价、风险评价、美学景观评价等。

对环境质量评价分类进行研究,不仅具有理论意义,而且还有实践意义。在环境质量评价工作中,对不同类型的评价,其评价重点、评价方法,对评价所需要的资料要求、评价精度、评价时效等均不相同。所以,做某一项具体评价时,首先正确确定评价类型是十分重要的。目前进行最多的是环境质量现状评价和环境影响评价。

第二节　环境质量现状评价

环境质量现状评价是依据一定的标准和方法,利用近期的环境检测数据,对一个区域目前的环境质量进行评价,为区域环境污染综合治理和区域环境规划提供科学依据。同时,通过现状评价,还可以明了过去已采取的环境保护措施的技术经济效果和社会效益。

一、环境质量现状评价的内容

环境质量现状评价中,首先要确定评价的对象、评价的目的、评价范围和评价精度。通常对城市和工业区的评价要求精度比较高,对流域和海洋的精度要求比较低。

环境质量现状评价包括单项因素的评价和整体环境质量的综合评价。前者是后者的前提和基础,后者是前者的提高和综合。但不管哪一种评价,实质上都是对一定环境因素的系统分析和在这种分析基础上的总结。其主要的工作内容有环境污染评价、生态评价及环境美学评价、社会环境质量评价等。大多数建设项目最关注的是前两种评价,因为它们事关人类健康和生存。它们的定义和工作范围如下所述。

1. 环境污染评价

环境污染评价指进行污染源调查,了解进入环境的污染物种类、数量及其在环境中的迁移、扩散和转化,研究各种污染物浓度在时空上的变化规律,建立数学模型,说明人类活动所排放的污染物对生态系统,特别是对人群健康已造成的或未来(包括对后代)将造成的危害。具体包括大气环境质量、水环境质量、土壤理化特征等。

2. 生态评价

生态就是一切生物的生存状态,以及生物之间及与环境之间环环相扣的关系。生态系统是指由生物群落与无机环境构成的统一整体。生态系统内部有物质循环、能量流动,与外界也有能量和物质交换。生态与人类关系最密切,互动最敏感。

生态评价是指为了维护良好的生态平衡,合理利用和开发资源而进行的区域范围的自然环境质量评价。包括生态系统形态结构、能量流动、物质循环、生态功能、生态效果和生态效益等。

环境现状评价的范围可以按环境功能、自然条件、行政区等划分,评价过程中尽可能以国家颁布的环境质量标准或环境背景值为评价依据。

二、环境质量现状评价的程序

环境质量现状评价的工作内容很多,因每个评价项目的评价目的、要求及评价要素不同,在具体做法上,不同评价项目会有差异。但总体上讲,不同评价项目都是把污染源-环境-影响作为一个统一的整体来进行调查和研究。由此观点,环境质量现状评价的基本程序如下。

1. 准备阶段

在准备阶段,首先要确定评价目的、范围、方法、评价的深度和广度,制定出评价工作计划。组织各专业部门分工协作,做好评价工作的人员、物资及经费等准备。

2. 环境现状调查研究阶段

根据评价目的和要求,收集有关环境本底特征的资料,并结合现场勘察及污染源调查,经分析研究提出环境监测的内容和要求。环境现状调查中,对于评价项目有密切关系的部分应全面、详细,尽可能做到定量化;对一般自然和社会环境的调查,若不能用定量数据表达时,应做出详细说明,内容也可适当调整。

(1)环境现状调查方法:主要有搜集资料法、现场调查法和遥感法。通常这三种方法的有机结合、互相补充是最有效和可行的。

(2)环境现状调查的内容:① 地理位置;② 地貌、地质和土壤情况,水系分布和水文情况,气候与气象;③ 矿藏、森林、草原、水产和野生动植物、农产品、动物产品等情况;④ 大气、水、土壤等的环境质量现状;⑤ 环境功能情况(特别注意环境敏感区)及重要的政治文化设施;⑥ 社会经济情况;⑦ 人群健康状况及地方病情况;⑧ 其他环境污染和破坏的现状资料。

3. 评价分析阶段

根据环境现状的调研资料,用适当的方法对评价对象不同地点、不同时间的环境污染程度进行定性和定量的描述和判断,划分环境质量等级,并分析说明造成环境污染的原因、重污染发生的条件,以及污染对人和生物的影响程度。最后要做出环境质量评价的结论,并提出综合防治环境污染或环境规划的对策和建议,形成书面报告。

三、大气环境质量现状评价

影响大气环境质量状况的因素很多,目前人们最关心的是由于环境污染造成的大气环境质量的恶化程度。故大气环境质量评价主要是通过环境污染的监测和调查研究,了解大气环境的污染现状并加以评价。在进行大气环境质量评价时,要选定评价参数,合理布置监测网点,科学处理监测数据,建立环境质量指数计算模式,确定大气环境质量等级或绘制环境质量评价图等。

1. 评价参数的选择

评价参数(亦称评价因子),就是在进行环境质量评价时所认定的对环境有较大影响的那些污染物(污染因子)。选择评价参数的依据是:本地区大气污染源评价的结果、大气例行的监测结果,以及生态和人群健康的环境效应。凡是主要的大气污染物,大气例行监测浓度较高及对生态、人群健康已经有所影响的污染物,均应选作污染监测的评价参数。

常用的大气环境质量评价参数有以下 4 种:

(1)颗粒物:可吸入颗粒物(PM10)、细颗粒物(PM2.5)、总悬浮颗粒物(TSP)。

(2)有害气体:二氧化硫、氮氧化物、一氧化碳、臭氧。

(3)有害元素:氟、铅、汞、砷、铬(Ⅵ)、镉等。

(4)有机物:苯并[a]芘、芳烃、卤代烃、总烃。

《环境空气
质量标准》
(GB 3095—
2012)

评价因子的选择因评价区污染源构成和评价目的而异。我国《环境空气质量标准》(GB 3095—2012)中所涉及的大气基本污染物包括:二氧化硫(SO_2)、二氧化氮(NO_2)、可吸入颗粒物(PM10)、细颗粒物(PM2.5)、一氧化碳(CO)、臭氧(O_3)及其他污染物。进行某个地区的大气环境质量评价时,可根据该地区大气污染物的特点和评价目的选择合适的评价因子进行评价,不宜过多。常选的有:SO_2、NO_2、PM10、PM2.5。化工行业的环境质量评价中除以上 4 个评价因子外,通常包括化工生产中的原料成分、中间体及产品作为评价因子。

《环境空气质
量标准》第 1
号修改单(GB
3095—2012/
XG1—2018)

2. 大气污染监测

确定了评价参数之后,就要安排对这些污染物的监测,以获得数据资料。监测点的安排要全面、合理,测得的数据要准确,有代表性。大气污染监测优化布点的基本原则是:采样点的位置应包括整个监测地区的高浓度、中浓度和低浓度 3 种不同的地方。

(1)污染源集中、主导风向比较明显时,其下风向应布置较多的监测点,而上风向设较少采样点做对照。

(2)城区和工矿区多设些采样点,而郊区和农村则少设些。

(3)人口密度大的地区多设些采样点,而人口密度小的地区可少设些。

(4)超标地区多设些采样点,不超标地区可少设些。

3. 监测数据的整理和评价

监测数据的整理,就是对监测的数据计算出统计值。目前使用最多的是几何平均

法,计算式为

$$c_i = \sqrt{(c_{i,\max}) \times (c_{i,av})}$$

式中：c_i——某污染物浓度的统计值,mg/m³;

　$c_{i,av}$——某污染物浓度的算术平均值,mg/m³;

$c_{i,\max}$——某污染物浓度的最大值,mg/m³。

该方法适当考虑了污染物最大浓度对环境质量较大影响,故较为合理。

评价就是对监测数据进行统计、分析,并选出适宜的大气质量指数模型求取大气质量指数 AQI(air quality index)。它是个定量描述空气质量状况的量纲为 1 的指数,可以直观评价空气环境质量。目前提出的评价大气质量的指数类型很多,例如,国际上有污染物标准指数(PSI)、橡树岭大气指数(QRAQI)等;国内现统一用空气质量指数(AQI),它们的特点和依据的原则都很相似。

环境质量指数有两种:反映单一污染物(污染因子)影响的为分指数,反映多项污染物共同影响的为综合指数。

(1)分指数:分指数 I_i 是表示某种单一污染物 i 对环境产生的影响。分指数 I_i 的计算又可分多种情况,但大气环境质量评价常用的是污染物的危害程度随着污染物浓度的增加而增加的。污染物(评价参数)的分指数 I_i,是污染物 i 的实测浓度 c_i 与该污染物在环境中的容许浓度(评价标准)$c_{s,i}$ 的比值,其计算式为

$$I_i = c_i / c_{s,i}$$

大气中各污染物的评价标准 $c_{s,i}$ 一般取自我国《环境空气质量标准》(GB 3095—2012),一般取该污染物的二级标准的日平均浓度限值,或 1 h 平均浓度限值的 1/3。

环境空气质量标准中各项污染物的浓度限值见附录 4。

需说明的是,当某监测污染物 i 不属 GB 3095—2012 规定范围时,可参考《环境影响评价技术导则　大气环境》(HJ 2.2—2018)中表 D.1 的数据或其他相关标准,甚至从国外标准中选取,但应做出说明,报环保主管部门批准后执行。

(2)综合指数:综合指数 P 表示多项污染物对环境产生的综合影响的程度。它是由各污染物的分指数,通过综合计算求得。综合计算的方法有叠加法、算术平均法、加权平均法、平均值与最大值的平方和的均方根法及几何均值法等。目前以几何均值法使用最多,其计算式为

$$P = \sqrt{I_{\max} \times \frac{1}{n} \sum I_i}$$

式中：P——大气环境质量综合指数;

　I_i——某污染物的分指数;

$I_{\max}$——各污染物中最大分指数;

　n——参加评价的污染物(评价参数)个数。

具体进行大气环境质量评价,应当结合本地区的实际情况,选择适当的指数,才能很好地评价当地环境质量。

4. 我国空气质量指数评价法简介

我国自 1998 年 6 月在 46 个重点城市进行大气质量周报(或日报),统一使用空气污染指数 API(air pollution index)。但自 2012 年起,我国统一改用空气质量指数 AQI,并由中国环境监测总站网站"全国城市空气质量实时发布平台"发布即时全国重点城市(截至 2020 年 9 月为 337 个)的各项监测指标的浓度值和 AQI 值,依据的标准是 GB 3095—2012。我国的空气质量指数评价法属查表计算法,即根据表 5-1 和表 5-2,加上一定计算即可评定目标区某时段的空气质量。表 5-1 主要确定空气质量分指数 IAQI 与对应污染物浓度限值几个节点(转折点)。其原则是:IAQI = 50 节点对应污染物浓度为 GB 3095—2012 规定的一级标准浓度限值;IAQI = 100 节点对应污染物为二级标准浓度限值;IAQI 更高位段节点对应于各种污染物对人体健康产生不同影响时的浓度限值。表 5-2 则是确定 AQI 评定目标空气质量等级的标准。评价过程如下:

(1)空气质量分指数 IAQI 的计算:污染物 i 的分指数 $IAQI_i$ 可由实测的浓度(统计)值 c_i 按照分段线性方程计算。对于第 i 种污染物的浓度 c_i 恰为第 j 个转折点($IAQI_{i,j}, c_{i,j}$)时,则其对应的分指数值,可直接由表 5-1 确定。

表 5-1　空气质量分指数及对应的污染物项目浓度限值(HJ633—2012)

空气质量分指数(IAQI)	污染物项目浓度限值									
	二氧化硫(SO_2)24 h 平均/($\mu g \cdot m^{-3}$)	二氧化硫(SO_2)1 h 平均/($\mu g \cdot m^{-3}$)[①]	二氧化氮(NO_2)24 h 平均/($\mu g \cdot m^{-3}$)	二氧化氮(NO_2)1 h 平均/($\mu g \cdot m^{-3}$)[①]	颗粒物(粒径小于等于10 μm)24 h 平均/($\mu g \cdot m^{-3}$)	一氧化碳(CO)24 h 平均/($mg \cdot m^{-3}$)	一氧化碳(CO)1 h 平均/($mg \cdot m^{-3}$)[①]	臭氧(O_3)1 h 平均/($\mu g \cdot m^{-3}$)	臭氧(O_3)8 h 滑动平均/($\mu g \cdot m^{-3}$)	颗粒物(粒径小于等于2.5 μm)24 h 平均/($mg \cdot m^{-3}$)
0	0	0	0	0	0	0	0	0	0	0
50	50	150	40	100	50	2	5	160	100	35
100	150	500	80	200	150	4	10	200	160	75
150	475	650	180	700	250	14	35	300	215	115
200	800	800	280	1 200	350	24	60	400	265	150
300	1 600	—[②]	565	2 340	420	36	90	800	800	250
400	2 100	—[②]	750	3 090	500	48	120	1 000	—[③]	350
500	2 620	—[②]	940	3 840	600	60	150	1 200	—[③]	500

注:① 二氧化硫(SO_2)、二氧化氮(NO_2)和一氧化碳(CO)的 1 h 平均浓度限值仅用于实时报,在日报中需使用相应污染物的 24 h 平均浓度限值。

② 二氧化硫(SO_2)1 h 平均浓度值高于 800 $\mu g/m^3$ 的,不再进行其空气质量分指数计算,二氧化硫(SO_2)空气质量分指数按 24 h 平均浓度计算的分指数报告。

③ 臭氧(O_3)8 h 平均浓度值高于 800 $\mu g/m^3$ 的,不再进行其空气质量分指数计算,臭氧(O_3)空气质量分指数按 1 h 平均浓度计算的分指数报告。

当第 i 种污染物浓度 $c_i : c_{i,j} \leqslant c_i \leqslant c_{i,j+1}$ 时其分指数 IAQI 可按内插法计算：

$$IAQI_i = \left[(c_i - c_{i,j}) / (c_{i,j+1} - c_{i,j}) \right] (IAQI_{i,j+1} - IAQI_{i,j}) + IAQI_{i,j}$$

式中：$IAQI_i$——第 i 种污染物的空气质量分指数；

c_i——第 i 种污染物的浓度监测值；

$IAQI_{i,j}$——第 i 种污染物 j 转折点的空气质量分指数值；

$IAQI_{i,j+1}$——第 i 种污染物 $j+1$ 转折点的空气质量分指数值；

$c_{i,j}$——第 j 转折点上 i 种污染物（对应于 $IAQI_{i,j}$）浓度限值；

$c_{i,j+1}$——第 $j+1$ 转折点上 i 种污染物（对应于 $IAQI_{i,j+1}$）浓度限值。

空气质量指数的计算结果只保留整数，小数点后的数值全部进位。

（2）确定 AQI 并评价空气质量状况：采用前文已述的单因子评价法，这也称环境最差限制律——环境质量取决于最差要素（常称首要污染物）。具体是：计算出各种污染物的 IAQI 后，取最大者为该区域或城市的 AQI，则该项污染物即为该区域或城市空气中的首要污染物，即

$$AQI = \max(IAQI_1, IAQI_2, \cdots, IAQI_i, \cdots, IAQI_n)$$

式中：$IAQI_i$ 为第 i 种污染物的分指数；n 为污染物的项目数。

根据 AQI 计算结果，对照表 5-2 即可判别相应的空气质量级别。

我国现在发布某监测点位的空气质量状态有两种：一种为日报，其时段为当日零时前 24 h 均值；另一种为实时报，其时段为每一整点时刻后的，滞后不超过 1 h。日报的 IAQI 值一般为 24 h 均值，而 O_3 则采用当日最大 1 h 及 8 h 均值。实时报的采用 1 h 均值，但还有 O_3 的 8 h 均值、PM2.5 和 PM10 的 24 h 均值。

表 5-2　空气质量指数及相关信息（HJ633—2012）

空气质量指数（AQI）	空气质量指数级别	空气质量指数类别及表示颜色		对健康影响情况	建议采取的措施
0~50	一级	优	绿色	空气质量令人满意，基本无空气污染	各类人群可正常活动
51~100	二级	良	黄色	空气质量可接受，但某些污染物可能对极少数异常敏感人群健康有较弱影响	极少数异常敏感人群应减少户外活动
101~150	三级	轻度污染	橙色	易感人群症状有轻度加剧，健康人群出现刺激症状	儿童、老年人及心脏病、呼吸系统疾病患者应减少长时间、高强度的户外运动

空气质量 指数（AQI）	空气质量 指数级别	空气质量指数类 别及表示颜色		对健康影响情况	建议采取的措施
151~200	四级	中度污染	红色	进一步加剧易感人群症状，可能对健康人群心脏、呼吸系统有影响	儿童、老年人及心脏病、呼吸系统疾病患者避免长时间、高强度的户外锻炼，一般人群适量减少户外运动
201~300	五级	重度污染	紫色	心脏病和肺病患者症状显著加剧，运动耐受力降低，健康人群普遍出现症状	儿童、老年人和心脏病、肺病患者应留在室内，停止户外运动，一般人群减少户外运动
>300	六级	严重污染	褐红色	健康人群运动耐受力降低，有明显强烈症状，提前出现某些疾病	儿童、老年人和病人应当留在室内，避免体力消耗，一般人群应避免户外活动

（3）示例：某监测点某实时测得空气各污染物实时浓度如下（单位：$\mu g/m^3$，特殊的另注）：

PM2.5—67，O_3—14，PM10—164，NO_2—72，SO_2—540，CO—4.301（mg/m^3）试评价该监测点当时的空气质量状况。

计算评价过程如下：

第一步，各空气质量分指数计算

可先按某一 IAQI 定值 D 为基准线进行粗选，即将对应 IAQI≤D 的浓度的污染物弃去，再对剩下（IAQI>D）的污染物进行计算。本示例根据本组数据对照表 5-1 可选 IAQI=100 为定值，对比后可知仅 PM2.5 和 SO_2 的实时 IAQI>100。故仅需计算这两种污染物的 IAQI 值。

从表 5-1 知，PM10 实时浓度 164 $\mu g/m^3$ 介于 150 $\mu g/m^3$ 和 250 $\mu g/m^3$ 之间，对应节点的 IAQI 值分别为 100 和 150，故

PM10 的 IAQI=（164-150）×（150-100）/（250-150）+100=14×50/100+100=107

同样，从表 5-1 知：SO_2 实时浓度 540 $\mu g/m^3$ 介于 500 $\mu g/m^3$ 和 650 $\mu g/m^3$ 之间，对应节点的 IAQI 分别为 100 和 150，故

SO_2 的 IAQI=（540-500）×（150-100）/（650-500）+100=40×50/150+100=113

第二步，确定 AQI，评价该点该时空气质量

$$AQI=\max(113,107,\cdots)=113$$

故该点位首要污染物为 SO_2，对照表 5-2，可评定当时空气质量为三级，属轻度污染。

四、水环境质量现状评价

水环境是河流、湖泊、海洋、地下水等各种水体的总称。水环境评价包括地表水（河流、湖库、海洋等）、地下水、水生生物、底质等的评价，本书主要介绍地表水环境质量评价。

《环境影响评价技术导则地表水环境》（HJ 2.3—2018）

1. 评价指标

（1）物理指标：包括温度、臭、味、色、浑浊度、固体（总固体、悬浮固体）、溶解氧（DO）等。

（2）化学指标：可分有机物和无机物成分。无机物指标有含盐量、硬度、pH、酸度、碱度及铁、锰、氯化物、硫酸盐、硫化物、重金属类、氮、磷等含量。有机物指标有 BOD_5、COD_{Cr}、TOD、酚、油等。

（3）生物指标：如总大肠菌群数、细菌总数等。

地表水水质可依照国家《地表水环境质量标准》（GB 3838—2002）（附录 1 表 1.1）所列出的除水温、总氮、粪大肠菌群以外的 21 项指标来评价。水温、总氮、粪大肠菌群作为参考指标单独评价（河流总氮除外）。

另外，对于湖泊、水库水质的评价还包括营养状态评价指标，包括叶绿素 a（chla）、总磷（TP）、总氮（TN）、透明度（SD）和高锰酸盐指数（COD_{Mn}）共 5 项。

2. 水环境质量评价方法及水质定性评价分级

对于水环境功能区或水功能区、近岸海域环境功能区及水环境控制单元或断面水质达标状况评价方法，可以参考国家或地方政府相关部门制定的水环境质量评价技术规范、水体达标方案编制指南、水功能区水质达标评价技术规范等来进行评价。一般进行单因子评价，评价结果应说明水质达标情况，超标的应说明超标项目和超标倍数。

（1）监测断面或点位水环境质量现状采用水质指数法进行评价。

① 一般性水质因子（随着浓度增加而水质变差的水质因子）的指数计算：

$$S_{i,j} = C_{i,j} / C_{si}$$

式中：$S_{i,j}$——评价因子 i 的水质指数，大于 1 表明该水质因子超标；

$C_{i,j}$——评价因子 i 在 j 点的实测统计代表值，mg/L；

C_{si}——评价因子 i 的水质评价标准限值，mg/L。

② 溶解氧（DO）的标准指数计算：

$$S_{DO,j} = DO_s / DO_j \qquad DO_j \leqslant DO_f$$

$$S_{DO,j} = \frac{|DO_f - DO_j|}{DO_f - DO_s} \qquad DO_j > DO_f$$

式中：$S_{DO,j}$——溶解氧的标准指数，大于 1 表明该水质因子超标；

DO_j——溶解氧在 j 点的实测统计代表值，mg/L；

DO$_f$——饱和溶解氧浓度，mg/L，对于河流，DO$_f$ = 468/(31.6+T)，对于盐度比较高的湖泊、水库及入海河口、近岸海域，DO$_f$ = (491-2.65S)/(33.5+T)，其中 S 为实用盐度符号，量纲为 1，T 为水温，单位为℃。

③ pH 的指数计算：

$$S_{pH,j} = \frac{7.0-pH_j}{7.0-pH_{sd}} \qquad pH_j \leqslant 7.0$$

$$S_{pH,j} = \frac{pH_j-7.0}{pH_{su}-7.0} \qquad pH_j > 7.0$$

式中：$S_{pH,j}$——pH 的指数，大于 1 表明该水质因子超标；

pH_j——pH 实测统计代表值；

pH_{sd}——评价标准中 pH 的下限值；

pH_{su}——评价标准中 pH 的上限值。

（2）底泥污染状况评价采用单项污染指数法进行评价。

底泥污染指数计算：

$$P_{i,j} = C_{i,j}/C_{si}$$

式中：$P_{i,j}$——底泥污染因子 i 的单项污染指数，大于 1 表明该污染因子超标；

$C_{i,j}$——调查点位污染因子 i 的实测值，mg/L；

C_{si}——污染因子 i 的评价标准值或参考值，mg/L。

底泥污染评价标准值或参考值可以根据土壤环境质量标准或所在水域底泥的背景值来确定。

在利用单因子评价法对河流断面水质进行评价过程中，可根据评价时段内参评指标中类别最高的一项来确定水质类别。描述断面的水质类别时，使用"符合"或"劣于"等词语。断面水质类别与水质定性评价分级的对应关系见表 5-3。

表 5-3　断面水质定性评价

水质类别	水质状况	表征颜色	水质功能类别
Ⅰ~Ⅱ类水质	优	蓝色	饮用水源地一级保护区、珍稀水生生物栖息地、鱼虾类产卵场、仔稚幼鱼的索饵场等
Ⅲ类水质	良好	绿色	饮用水源地二级保护区、鱼虾类越冬场、洄游通道、水产养殖区、游泳区
Ⅳ类水质	轻度污染	黄色	一般工业用水和人体非直接接触的娱乐用水
Ⅴ类水质	中度污染	橙色	农业用水及一般景观用水
劣Ⅴ类水质①	重度污染	红色	除调节局部气候外，使用功能较差

注：①对《地表水环境质量标准》(GB 3838—2002)基本项目的浓度值不能满足Ⅴ类标准的称为劣Ⅴ类。

对于河流、流域（水系）水质评价过程中，当取样断面总数少于 5 个时，可以用所有断面各评价指标浓度算数平均值按照表 5-3 进行评价。

当河流、流域(水系)的断面总数在 5 个(含 5 个)以上时,采用断面水质类别比例法,即根据评价河流、流域(水系)中各水质类别的断面数占河流、流域(水系)所有评价断面总数的百分比来评价其水质状况。河流、流域(水系)的断面总数在 5 个(含 5 个)以上时不做平均水质类别的评价。其定性评价分级见表 5-4。

表 5-4　河流、流域(水系)水质定性评价分级

水质类别比例	水质状况	表征颜色
Ⅰ~Ⅲ类水质比例≥90%	优	蓝色
75%≤Ⅰ~Ⅲ类水质比例<90%	良好	绿色
Ⅰ~Ⅲ类水质比例<75%,且劣Ⅴ类比例<20%	轻度污染	黄色
Ⅰ~Ⅲ类水质比例<75%,且 20%≤劣Ⅴ类比例<40%	中度污染	橙色
Ⅰ~Ⅲ类水质比例<60%,且劣Ⅴ类比例≥40%	重度污染	红色

对于湖泊、水库水质的评价除了基于断面水质评价方法之外,还应进行营养状态方面的评价。如利用综合营养状态指数可将湖泊(水库)分为贫营养、中营养、富营养、轻度富营养、中度富营养和重度富营养等六级。

第三节　环境影响评价

环境影响评价是环境质量评价中带有主导性的一种类型。通过该种评价可调整人类的社会活动行为,使人类的行为既促进经济发展,又保护好环境,从而做到可持续发展。

环境影响是指人类活动对环境产生的作用及环境对人类的反作用。人类活动对环境产生的影响可以是有害的,也可以是有益的;可以是直接的,也可以是间接的;可以是短期的,也可以是长期的;可以是现实的,也可以是潜在的。总之,环境影响是复杂、多样、多变的。

环境影响评价是指对规划和建设项目实施后可能造成的环境影响进行分析、预测和评估,提出预防或者减轻不良环境影响的对策和措施,进行跟踪监测的方法和制度,为决策提供科学依据。

环境影响评价的主体可以是高等院校、科研院所、工程规划设计单位,也可以是环境中介和咨询机构,但都必须获得国家环境行政管理部门颁发的环境影响评价资格证书。评价资质分为甲、乙两个等级,甲级的可承担各级环境保护主管部门审批的建设项目环境影响评价工作,而乙级的只能承担省级以下的项目评价工作。

一、环境影响评价分类

根据我国环境影响评价法,按评价对象可将环境影响评价分为规划环境影响评价和建设项目环境影响评价。报批的规划草案中必须含有环境影响评价的篇章或说明;建设项目的环境影响评价文件则是立项的基本文件之一。规划环境影响评价又分为区域(综合)规划和专项规划两类。建设项目环境影响评价按照环境影响程度分为3类:可能造成重大环境影响的,可能造成轻度环境影响的,对环境影响很小的。

可能造成重大环境影响的人类活动是由原发性效应和继发性影响累积起来的,将显著地改变人们生活的环境质量,限制人类优化使用环境资源,从而妨碍达到可持续发展的目标。目前,大多采用定性判别来确定环境影响程度的大小。通常,下列情况对环境有重大影响。

(1)在环境问题上会造成重大争议的行为。例如,征用大量土地,改变土地利用方式需要动迁许多居民,会引起争议。

(2)会使空气、水体、土壤、植被和野生动植物受到显著和潜在污染的开发行为。例如,新建石油化工厂、制浆造纸厂、燃煤发电厂,大幅度增加城区汽车数量等。

(3)对国家、省、市或地方有重要价值的自然、生态、文化或景观资源可能造成重大不良影响的行为。例如,修建索道,拆毁文物,在景观区建设有碍于观瞻的永久性建筑。

(4)对国家和地方的野生生物保护区、自然保护区、名胜和古迹区有重大影响的行为。例如,修建公路、铁路、工业开发区、宾馆、度假村等。

(5)会产生显著的噪声、振动、光辐射、电磁辐射,从而干扰居民正常生活和生产的行为。例如,大型建筑物施工,大型幕墙安装,建设电视发射塔等。

(6)分解和破坏一个已建成地区的整体性的行为。例如,修建一条高速公路,将居民区与商业区和休闲娱乐区分开的行为。

(7)对社区人群的安全和健康有不良影响的行为,或是在已知有自然灾害的地区(如地震区、易产生山体滑坡地区)进行开发的行为。例如,在江河堤上开发等。

(8)扰乱动物栖息和植物生长的生态平衡,使稀有和濒危动植物灭绝,使野生生物的生活方式发生重大变化,或扰乱野生生物的主要繁殖地、栖息地的行为。

建设项目的环境影响评价具体分类由国家环境保护管理部门制定并公布名录。

二、环境影响评价的基本内容

如前文所述,环境影响评价按评价对象可分为规划环境影响评价和建设项目环境影响评价两类,二者所含内容不尽相同。

规划中有关环境影响的篇章和说明一般包括以下内容:

(1)规划实施后可能造成的环境影响的分析、预测和评价。

（2）预防和减轻不良环境影响的对策和措施。

建设项目环境影响评价应包括以下内容：

（1）建设项目概况。

（2）建设项目周围环境状况。

（3）建设项目对环境可能造成影响的分析、预测和评估。

（4）建设项目环境保护措施及其技术、经济论证。

（5）建设项目对环境影响的经济损益分析。

（6）对建设项目实施环境监测的建议。

（7）环境影响评价的结论。

涉及水土保持的建设项目，还必须有经水土行政主管部门审查同意的水土保持方案。

三、环境影响评价的一般程序

环境质量评价工作大体分为 3 个阶段：第一阶段为准备阶段，主要工作为研究有关文件，进行初步的工程分析和环境现状调查，筛选重点评价项目，确定各单项环境影响评价的工作等，编制评价工作大纲；第二阶段为正式工作阶段，其主要工作为进一步做工程分析和环境现状调查，并进行环境影响预测和评价环境影响；第三阶段为报告书编制阶段，其工作主要为汇总、分析第二阶段工作所得到的各种资料、数据，给出结论，完成环境影响评价文件的编制。

四、建设项目环境影响评价文件的编制

建设项目环境影响评价工作的最终成果是其评价文件。如前所述，建设项目环境影响评价按项目的环境影响程度分为 3 类，其深度各不相同，编制的评价文件也不同，分别为：

（1）可能造成重大环境影响的，应当编制环境影响报告书，对产生的环境影响进行全面评价。

（2）可能造成轻度影响的，应当编制环境影响报告表，对产生的环境影响进行分析或者专项评论。

（3）对环境影响很小，不需要进行环境影响评价的，应当填报环境影响登记表。

（一）环境影响报告书的编制

具体的建设项目环境影响报告书根据工程和环境的特点及评价工作等级，可选择下列全部或部分内容进行编制。

1. 总则

（1）本项目环境影响报告书编制目的。

（2）编制依据：包括项目建议书、评价大纲及其审查意见、评价委托书（合同）或任务书，项目可行性研究报告等。

（3）采用标准：包括国家标准、地方标准或拟参照国外有关标准（参照的国外标准应报有关部门批准）。

（4）控制污染与保护环境的目标。

2. 建设项目概况

（1）建设项目的名称、地点及建设性质。

（2）建设规模（扩建项目应说明原有规模）、占地面积及厂区平面布置（应附平面图）。

（3）土地利用情况和发展规划。

（4）产品方案和主要工艺方法。

（5）职工人数和生活区布局。

3. 工程分析

报告书应对建设项目的下列情况进行说明，并做出分析：

（1）产品方案、主要原料、燃料及其来源和储运，物料平衡，水的用量与平衡，水的回用情况。

（2）工艺过程（附工艺流程图）。

（3）废水、废气、废渣、放射性废物等的种类、排放量和排放方式及其中所含污染物的种类、性质、排放浓度，产生的噪声、振动的特性及数值等。

（4）废物的回收利用方案或处理、处置方案。

（5）交通运输情况及场地的开发利用。

4. 建设项目周围地区的环境状况

（1）自然环境调查：包括地理位置、地形地貌、土壤、江河湖泊、海、水库等水文情况，气象情况（附平面图），矿藏、森林、草原和野生动植物、自然保护区、风景名胜等的分布情况（附平面图）。

（2）社会环境调查：包括居民人数、生活区布置、居民区分布情况、人口密度、健康状况、周边工矿企业分布等。

（3）污染调查与评价：污染源排放污染物的种类、数量、方式、途径及污染源的类型和位置，以及它危害的对象、范围和程度。

（4）交通运输情况。

5. 环境影响预测

（1）预测环境影响的时段。

（2）预测范围。

（3）预测内容及预测方法。

（4）预测结果及其分析和说明。

6. 评价建设项目的环境影响

（1）建设项目环境影响的特征。

（2）建设项目环境影响的范围。

（3）如要进行多个厂址的优选时，应综合评价每个厂址的环境影响并进行比较和分析。

7. 环境保护措施的评述及技术经济论证

（1）大气污染防治措施的可行性分析及建议。

（2）废水治理措施的可行性分析及建议。

（3）对废渣处理及处置的可行性分析。

（4）对噪声、振动等其他污染控制措施的可行性分析。

（5）对绿化措施的评价及建议。

（6）各项环境防治措施的投资估算（列表）。

涉及水土保持的建设项目，还须有经水行政主管部门审查同意的水土保持方案。

8. 环境影响经济损益分析

环境影响经济损益简要分析是从社会效益、经济效益、环境效益统一的角度论述建设项目的可行性。由于这三个效益的估算难度很大，特别是环境效益中的环境代价估算难度更大，目前还没有较好的方法。因此，环境影响经济损益简要分析还处于探索阶段，有待今后的研究和开发。目前，主要从以下几方面进行：

（1）建设项目的经济效益。

（2）建设项目的环境效益。

（3）建设项目的社会效益。

9. 环境监测制度及环境管理的建议

（1）关于环境监测布点原则的建议。

（2）关于环境监测机构的设置、人员、设备等方面的建议。

（3）关于环境监测项目及范围的建议。

10. 环境影响评价结论及建议

报告结论一般应包括下列内容：

（1）说明项目建设是否符合国家产业政策及区域发展规划和环境功能规划。

（2）概括描述环境现状，同时要说明环境中现已存在的主要环境质量问题。例如，某些污染物浓度超过了标准，某些重要的生态破坏现象等。

（3）简要说明建设项目的污染源状况及其是否做到达标排放。根据评价中工程分析结果，说明建设项目的影响源和污染源的位置、数量，污染物的种类、数量和排放浓度与排放量、排放方式等，简要说明项目建设是否符合清洁生产的原则要求。

（4）说明项目污染物的排放总量是否满足国家和地方规定的污染物总量控制指标。

（5）总结环境影响的预测和评价结果。结论中要说明建设项目实施过程各阶段在不同时期对环境的影响及评价，特别要说明叠加背景值后是否能维持评价区环境质量。

11. 附件、附图和参考文献

（1）附件主要有建设项目建议书及其批复、评价大纲及其批复。

（2）附图，在图、表特别多的报告书中，可编附图分册，一般情况下不另编附图分册。若没有该图对理解报告书内容有较大困难时，该图应编入报告书中，不入附图。

（3）参考文献应给出作者、文献名称、出版单位、版次、出版日期等。

（二）环境影响报告表编制

建设项目环境影响报告表的主要内容包括以下几项：

（1）项目概况。

（2）工程分析。

（3）拟建地区环境状况。

（4）评价标准。

（5）环境影响分析。

（6）评价结论。

各项中的内容同（一）中的相应项所含内容。该表由国务院环境保护行政主管部门制定。

（三）环境影响登记表编制

建设项目环境影响登记表由国家环境保护部统一制定，所需填报的内容有以下几项：

（1）项目概况。

（2）工程分析。

（3）拟建地区环境概况。

（4）环境影响分析。

以上各项内容与（一）中相应项内容相同。

复习思考题

1. 简述环境质量评价的任务和目的。

2. 常用的大气环境质量评价参数有哪些？

3. 西安市某监测点在 2014 年 1 月 4 日 13 时的实时空气各污染物浓度如下（单位：$\mu g/m^3$，特殊的另注）：

$$PM2.5—90；PM10—200；SO_2—63；NO_2—90；O_3—13；CO—3.7（mg/m^3）$$

试评价该监测点当时的空气质量状况。

4. 环境影响评价的基本内容包括哪些？

5. 环境影响评价一般分为哪几类？

第二篇

化工安全生产技术

概述

化工安全生产技术就是保障化工生产进行中,不发生或少发生生产事故的科学原理和方法措施。通过它的应用以达到生产长期稳定、连续运行的目标,从而取得良好的经济效益和社会效益。

一、生产事故

事故,泛指人们进行某项活动中发生了意外的不期望事件,如灾祸、损失或干扰。

生产事故,现常称安全生产事故,是指生产经营单位在生产经营活动及生产经营有关的活动中突然发生的,伤害人身安全和健康或者损坏设备设施或者造成经济损失的,导致原生产经营活动暂时中止或永远终止的意外事件。

生产事故按事故发生的原因可分为责任事故和非责任事故;按事故造成的后果可分为人身伤亡事故和非人身伤亡事故。

责任事故,指可以预见、抵御或避免的,但由于人为原因没有采取有效预防措施而造成的事故。非责任事故,指不可预见(如自然灾害)或因技术水平限制而造成的事故。

人身伤亡事故又称因工伤亡事故或工伤事故,是指生产经营单位的从业人员在突发生产事故中造成人体组织受到损伤或人体的某些器官失去正常机能,导致负伤肌体暂时地或长期地丧失劳动能力,甚至终止生命的事故。工伤事故按伤害的严重程度可分为:轻伤事故、重伤事故、死亡事故。其中重伤,指使人损失 105 个工作日以上的失能伤害。

2007 年 6 月 1 日起施行的国务院第 493 号令《生产安全事故报告和调查处理条例》,根据生产安全事故(以下简称事故)造成的人员伤亡或者直接经济损失,把事故分为如下 4 个等级。

《生产安全事故报告和调查处理条例》

一级：特别重大事故，是指造成 30 人以上死亡，或者 100 人以上重伤（包括急性工业中毒，下同），或者 1 亿元以上直接经济损失的事故；

二级：重大事故，是指造成 10 人以上 30 人以下死亡，或者 50 人以上 100 人以下重伤，或者 5 000 万元以上 1 亿元以下直接经济损失的事故；

三级：较大事故，是指造成 3 人以上 10 人以下死亡，或者 10 人以上 50 人以下重伤，或者 1 000 万元以上 5 000 万元以下直接经济损失的事故；

四级：一般事故，是指造成 3 人以下死亡，或者 10 人以下重伤，或者 1 000 万元以下直接经济损失的事故。

以上所称的"以上"包括本数，所称的"以下"不包括本数。

事故发生后，事故现场有关人员应立即向本单位负责人报告，单位负责人接报后则应于 1 h 内向当地县级以上政府安全生产监督管理部门报告。政府安监部门接到报告后，应当依照下列规定上报事故情况：

（1）特别重大事故、重大事故逐级上报至国务院安监部门；

（2）较大事故逐级上报至省级安监部门；

（3）一般事故上报至设区的市级安监部门。

每级上报的时间不得超过 2 h。事故报告应当及时、准确、完整，任何单位和个人对事故不得迟报、漏报、谎报或者瞒报。

二、化工生产事故的特点

化工生产事故与其他工业生产事故相比有其显著的特点，这是由化工生产所用原料特性、工艺方法和生产规模所决定的。化工生产事故总体上有以下 4 个特点。

1. 火灾爆炸、中毒事故多且后果严重

对多年来我国发生的化工安全事故进行统计分析，可以发现火灾爆炸事故占据所有事故的第一位，因此造成的人员伤亡也最多。其次为中毒窒息事故、高空坠落、触电等。

很多化工原料的易燃性、反应性和毒性本身导致了上述事故的频繁发生。反应器、压力容器的爆炸，以及燃烧传播速度超过音速时的爆轰，都会造成破坏力极强的冲击波，冲击波超压达 0.02 MPa 时会使砖木结构建筑物部分倒塌、墙壁崩裂。如果爆炸发生在室内，压力一般会增加 7 倍，任何坚固的建筑物都承受不了这样大的压力，而人身仅能承受 0.01 MPa 以下的冲击波超压。

由于管线破裂或设备损坏，大量易燃气体或液体瞬间泄放，便会迅速蒸发形成蒸气云团，并且与空气混合达到爆炸下限，随风飘移。如果飞到居民区遇到明火爆炸，其后果是难以想象的。据估计，50 t 的易燃气体泄漏会造成直径 700 m 的云团，在其覆盖下的居民，将会被爆炸火球或扩散的火焰灼伤，其辐射强度将达 14 W/cm^2，而人能承受的安全辐射强度仅为 0.5 W/cm^2，同时人还会因缺乏氧气窒息而死。

多数化学物品对人体有害,生产中由于设备密封不严,特别是在间歇操作中泄漏的情况很多,容易造成操作人员的急性和慢性中毒。据化工部门统计,因一氧化碳、硫化氢、氮气、氮氧化物、氨、苯、二氧化碳、二氧化硫、光气、氯化钡、氯气、甲烷、氯乙烯、磷、苯酚、砷化物等 16 种物质造成中毒、窒息的死亡人数占中毒死亡总人数的 87.9%,而这些物质在一般化工厂中都是常见的。

化工装置的大型化使大量化学物质处于工艺过程中或储存状态,一些比空气重的液化气体,如氨、氯等,在设备或管道破口处以 15°~30°呈锥形扩散,在扩散宽度 100 m 左右时,人还容易察觉且迅速逃离,但毒气影响宽度可达 1 km 或更大,在距离较远而毒气浓度尚未稀释到安全值时,人则很难逃离并导致中毒。1984 年印度博帕尔甲基异氰酸酯泄漏事故和 2003 年我国重庆开县天然气泄漏事故造成成千上万人员伤亡就是惨烈的事例。

2. 生产活动时事故发生多

化工正常生产活动(含检修活动)时发生事故次数和因此伤亡的人数远高于化工产品储存、使用、运输、经营等非正常生产活动。其原因大致有 3 类:

(1)化工生产中有许多副反应生成:这些副反应的生成有些机理尚不完全清楚;有些则是在危险边缘(如爆炸极限)附近进行生产的,例如,乙烯制环氧乙烷、甲醇氧化制甲醛等,生产条件稍一波动就会发生严重事故。间歇生产更是如此。

(2)化工工艺中影响各种参数的干扰因素很多:设定的参数很容易发生偏移,而参数的偏移也是事故的根源之一。即使在自动调节过程中也会产生失调或失控现象,人工调节更易发生事故。

(3)由于人的素质或人机工程设计欠佳:往往会造成误操作,如看错仪表、开错阀门等。特别是现代化的生产中,人是通过控制台进行操作的,发生误操作的机会更多。

3. 设备缺陷及腐蚀原因较多

据相关统计,化工行业中因设备问题引发的生产事故数量最多。化工厂的工艺设备一般都是在严酷的生产条件下运行的。腐蚀介质的作用,振动、压力波动造成的疲劳,高低温对材料性质的影响等都是安全方面应引起重视的问题。

化工设备的破损与应力腐蚀裂纹有很大关系。设备材质受到制造时的残余应力和运转时拉伸应力的作用,在腐蚀的环境中就会产生裂纹并发展长大。在特定条件下,如压力波动,严寒天气就会引起脆性破裂,造成巨大的灾难性事故。

制造化工设备时除了选择正确的材料外,还要求正确的加工方法。以焊接为例,如果焊缝不良或未经过热处理则会使焊区附近材料性能劣化,易产生裂纹使设备破损。

4. 事故的集中和多发

化工生产常遇到事故多发的情况,给生产带来被动。化工装置中的许多关键设备,特别是高负荷的塔槽、压力容器、反应釜、经常开闭的阀门等,运转一定时间后,常会出现多发故障或集中发生故障的情况,这是因为成批设备进入寿命周期的故障频发阶段。对待多发事故必须采取预防措施,加强设备检测的监护措施,及时更换到期设备。

三、化工安全技术内容

1. 化工安全技术的基本内容

化工安全技术是研究生产过程中各种事故和职业性伤害发生的原因、防止事故和职业病发生的系统的科学技术和理论。

化工安全技术是一门涉及范围很广、内容极为丰富的综合性科学。具有政策性、群众性、技术复杂的特点。安全技术涉及数学、物理、化学、生物、天文、地理等基础科学和电工学、材料力学、劳动卫生等应用科学；它还涉及化工、机械、电气、冶金、建筑、交通运输等工程技术知识。

化工安全技术的基本内容包括以下 3 个方面。

(1) 预防工伤事故和其他各类事故的安全技术：其内容包括防火防爆、防腐蚀、压力容器与电气设备安全、设备检修、防静电、防雷击、机械加工和建筑安装安全等人体防护安全技术，以及装置安全评价、事故数据统计、安全系统工程等。

(2) 预防职业性伤害的安全技术：其内容包括防尘、防毒、通风采暖、照明采光、减少噪声、消除振动及高频和射频、辐射防护、放射性防护与现场急救等。

(3) 制定和执行规章制度：其内容包括制定和执行各项安全技术法律规范、规定、条例和标准。

由于篇幅有限，本篇主要讨论化工过程中的防火、防爆、防腐、防中毒、压力容器安全、安全检修及化工系统安全评价。

2. 化工安全生产技术措施

化工安全生产技术措施就是为消除生产过程中各种不安全、不卫生因素，防止事故伤害和职业性危害，改善劳动条件和保证安全生产而在工艺、设备、控制等各方面采取一些技术上的措施。安全生产技术措施是提高设备装置本质安全性的重要手段。设备和装置的本质安全性是指对机械设备和装置安装自保系统，即使人操作失误，其本身的安全防护系统能自动调节和处理，以保护设备和人身的安全。安全生产技术措施必须在设备、装置和工程的设计阶段就要予以考虑，并在制造或建设阶段给予解决和落实，使设备和装置投产后能安全、稳定地运转。不同的生产过程存在的危险因素不完全相同，需要的安全技术措施也有所差异，必须根据各种生产的工艺过程、操作条件、使用的物质(含原料、半成品、产品)、设备及其他有关设施，在充分辨识潜在危险和不安全部位的基础上选择适用的安全技术措施。

化工安全生产技术措施包括预防事故发生和减少事故损失两个方面，主要有以下几类。

(1) 减少潜在危险因素：在新工艺、新产品开发时，尽量避免使用具有危险性的物质、工艺和设备，即尽可能用不燃和难燃的物质代替可燃物质，用无毒和低毒物质代替有毒物质，这样火灾、爆炸、中毒事故将因失去基础而不会发生。这种减少潜在危险因素的方法是预防事故的最根本措施。

（2）降低潜在危险因素的数值：潜在危险因素往往达到一定的量度或强度才能施害。通过一些方法降低它的数值，使之处在安全范围以内就能防止事故发生。如作业环境中存在有毒气体，可安装通风设施，降低有毒气体的浓度，使之达到容许值以下，就不会影响人身安全和健康。

（3）联锁：当设备或装置出现危险情况时，以某种方法强制一些元件相互作用，以保证安全操作。例如，当检测仪表显示出工艺参数达到危险值时，与之相连的控制元件就会自动关闭或调节系统，使之安全停车或处于正常状态。目前由于化工生产工艺越来越复杂，联锁的应用也越来越多，这是一种很重要的安全保护装置，可有效地防止人员的误操作。

（4）隔离操作或远距离操作：伤亡事故的发生必须是人与施害物相互接触，如果将两者隔离开来或保持一定距离，就会避免人身事故的发生或减弱对人体的危害。例如，对放射性、辐射和噪声等的防护，可以通过提高自动化生产程度，设置隔离屏障，减少人员接触等来实现。

（5）设置安全薄弱环节：在设备或装置上安装薄弱元件，当危险因素达到危险值之前这个地方预先破坏，将能量释放，防止重大破坏事故发生。例如，在压力容器上安装安全阀或爆破膜，在电气设备上安装保险丝等。

（6）设备坚固或加强：有时为了提高设备的安全程度，可增加安全系数，加大安全裕度，提高结构的强度，防止因结构破坏而导致事故发生。

（7）封闭：封闭就是将危险物质和危险能量局限在一定范围之内，可有效地预防事故发生或减少事故损失。例如，使用易燃易爆、有毒有害物质时，将它们封闭在容器、管道内，不与空气、火源和人体接触，就不会发生火灾、爆炸和中毒事故。将容易发生爆炸的设备用防爆墙围起来，一旦爆炸，破坏能量不至于波及周围的人和设备。

（8）设置警告牌示和信号装置：警告可以提醒人们注意，及时发现危险因素或危险部位，以便及时采取措施，防止事故发生。警告牌示是利用人们的视觉引起注意；警告信号则可利用视听引起注意。目前应用比较多的可燃气体、有毒气体检测报警仪，是既有光、也有声的报警，从视觉和听觉两个方面提醒人们注意。

此外，还有生产装置的合理布局，建筑物和设备间保持一定的安全距离等其他方面的安全技术措施。随着科学技术的发展，还会开发出新的更加先进的安全防护技术措施。

四、安全技术与生产技术的关系

（1）安全技术是生产技术的一个重要组成部分：安全技术和生产技术密切相关，改进生产技术必须伴以安全技术的改进，只有这样才能确保安全生产。发展安全技术，又必须熟悉生产技术。

（2）安全技术贯穿于生产的全过程：新建、改建和扩建企业时，从设计、施工、安装到竣工验收、试运转、投放生产，各个环节都有安全技术的内容，各个环节都必须遵守各种有关的安全法律规范、规程、规定、条例和标准。而在实施生产的过程中，无论在人员方面、物资方面，还是管理方面都离不开安全技术。同时要求在生产的各个环节上必须做好安全技术和安全管理工作。

（3）安全技术随着生产技术的发展而发展：安全技术越发展，职工掌握预防危险和消除危险的本领就越大，从而更能保障职工的安全和健康。生产技术向前发展，对安全技术提出更高的要求，又为安全技术的发展创造了条件。因此安全技术总是随着生产技术的发展而发展。化工技术不断发展，必须要及时提高相关职工的素质和知识，才能保证生产的正常运转。

化工生产过程的安全技术与生产技术关系的密切性、广泛性和复杂性是其他工业生产过程无法比拟的。为了保证安全，必须熟悉生产，了解掌握每一个生产环节和设备的特点。从整体上说安全管理人员的知识水平应该与生产管理人员持平，在知识容量上则应高于生产管理人员。国外有些化工企业实行生产科长与安全科长定期轮换的制度，是有道理的。

复习思考题

1. 简述生产事故分类。
2. 简述评定生产事故各等级的主要指标。
3. 简述化工生产事故的特点。
4. 化工安全生产的技术措施主要有哪些？
5. 简述安全技术基本内容及其与生产技术的关系。

第六章　化工安全设计与安全管理

随着科学技术的不断进步,化学工业为满足人类不断增长的物质需求做出了巨大的贡献。但由于化工生产的特殊性,其生产过程充满了潜在的危险源。为了不让这些"危险因素"变成破坏性的"现实灾难",必须从产品规划和设计开始,就要对这些危险因素有全面的了解,特别要认真吸取已发生事故的惨痛教训,针对性地采取切实有效措施,才能保证安全生产。

第一节　化工生产中的危险因素

一、化工危险因素分类

要确保化工生产过程的安全,必须搞清所有的危险因素。化学工业中的危险因素从危害形式来看可分成 4 大类:毒害性危险(对人类和动物)、腐蚀性危险(对生物、建筑物、设备)、爆炸和燃烧性危险、环境污染危险。其中,以爆炸和燃烧性危险最为突出。美国保险协会(AIA)对化学工业 317 起火灾、爆炸事故进行了调查分析,并按事故原因又将化学工业危险因素归纳为以下 9 个类型:

1. 工厂选址问题

(1)工厂所在地易受地震、洪水、暴风雨等自然灾害。

(2)水源不充足。

(3)缺少公共消防设施的支援。

(4)有湿度、温度变化显著等气候问题。

(5)受邻近危险性大的工业装置影响。

(6)邻近公路、铁路、机场等运输设施。

（7）在紧急状态下难于把人和车辆疏散至安全地。

2. 工厂布局问题

（1）工艺设备和储存设备过于密集。

（2）有显著危险性和无危险性工艺装置间的安全距离不够。

（3）昂贵设备过于集中。

（4）对不能替换的装置没有有效的防护。

（5）锅炉、加热器等火源与可燃物工艺装置间距离太小。

（6）有地形障碍。

3. 结构问题

（1）支撑物、门、墙等不是防火结构。

（2）电气设备无防护措施。

（3）防爆通风换气能力不足。

（4）控制和管理的指示装置无防护措施。

（5）装置基础薄弱。

4. 对加工物质的危险性认识不足

（1）在装置中原料混合，在催化剂作用下自然分解等问题认识不清。

（2）对处理的气体、粉尘等在其工艺条件下的爆炸范围不明确。

（3）没有充分掌握因误操作、控制不良而使工艺过程处于不正常状态时的物料和产品物性变化的详细情况。

5. 化工工艺问题

（1）没有足够的有关化学反应的动力学数据。

（2）对有危险的副反应认识不足。

（3）没有根据热力学研究确定爆炸能量。

（4）对工艺异常情况检测不够。

6. 物料输送问题

（1）各种单元操作时对物料流动不能进行良好控制。

（2）产品的标示不完全。

（3）对送风装置内的粉尘爆炸认识不足。

（4）废气、废水、废渣的处理不当。

（5）装置内的装卸设施不完善。

7. 误操作问题

（1）忽略关于运转和维修的操作教育。

（2）没有充分发挥管理人员的监督作用。

（3）开车、停车计划不当。

（4）缺乏紧急停车的操作训练。

（5）没有建立操作人员和安全人员之间的协作体制。

8. 设备缺陷问题

（1）因选材不当而引起装置腐蚀、损坏。

（2）设备不完善，如缺少可靠的控制仪表等。

（3）材料的疲劳。

（4）对金属材料没有进行充分地无损探伤检查或没有经过专家验收。

（5）结构上有缺陷，如不停车而无法定期检查或不能进行预防维修。

（6）设备在超过设计极限的工艺条件下运行。

（7）对运转中存在的问题或不完善的防灾措施没有及时改进。

（8）没有连续记录温度、压力、开停车情况及受压罐内压力变动情况。

9. 防灾计划不充分

（1）没有得到管理部门的大力支持。

（2）责任分工不明确。

（3）装置运行异常或故障仅由安全部门负责，只是单线起作用。

（4）没有预防事故的计划，或即使有也很差。

（5）遇有紧急情况未采取得力措施。

（6）没有实行由管理部门和生产部门共同进行的定期安全检查。

（7）没有对管理和技术人员进行安全生产的继续教育和必要的防灾培训。

瑞士再保险公司统计了化学工业和石油工业的 102 起事故案例，分析了上述 9 类危险因素所引起的事故，如表 6-1 所示。

表 6-1　化学工业和石油工业的危险因素　　　　　单位:%

类别	危险因素	化学工业	石油工业
1	工厂选址问题	3.5	7.0
2	工厂布局问题	2.0	12.0
3	结构问题	3.0	14.0
4	对加工物质的危险性认识不足	20.2	2.0
5	化工工艺问题	10.6	3.0
6	物料输送问题	4.4	4.0
7	误操作问题	17.2	10.0
8	设备缺陷问题	31.1	46.0
9	防灾计划不充分	8.0	2.0

由表可知，设备缺陷是第一位的问题。之外，对化学工业来讲，危险因素依次为 4、7、5 类，对石油工业为 3、2、7 类。以此统计可定性地看出化学工业和石油工业危险因素所在。管理人员、技术人员、生产人员在规划、设计、建设及生产管理时，应有针对性地采取相应措施，以确保生产安全。

二、化学物质的危险因素

化学工业的危险性实质在于：一是所处理的许多化学物质本身具有潜在的危险性，而处理过程常常又处在使这些潜在的危险性变成实际危害的条件之下；二是加工条件具有危险性，如高温、超高温，低温、超低温，高压、超高压，以及高真空等。而化工生产又常常使这二者结合在一起，因而具有更大的危险性。

从前面的统计数据看，对加工物质的危险性认识不足引发事故的占20%以上，化工工艺问题（实际主要是对化学反应中的危险因素掌握不足）引发事故的占10%以上。所以，在设计和生产中充分掌握所加工物质（包括原料、中间品、副产品、产品、溶剂、催化剂及助剂等）的危险因素至关重要。这些危险因素可分为：爆炸性危险，氧化性危险，易燃性危险，腐蚀性危险，急慢性中毒性、刺激性、致癌性、致畸性和致突变性危险，放射性危险，以及环境污染危险等。

有关燃烧、爆炸、毒害及环境污染危险问题，已在或将在其他章节做介绍。在此，要特别强调的是，在有关资料上往往只能查到或只注意到纯物质的闪点、燃点、爆炸极限及毒性等数据，而难于得到混合物的数据，对此要十分小心，安全的做法是广泛收集、仔细研究同类生产的经验教训，切实采取一切必要的预防措施，尽可能使同样的事故不发生第二次。

三、生产事故发生过程

化工生产中存在许多危险因素（源），但不是所有的危险因素都会发展成事故，而只有少数危险因素才会形成事故。这是因为从危险因素到事故是一个逐级发展的过程，是一种紧急状态逐步升级的过程。对最终演变为重大或特大事故发生的过程可分为5个危险危害等级，具体如下：

（1）危险源：指理论上为事故发生的一个必要条件，即危险因素状态，一般通过稍加安全措施，即可杜绝事故的发生，使生产正常进行。

（2）故障：是指生产装置某处偏离安全设计指标，需要停止设备运行，采取如维修之类措施，但未发生其他损坏的状态。

（3）异常：是指生产装置危险源参数严重偏离安全设计指标，如果不对生产过程采取相应果断的措施，就会发生事故的状态。

（4）事故：是指设备损坏、泄漏发生火灾或爆炸等一类的现象，已造成一定损失，但如果采取一些恰当的紧急措施，破坏就能停止。一般指对第三者未构成威胁。

（5）灾难：是指不但发生事故，当事人员、设备受到损害，同时还呈蔓延势态，对第三者构成威胁。此时，应通报邻居和上级单位，及时取得外部支援，才能抑制灾害进一步蔓延扩大。

例如,某化工厂生产设备中有易燃、有毒的化学品(危险源),在一个严冬晚上,物料结晶,堵塞出口管道,且使安全阀失灵(故障),设备内压力剧增超压(异常),但操作工未及时发现、采取措施,导致设备爆炸、火灾事故,当场死伤数十人。当时,人们只注意灭火救人,未顾及同时有上百吨有毒物料与消防用水一起流入附近江河,继而造成重大水环境污染灾害。

为减少事故灾害发生,应使企业的员工都了解事故发生过程。在事故发生的各个等级(阶段)上处处设防,备有应急预案。在工厂设计时,就应努力减少原始危险源;在生产中,重点对故障、异常状态进行监测,及时采取相应的正确措施,抑制状态发展(升级),力求不到达事故状态。

第二节　化工安全设计

2002 年 6 月 29 日第九届全国人民代表大会常务委员会第二十八次会议通过的《中华人民共和国安全生产法》第二十四条明确规定:生产经营单位新建、改建、扩建工程项目的安全设施,必须与主体工程同时设计、同时施工、同时投入生产和使用。实际上,化工安全设计是化工设计的重要组成部分。从理论上讲,不使用具有危险性的产品、不加工有危险性的原材料、不在危险性条件下生产是最安全的。因此,和前面介绍的化工清洁生产原理一样,开发、设计、生产及使用安全产品,是解决安全问题的根本出路。而实际情况是,部分危险性化学品的使用和生产还是必不可少的。就化工行业来讲,安全生产技术的目标是保障生产安全正常进行,重点是防火、防爆、防毒及防止对环境的污染。化工安全设计就是要贯彻"安全第一,预防为主"的方针,集中仔细研究化工生产中可能存在的潜在危险因素,特别是同类生产装置的安全措施、事故、灾害的经验教训,在设计时就按规范规定,采取事前消除、减少可能发生事故的有力措施,以保证生产装置在建设和投运时的安全生产。

一、化工安全设计的法律依据

目前,我国已建成了较完整的安全生产法律法规体系,化工安全设计必须无条件遵循安全生产的有关法律、法规、标准、规范,这是强制性的,也是保证安全生产的法治基础。下面列出常用的一些有关化工安全生产设计的部分法律法规及标准:
- 《中华人民共和国安全生产法》　　　　2002/6/29 公布,2014/8/31 第二次修订
- 《中华人民共和国环境保护法》　　　　1989/12/26 通过,2014/4/24 修订
- 《中华人民共和国劳动法》　　　　　　1995/1/1 实施,2018/12/29 第二次修订
- 《中华人民共和国职业病防治法》　　　2002/5/1 实施,2018/12/29 第四次修订
- 《中华人民共和国消防法》　　　　　　2009/5/1 实施,2019/4/23 修订

● 《中华人民共和国大气污染防治法》　　　　　1987/9/5 通过,2018/10/26 第二次修订
● 《中华人民共和国水污染防治法》　　　　　　1984/5/11 通过,2017/6/27 第二次修订
● 《中华人民共和国固体废物污染环境防治法》　1995/10/30 通过,2020/4/29 第二次修订
● 《中华人民共和国环境噪声污染防治法》　　　1997/3/1 实施,2018/12/29 修订
● 《建设项目环境保护设计规定》　　　　　　　1987/3/20 实施
● 《建设项目环境保护管理条例》　　　　　　　1998/11/29 实施,2017/7/16 修订
● 《建设(工程)项目劳动安全卫生监察规定》　　1997/1/1 实施
● 《大气污染物综合排放标准》　　　　　　　　GB 16297—1996
● 《地表水环境质量标准》　　　　　　　　　　GB 3838—2002
● 《污水综合排放标准》　　　　　　　　　　　GB 8978—1996
● 《声环境质量标准》　　　　　　　　　　　　GB 3096—2008
● 《城市区域环境振动标准》　　　　　　　　　GB 10070—1988
● 《危险化学品重大危险源辨识》　　　　　　　GB 18218—2018
● 《化工企业安全卫生设计规范》　　　　　　　HG 20571—2014
● 《爆炸危险环境电力装置设计规范》　　　　　GB 50058—2014
● 《化工企业静电接地设计规程》　　　　　　　HG/T 20675—1990
● 《建筑设计防火规范(2018 年版)》　　　　　　GB 50016—2014
● 《工业企业设计卫生标准》　　　　　　　　　GBZ 1—2010
● 《固定式压力容器安全技术监察规程》　　　　TSG 21—2016
● 《移动式压力容器安全技术监察规程》　　　　TSG R0005—2011
● 《化学品分类和危险性公示　通则》　　　　　GB 13690—2009
● 《石油化工企业设计防火标准(2018 年版)》　　GB 50160—2008

二、化工安全设计的基本内容

化工生产装置的安全问题,体现在设计方针、安装、维修、正常操作与事故时的操作、个人防护、装置保护等 5 个方面。化工安全设计一般要考虑满足以下 4 项要求。

在设计条件下能安全运转,即使多少有些偏离设计条件,也能将其安全处理并恢复到设计条件;确立安全的开车和停车方法;发生意外事故时的紧急处置方法。

由于化工生产的复杂性,其安全问题涉及工艺的安全性(如原料性质、工艺路线和生产流程、操作条件、总图运输和车间设备的布置等),装置及设备的安全性(如装置和设备类型,温度、压力等设计条件,材质等),控制系统的安全性(如控制方式,人机接口,动力源,检测、变送、接收、调节的方式和仪表阀门等),建筑物、构筑物的安全性(如防火、防爆、抗震及防腐蚀性等),电气的安全性(如供电的方式、一路或多路供电),其他公用设施的安全性(如燃料系统、制冷系统、压缩气体和惰性气体系统等)等多个方面,因此,需要工艺、设备、土建、电气、仪表、控制和给排水等多个技术

专业密切配合。在设计阶段各专业也要同时研究,仔细进行安全审查,如制定安全检查表,将所有可能出现的安全问题逐一列出,逐条落实解决方案。化工安全设计的重点是保障正常生产安全和紧急情况有效处置。表6-2列举了一些为安全设计推荐的安全措施。

表6-2 安全设计推荐的安全措施

项目	目的	安全措施的内容	主要应用领域
工艺过程的安全措施	评价① 物料、反应、操作条件的危险性,研究安全措施	1. 评价由物料特性引起的危险性 (1) 燃烧危险;(2) 有害危险 2. 评价反应危险 3. 抑制反应的失控 4. 设定数据测定点 5. 判断引起火灾、爆炸的条件 6. 评价操作条件产生的危险性 7. 材质 (1) 耐应力性;(2) 高低温耐应力性;(3) 耐腐蚀性;(4) 耐疲劳性;(5) 耐电化学腐蚀性;(6) 隔声;(7) 耐火、耐热性 8. 填充材料	全装置
	选择机器、设备的结构,研究承受负荷的措施	材质优良 结构合理 强度合格 标准等级适当	机械设备(包括配管、贮罐、加热炉、电器、仪表、土木及建筑)
	研究设备机器偏离正常操作条件及泄漏时的安全措施	1. 选择泄压装置的性能、结构、位置 ① 安全阀;② 防爆板;③ 密封垫;④ 过流量防止器;⑤ 阻火器 2. 惰性气体注入设备 3. 爆炸抑制装置 4. 其他控制装置(包括程序控制等) 5. 测量仪表 6. 气体检测报警装置 7. 通风装置(厂房) 8. 确定危险区和决定电气设备防爆结构 9. 防止静电措施(包括防杂散电流的措施) 10. 避雷设备 11. 装置内的动火管理	设备与系统 反应器 装置区、化学品库 装置操作 安全、检测 装置区 厂房、化验室 布置与电气设备 管道、电气 建筑物、设备 管理措施

续表

项目	目的	安全措施的内容	主要应用领域
防止发生运转中的事故	防止由运转中所发生事故引起火灾的措施	1. 放空系统(安全阀、泄漏阀) 2. 紧急输送设备 3. 排水排油设备(包括室外装置区) 4. 动力的紧急停供措施 ① 保安用电力;② 保安用蒸汽;③ 保安用冷却水 5. 防止误操作措施 ① 阀等的联锁;② 其他 6. 安全仪表 7. 防止混入杂质等的措施 8. 防止外力产生断裂的措施	装置区 污水管网 电气、机械 联锁系统 仪表 过滤器 设备设计
防止扩大受害范围的措施	防止发生灾害时扩大受害范围,将受害范围限制在最小限度内的措施	1. 总图布置的合理性 2. 耐火结构 3. 防油、防液堤 4. 紧急断流装置 5. 防火、防爆墙 6. 防火、灭火设备 7. 紧急通话设备 8. 安全急救设备 9. 防爆结构 10. 其他	全厂布置 建筑、耐火墙 工艺流程 钢结构化学品库 装置区 装置区 适宜地点 建筑物

注:① 评价是采取措施的依据,由安全技术人员分析、提出。

三、几个重要的安全设计问题

从表 6-2 所列问题可知,安全检查项目,也就是安全设计要解决的问题繁多,而且对不同项目和装置来说也各不相同。下面仅对化工安全设计最常遇到的问题予以简要说明。

1. 工厂选址和布局

从安全角度考虑,化工厂选址应远离地震、火山、洪水、泥石流和滑坡多发区;避开地质断裂带、古墓葬群、有开采价值的矿区;远离对机场、电台等使用有影响的地区及国家规定的历史文物、自然保护、水源保护、风景游览区和城镇等人口密集区。而有良好的地质和水文条件,充足、优质的水源是建厂的必备条件。特别是充足的水源,对防火至关重要。

工厂布局和设备布置,从安全角度考虑,主要应注意装置要合理分区,装置及设备间要有足够的安全距离,发生事故时的消防通道和生产人员疏散通道,良好的绿化环境等。本书附录 5 给出了化工设备、建筑物间的防火间距,其他具体内容将在化工设计课程中详细介绍,在此不予讨论。

2. 工艺安全设计

(1)淘汰严重危及生产安全的工艺和设备:《中华人民共和国安全生产法》明确规定,为了保障生产经营单位的安全生产,对国家明令禁止使用的危及生产安全的工艺、设备,任何生产经营单位一律不准使用,也不得转让他人使用。否则,应当承担相应的法律责任。国务院有关部门根据各自的职责,在认真分析、研究的基础上,确定严重危及生产安全的工艺和设备目录,定期向社会明令公布。在进行工艺设计前,应当认真查阅此类目录,首先把目录中的工艺和设备坚决予以排除。例如,汞法烧碱,石墨阳极隔膜法烧碱;氯氟烃(ClFCs)生产装置;100 万吨/a 以下汽、煤、柴油小炼油;1 000 t/a 以下黄磷生产线等均为国家明令禁止的生产工艺。

(2)从安全生产出发选择原料和技术路线:从安全角度考虑,化工工艺设计首先要从选择原料路线和技术路线开始,尽量采用无危险因素或危险性较小的方案。如乙醇的生产,可以采用石油和含淀粉类生物质两种原料。以淀粉为原料,采用发酵法把淀粉转化为乙醇的方法历史悠久,反应在常温、常压下进行。而以石油为原料,首先要将石油裂解为乙烯,要在 1 000 ℃ 左右完成。然后,还可以有两种技术路线:一种路线是乙烯首先与浓硫酸反应生成硫酸酯,硫酸酯再经水解生成乙醇的二步法;也可以用 $H_3PO_4/$ 硅藻土为催化剂,在 300 ℃ 左右、66×101.325 kPa 反应条件下,乙烯一步合成乙醇。比较乙醇生产的原料路线可知,以淀粉为原料,无毒无害,而且生产条件温和,所以最安全。而以石油为原料,石油、乙烯均是易燃物品。同时,乙烯二步法合成乙醇有生产流程长和硫酸腐蚀问题,一步法有高温、高压危险。可见,从安全出发考虑,淀粉发酵生产乙醇原料和技术路线最好。

另外,在化工清洁生产一章中介绍的原则,如开发、设计、生产和使用安全化学品,采用无毒、无害原料,采用无害的溶剂、助剂、催化剂等,也同样适用于安全生产。

(3)从安全生产出发选择操作条件:常温和常压操作比高温和高压条件下操作安全,因此,如果还有选择,尽可能不要用升温、加压的方法来强化反应过程,而用前面介绍的微波技术、超声技术、膜技术及生化技术等方法来提高目的产品反应的收率和选择性。

一般来说,化工厂的设备设施都是为维持操作参数容许范围内的正常操作设计的。但从安全出发,在设计操作条件时,除了使其尽可能远离危险区(如反应混合物的爆炸极限)外,还要考核开车、试车、停车等非稳定状态对系统安全的影响。同时,不但要仔细研究主反应在什么条件下可能失控(如强放热反应降温设施故障,惰性保护性气体突然中断),仔细核算失控后可能造成的最大危险(如最大升温、最大升压),更要特别注意收集副反应的热力学和动力学数据及其在最恶劣条件下可能带来的危害。

另外应注意从安全生产出发选择流速。化学反应和流体输送都要确定流速。而采用适当的流速,不仅仅是一个技术经济问题,还涉及安全。因为,许多有机物都是易燃、易爆物质,而液体有机物在输送时,如果流速太快,就会产生静电,处理不好就会引起火灾。因此,有机液体的输送流速一般不能大于 1 m/s。

（4）设置安全设施:各种安全设施的设计和建设,是安全生产的基础保证。2002年1月9日国务院发布,并于2011年2月16日修订的《危险化学品安全管理条例》第二十条明确规定:"生产、储存危险化学品的单位,应当根据其生产、储存的危险化学品的种类和危险特性,在作业场所设置相应的监测、监控、通风、防晒、调温、防火、灭火、防爆、泄压、防毒、中和、防潮、防雷、防静电、防腐、防泄漏以及防护围堤或者隔离操作等安全设施、设备,并按照国家标准、行业标准或者国家有关规定对安全设施、设备进行经常性维护、保养,保证安全设施、设备的正常使用。生产、储存危险化学品的单位,应当在其作业场所和安全设施、设备上设置明显的安全警示标志。"

《危险化学品安全管理条例》

3. 化工设备安全设计

（1）设备设计和加工质量:为了确保设计和加工质量,我国对设计和施工单位采取分类、分级管理的办法,即具有有关部门审核批准资质的持证单位,才有设计和加工相应设备和工程的资格,无证设计和施工均属违法。

（2）设计温度和设计压力:设计温度和设计压力应考虑到在最恶劣条件可能达到的温度和压力,而不是正常操作条件下的温度和压力。例如,环境温度应取生产厂当地常年的夏季最高温度或冬季最低温度。

（3）材质:选择加工设备所用材质,要考虑防腐、设备类型、设计温度和压力。如普通容器,常用热轧 Q235-A 钢板,其最高使用温度为 350 ℃;普通压力容器常用热轧、正火 16MnR,其最高使用温度为 475 ℃。对在高温（350 ℃以上）或低温（-20 ℃以下）的设备,一定要分别采用耐热钢或低温钢。因为高温时,要考虑温度和时间对材料强度和组织等的影响;低温时要防止材料韧性的下降。表6-3列举了压力容器常用钢板。

表6-3　压力容器常用钢板举例

钢号	使用状态	厚度/mm	最高使用温度/℃
Q235-A·F	热轧	4.5~16	250
Q235-A	热轧	4.5~16	350
20R	热轧、正火	6~16	475
16MnR	热轧、正火	6~16	475
15MnVR	热轧、正火	6~16	400
18MnMoNbR	正火加回火	30~60	475
09Mn2VDR	正火、正火加回火	6~16	100
16MnDR	正火	6~16	350
15CrMoR	正火加回火	6~60	550

续表

钢号	使用状态	厚度/mm	最高使用温度/℃
0Cr18Ni9	固熔	2~60	600
0Cr18Ni10Ti	固熔、稳定化	2~60	600
0Cr17Ni12Mo2	固熔	2~60	600
00Cr17Ni14Mo2	固熔	2~60	450

（4）防腐：腐蚀问题是影响化工装置寿命的最大问题，也是化工设备、装置损坏甚至引发事故最主要的直接原因之一。解决腐蚀问题，首先要从选材入手，因为物料的腐蚀性对材料有选择性，即同一物料对不同材料的腐蚀性是不同的。表 6-4 列出了一些推荐用于腐蚀性介质中的耐腐蚀材料。

表 6-4 推荐用于腐蚀性介质中的耐腐蚀材料

介质	含量（质量分数）/%	温度/℃	推荐材料	
			受力不大	受力较大
1	2	3	4	5
硝酸	<50	<60	硬聚氯乙烯、ZGCr17	ZG2Cr17Mn13Mo2N
硝酸	>98	<55	稀土高硅球铁	—
硫酸	>93	常温	铸铁	—
硫酸	50~93	<60	稀土高硅球铁	—
硫酸	<50	<60	硬聚氯乙烯	ZG2Cr17Mn13Mo2Cu2N
醋酸（工业甲酸<2%）	—	—	ZG2Cr17Mn2Mo2R	ZGCr17Mn13Mo2N
磷酸	<40	—	ZG2Cr17Mn2Mo2R 酚醛塑料	ZGCr17Mn13Mo2N
磷酸	<1	<60	ZG2Cr17Mn2Mo2R 酚醛塑料	ZGCr17Mn13Mo2N
盐酸	—	常温	酚醛塑料	—
盐酸	<35	<60	硬聚氯乙烯	—
硫化氢溶液	饱和	<140	铸铝合金	ZGCr17Mn13Mo2N
苦味酸	<10	—	ZGCr17	—
焦性五倍子酸	<10	—	ZG1Cr13	ZG1Cr13
次氯酸	—	<60	硬聚氯乙烯	—
氢氟酸	<1	常温	硬聚氯乙烯	—

续表

介质	含量(质量分数)/%	温度/℃	推荐材料	
			受力不大	受力较大
1	2	3	4	5
石炭酸	—	—	铸铝合金	
硼酸	—	—	ZGCr17	—
铬酸	<10	<40	ZG1Cr13	ZG1Cr13
柠檬酸	—	常温	酚醛塑料	ZGCr17Mn13Mo2N
柠檬酸	<10	—	ZG2Cr17Mn2Mo2R	ZGCr17Mn13Mo2N
甲酸	<50	常温	ZG2Cr17Mn2Mo2R	—
鞣酸液	饱和	—	ZGCr17	—
乳酸	<10	常温	铸铝合金、酚醛塑料	—
苹果酸	50	—	ZG1Cr13	ZG1Cr13
油酸	—	<150	铸铁	铸钢
丙烯酸	<2	—	ZG1Cr13	ZG1Cr13
硬脂酸	—	<100	—	—
水杨酸	<10	—	铸铝合金	ZG1Cr13
酒石酸	<10	常温	ZG2Cr17Mn2Mo2R	—
亚硫酸	饱和	常温	酚醛塑料	—
草酸	<10	常温	ZG2Cr17Mn2Mo2R	—
氢氰酸	—	—	铸铝合金	ZG1Cr13
没食子酸	—	—	铸铝合金	
氢氧化钠	—	常温	铸铁	铸钢
氢氧化钠	<15	—	铸铁	铸钢
氢氧化钾	—	常温	铸铁	铸钢
氢氧化钾	<15	—	铸铁	铸钢
硝酸铵液	饱和	—	铸铝合金	—
硝酸钾	<60	常温	酚醛塑料	ZG1Cr13
硝酸钾	<25	<沸		ZG1Cr18Mn13Mo2CuN
硝酸钠	<50	常温	铸铝合金	ZG1Cr13
硝酸铝	—	常温	ZG1Cr13	ZG1Cr13
硝酸银	<10	常温	ZG1Cr13	ZG1Cr13

续表

介质	含量(质量分数)/%	温度/℃	推荐材料	
			受力不大	受力较大
1	2	3	4	5
硝酸铜	<50	—	ZG1Cr13	ZG1Cr13
硝酸铁	—	常温	ZG1Cr13	ZG1Cr13
硝酸汞	—	—	ZG1Cr13	ZG1Cr13
硝酸铵(硫酸2%)	饱和	<144	ZG2Cr19Mo2R	ZG2Cr17Mn13Mo2Cu2N
硫酸铜	<50	—	ZG1Cr13	ZG1Cr13
硫酸铁	<10	—	ZG1Cr13	ZG1Cr13
硫酸镁	<10	常温	ZG1Cr17	—
硫酸钠	<25	—	铸铝合金	ZG1Cr13
硫酸钠	<饱和	常温	硬聚氯乙烯	ZG1Cr13
硫酸钠	<10	<20	铸铁	铸钢
硫酸锌	<饱和	常温	铸铝合金	ZG1Cr13
醋酸酐	—	常温	ZG1Cr13	ZG1Cr13
醋酸铜	—	常温	ZG1Cr13	ZG1Cr13
醋酸铅	<25	—	ZG1Cr13	ZG1Cr13
醋酸钠	—	—	铸铁	铸钢
醋酸甲酯	—	—	铸铁	铸钢
醋酸异丙酯	—	—	铸铁	铸钢
磷酸钠	—	—	ZG1Cr13	ZG1Cr13
氯化锌	—	常温	铸铝合金	—
氯化钾	<饱和	常温	铸铁	铸钢
氯化钠	—	<60	铸铁	铸钢
氯化铵	<50	常温	铝铸铁	
亚硫酸钠	<25	—	ZG1Cr13	ZG1Cr13
过硫酸铵	<60	常温	硬聚氯乙烯	
亚硫酸氢铵	—	<50	ZG1Cr18Mn13Mo2CuN	ZG1Cr18Mn13Mo2CuN
碳酸钠	—	常温	铸铁	铸钢
碳酸氢铵	—	—	铸铝合金	ZG1Cr13
碳酸铵	<饱和	常温	铸铝合金	ZG1Cr13

续表

介质	含量(质量分数)/%	温度/℃	推荐材料	
			受力不大	受力较大
1	2	3	4	5
高锰酸钾	—	常温	铸铝合金	ZG1Cr13
碳化钙	—	—	铸铁	铸钢
碳酸钙	—	—	铸铁	铸钢
甲醇	—	—	铸铁	铸钢
乙醇	—	—	铸铁	铸钢
辛醇	—	—	铸铁	铸钢
丙三醇	—	—	铸铝合金	—
甲醛	<40	—	铸铁	铸钢
乙醛	—	—	铸铁	铸钢
丁醛	—	—	ZG1Cr13	ZG1Cr13
己二醇	—	—	铸铝合金	—
丙酮	—	—	铸铁	铸钢
乙醚	—	—	铸铝合金	ZG1Cr13
苯	—	常温	铸铁	铸钢
甲苯	—	常温	铸铁	铸钢
氯甲烷	—	—	铸铁	铸钢
巴豆醛	—	—	ZG1Cr13	ZG1Cr13
丙烯腈	—	—	铸铝合金	ZG1Cr13
乙腈	—	—	铸铝合金	ZG1Cr13
辛烯醛	—	—	铸铁	铸钢
石蜡	—	<100	ZG1Cr13	ZG1Cr13
肥皂	—	20	ZG1Cr13	ZG1Cr13
二硫化碳	—	常温	ZG1Cr13	ZG1Cr13
松节油	—	常温	ZG1Cr13	ZG1Cr13
干四氯化碳	—	—	铸铁	铸钢
氨基甲酸铵溶液(加氢,有压力)	—	100~180	ZGCr17Mn13Mo2N	ZGCr17Mn13Mo2N
尿素母液	—		铸铝合金	ZG1Cr13

续表

介质	含量(质量分数)/%	温度/℃	推荐材料	
			受力不大	受力较大
1	2	3	4	5
醋	—	—	ZG1Cr13	ZG1Cr13
明矾	<10	—	ZG2Cr17Mn2Mo2R	—
硫化钠	<50	—	ZG2Cr17Mn2Mo2R	—
硫代硫酸钠	<25	—	铸铝合金	ZG1Cr13
氨	—	—	铸铁	铸钢
氨水	—	常温	铸铝合金	ZG1Cr13
甘油	—	<100	ZG1Cr13	ZG1Cr13
矿物油	—	—	铸铁	铸钢
植物油	—	—	铸铁	铸钢
醋酸乙烯	—	—	铸铁	铸钢
橡胶悬浮液	—	—	铸铁	铸钢
硝基苯	—	常温	ZG2Cr19Mo2R	—
乙醇胺	<30	<45	ZG1Cr13	ZG1Cr13
硫	—	—	铸铝合金	
二氧化硫	—	—	铸铝合金	
甲酸甲酯	—	—	铸铝合金	
硝酸甘油	—	—	铸铝合金	
氯仿	—	—	铸铝合金	
过氯乙烯	—	—	铸铝合金	
次氯酸钠	—	<60	硬聚氯乙烯	
重铬酸	—	<60	硬聚氯乙烯	
漂白粉液	—	<60	硬聚氯乙烯	

注:1. 表中划"—"在含量栏和温度栏内,表示任意含量和温度;在受力较大栏内表示调查中尚未遇到此情况。

2. 推荐材料"受力不大"与"受力较大"按以下情况考虑:一为要求机械性能不太高者,如泵、低压阀等;二为要求机械性能较高者,如离心机、高压阀等。

　　但特别要注意,物料的腐蚀性不但与物料种类有关,还与浓度和温度有关。一般来说,对同一物料,温度越高,腐蚀性越强。但浓度影响却不完全一致。对大多数物料来说,浓度越高,腐蚀性越强。但有些物料,如硫酸,在低浓度时(如 50%以下)对金属的腐蚀性极其强烈,但在高浓度时(如 93%以上)则常用铸铁、碳钢做其储罐。这是因为浓硫酸可以在金属表面生成一层致密的氧化膜保护层,使酸不能与内部的金属接触而使其免受腐蚀。

防腐,除了选择耐腐蚀材料外,对金属材料,还有广泛应用的设备表面隔层防腐法,在金属壁上涂或衬耐腐蚀材料,如喷涂钛、铅、防腐漆、树脂及搪瓷;衬不锈钢、玻璃钢、PVC 板、橡胶板及耐酸瓷砖等。此外,还有一种常用的防腐方法,叫钝化法。就是用成膜剂预先处理金属表面,使其形成保护膜。常用的成膜剂有铬酸盐、磷酸盐、草酸盐等。这种方法只能用在腐蚀性不太强的场合。

对初学者来说,还应注意,不锈钢对许多介质是稳定的,但奥氏体不锈钢就不耐氯离子腐蚀,即使是试压或停车时残留在容器中的低浓度(5%)的氯化物溶液,也会产生应力腐蚀裂纹。搪玻璃设备能耐大多数无机酸、有机酸、有机溶剂等介质,尤其在盐酸、硝酸、王水等介质中有优良的耐腐蚀性能,在精细化工生产中有广泛的应用。但不能在下列条件下使用:① 任何浓度、任何温度的氢氟酸;② 磷酸,浓度 30% 以上,温度大于 180 ℃ 时,腐蚀强烈;③ 盐酸,浓度 10%~20%,温度高于 150 ℃ 时,腐蚀严重;④ 硫酸,浓度 10%~30%,温度高于 200 ℃ 时,不耐腐蚀;⑤ pH ≥ 12,温度高于 100 ℃ 时,不耐腐蚀。

4. 电气、仪表、自控安全设计

电气、仪表安全设计主要应考虑其可靠性。例如,断电会引发重大事故的场合,要设计双供电系统;如果发生重大事故,不能影响救灾和人员疏散的照明。在参数微小变化就会引起事故的场合,检测和报警系统必须灵敏可靠,必要时要设计同时用不同类型仪器的双系统。

为了保证安全生产,设置不正常状态的信号报警、保险装置和安全联锁系统十分重要。以便在安全隐患出现时及时发出声、光、颜色等信号示警。例如,在硝化反应中硝化器的冷却水系统,为了防止器壁泄漏造成事故,在冷却水排出口装有带铃的电导仪,一旦冷却水中混有酸,电导率提高,则会响铃示警。

为了自动消除危险状态,可以设置保险装置。例如,氨的氧化反应,是在氨和空气混合物爆炸极限边缘进行的,在气体输送管路上应该安装保险装置,一旦在反应过程中,若空气压力过低或氨的温度过高,都有可能使氨的浓度提高,达到爆炸下限,这时,保险装置就会自动切断氨的输送,防止爆炸事故发生。

安全联锁就是按一定顺序控制相关仪表和设备,以确保安全。例如,硫酸稀释,必须先加水,再加酸,否则会发生喷溅灼伤事故。把注水阀门和注酸阀门依次联锁起来,就可防止此类事故。

5. 几个易忽略的安全问题

(1)设备和管道材质选择:选择设备和管道的材质,首先考虑其强度、塑性、韧性、冷脆性、使用温度、耐腐蚀性等因素,这无疑是很正确的。但还应记住,决不要用对副反应有催化作用的材料来加工反应器。同样不要忘记的是,许多非金属材料具有优良的机械性能和耐腐蚀性,但若用其输送有机液体,却很难传导消除其产生的静电。

（2）物料倒流：在实际生产中，存在着流体沿与设计相反方向流动的可能性，即所谓回流。例如，从储罐或下游管线回流进入已关闭的设备；从设备回流进入有压力降的辅助设备的管线；泵的故障引起回流；反应物沿副反应物的物料管线回流等。

防止回流，最常用的做法是加装止回阀。若回流会产生严重后果的，建议安装两个不同类型的止回阀，以便把相同形式的损坏减至最低程度。如果回流可能导致剧烈反应或超过设备设计的压力，还应加装可靠的检测、报警仪表及自动断开或关闭系统。

（3）事故应急设施：这里所说的事故应急设施不是指消防、救护设施，而是指当事故发生时，必须对过程物料有临时的存放设施，如事故槽、事故池等。在发生事故时，决不能任由物料随地乱流，也不能随意流入下水道。如果易燃、易爆、有毒物料流入下水道，就会大面积扩散危害，加大了救灾的难度。特别是互不相容的物质（互相接触可能发生火灾、爆炸、剧毒等物质），决不能排入同一下水道，否则，事故的发生是必然的。对水敏性物质更要特别予以注意，因为水敏性物质进入下水道中肯定会遇到水，按其本性，发生事故也是必然的。

如果发生火灾，救火用的消防水和物料的混合物，也不能直接排入下水道，而只能导入蓄污池。

（4）危险化学品的临界量：危险化学品生产、储存和使用的场所和设施（简称单元）有一个叫"临界量"的，即对某种（类）危险物品规定的数量，若单元中的该物品的数量等于或超过该数量，则该单元定义为重大危险（易致火灾、爆炸或中毒）源。在进行相关单元设计和运行时，应控制危险物品的数量小于其临界量。《危险化学品重大危险源辨识》（GB 18218—2018）规定了一般危险化学品的临界量。例如，硝化甘油 1 t；硝酸铵（含可燃物≤0.2%）50 t；硝酸铵（含可燃物>0.2%，包括以碳计算的任何有机物，但不包括任何其他添加剂）5 t；汽油（乙醇汽油、甲醇汽油）200 t；甲烷、天然气 50 t；氨 10 t；氯 5 t；氯酸钾 100 t。

《危险化学品重大危险源辨识》（GB 18218—2018）

第三节　安全生产管理与人的因素

一、安全生产管理

完善的安全生产措施和设施是企业实现安全生产的物质条件，但这些措施和设施的设计、建设和运行是人，是企业员工。如何使人做好安全生产工作，属安全生产管理范畴。所谓安全生产管理，是针对生产过程的安全问题，运用有效资源，发挥人们的智慧，进行有关决策、计划、组织和控制等活动，实现生产过程中人和机器、物料、环境的和谐，达到安全生产目标。安全生产管理包括安全生产法制管理、行政管理及技术、设备等管理，内容十分丰富。在此，仅就企业安全管理体制与基础工作和生产安全管理内容简要加以介绍。

（一）企业安全管理体制与基础工作

安全管理体制是指安全管理的组织原则、组织形式及其机构，以及相互关系、责任分工。它是实现企业安全管理目标、企业经营目标的组织保证。安全管理基础工作包括安全标准与规章制度的建立，安全设计与评价，全员安全培训教育，安全检查。

1. 企业安全管理体制

（1）确立企业安全管理体制的基本原则

① 行政首长负责制　企业、各职能科室和车间、工段、班组的行政第一把手，对本单位的安全生产负首要责任。

② 安全生产，人人有责　企业的每一位员工都必须对自己工作岗位的安全负责。

③ 安全生产委员会、安全生产小组与安全监督员　这是除安全管理专业外群众性的安全管理组织，它可以将安全管理工作渗透到生产的各个环节和方面。

④ 安全第一，重在预防　把防范事故的工作做在事前，是任何时候、任何情况下都必须坚持的一个原则。

（2）各部门及人员的职责和权限：各部门及人员的职责和权限是根据"安全生产，人人有责"和"管生产的必须管安全"的原则确定的。具体内容在"安全生产责任制"中有明确规定。其基本要求是要做到紧密结合生产实际，使安全管理制度化、规范化，做到事事有人管，层层有专责，既分工负责，又协调配合，以确保安全生产。

（3）安全技术管理部门的作用：安全技术管理部门是在企业具体落实国家安全生产方针政策的监督部门，又是安全技术措施和组织协调的综合管理部门。其职责是负责安全生产的日常组织管理（如贯彻执行有关安全生产和劳动保护的法律、法规、条例，并结合实际制定本单位实施细则、规章制度），组织安全教育，组织安全检查，事故调查、处理、建档、汇报，安全技术管理，对各部门协调联络、监督检查。

2. 安全管理的基础工作

（1）安全标准与规章制度的制定：安全标准和规章制度是将国家有关安全生产和劳动保护的法律、法规、条例、方针、政策具体化，促进安全工作逐步科学化、标准化和普遍化的措施，使安全生产做到有法可依、有章可循，是安全管理的法律依据。

（2）全员安全培训教育的实施：认真搞好全员安全培训教育是企业安全生产的一个重要环节。在此，要特别强调安全培训教育的对象是"全员"，而不是部分人。要牢固树立"安全生产，人人有责"的观念。安全培训教育的主要内容包括通过思想素质的教育，使全体职工从思想和理论上切实搞清"没有安全就不可能搞好生产"的道理，同时养成严格遵守劳动纪律的习惯，建立良好的生产秩序，防止事故的发生；通过有关安全和劳动保护法规政策的教育，把依法行事变成全体职工的自觉行为；通过有关安全生产科学知识的教育，使全体职工熟练掌握企业的生产概况、工艺流程、操作方法、设备性能，以及生产原材料、成品、半成品的性能等，熟知可能出现的危险因素及其处置方法，不断提高全体职工技术业务素质。在化工企业内部，安全培训教育的主要形式是厂级、车间、班组三级教育。只有通过三级安全教育，并且考试合格的人员才能上岗生产。而且这种教育要经常进行,常抓不懈,使安全生产的警钟长鸣。

（3）安全检查:定期进行安全检查是发现和消除事故隐患、落实安全措施、预防事故发生的重要手段。其组织形式有单位自查（如班组自检、夜间检查、季节性检查和专业性检查等）,上级主管部门组织专业人员的安全检查（如互查、抽查、重点复查）,上级行政领导机关和劳动安全监察机关的检查,多部门组织的联合性安全检查等。

安全检查的内容一般为查领导、查思想（主要检查对安全的思想认识）,查现场、查隐患（主要查生产装置、安全设施与工作条件）,查管理、查制度、查整改。

安全检查的具体方法仍然首推安全检查表。

（二）生产安全管理内容

1. 工艺操作安全管理

工艺操作安全管理是指为使工艺操作顺利进行并取得合格产品所采取的组织和技术措施,是化工企业安全管理的核心部分。其主要内容有:工艺规程、安全技术规程、安全管理制度、岗位操作法的制定、修订及执行。下面简要介绍。

（1）工艺规程:工艺规程是由技术部门负责起草,由总工程师负责批准,由企业行政负责人签发,在全企业推行,是生产操作的基本依据。其主要内容一般包括:

① 产品与原料规格说明,包括名称、理化性质、质量指标、用途等;

② 说明生产工序的划分、工作原理与反应条件;

③ 说明各控制点的技术指标控制范围;

④ 物料消耗指标;

⑤ 生产控制分析和检验方法;

⑥ 可能出现的不正常情况及处理方法;

⑦ 使用设备一览表;

⑧ 开停车说明;

⑨ 安全生产要点,劳动保护设施;

⑩ 附带控制点和反应条件的生产工艺流程图。

（2）安全技术规程:安全技术规程是根据工艺规程阐明的生产原理、工艺路线、生产方法,指出生产过程中可能产生的危害及其原因,明确预防事故发生的措施和办法。其主要内容包括:

① 物料性质,包括原料、燃料、辅料、中间产品及产成品的详细理化性质,特别应着重介绍与安全有关的数据;

② 阐明生产的基本原理与生产工序的划分,指明生产中可能造成的危险,明确规定操作中应遵循的程序、方法和应采取的安全措施;

③ 说明工艺参数与安全的关系;

④ 有毒有害物质的容许值,毒害的预防及急救措施;

⑤ 设备安全指标和安全附件说明;

⑥ 安全仪器、仪表、防护和消防器材的原理、使用、维护和保养。

（3）安全管理制度：工艺规程和安全技术规程主要反映生产过程中客观自然规律的要求，而管理制度是指明人们应该怎么做，它是通过岗位操作法得到落实的。其主要内容包括：

① 安全管理基本原则和安全生产责任制；

② 安全教育制度；

③ 安全作业证制度；

④ 安全检查制度；

⑤ 安全检修制度；

⑥ 防火防爆安全规定；

⑦ 危险物品管理制度；

⑧ 防止急性中毒制度；

⑨ 锅炉、压力容器安全管理制度；

⑩ 事故管理制度等。

2. 化学危险品的安全管理

化学危险品的储存，必须有专用仓库，对其储量限制也由当地主管部门与公安部门明确规定。修建专用仓库确有困难者，应根据有关安全、防火规定和物品的种类、性质，设置相应的通风、防爆、泄压、防火、防雷、报警、灭火、防晒、调温、消除静电和防护围堤等安全设施。

化学危险品的运输、装卸，必须按有关规定办理，运输人员应具资格证。特别要注意碰撞、互相接触容易引起燃烧、爆炸的物品，因化学性质或防护、灭火方法互相抵触的物品，不得混装；客货不得混装；装卸油料等易燃易爆液体时，导管必须能消除静电。

3. 人员的安全管理

人员的安全管理要注意以下两点：

（1）人员素质的控制：参加化工企业生产和建设的人员，必须有相应的身体素质和文化素质，经过培训，能够掌握相应的技能；

（2）人员进入现场的控制：进入生产现场的人员，必须经过厂级、车间、班组三级安全教育合格，并经过技能培训合格，持证上岗。

二、人的因素与生产安全

任何一个事故均是由物质和环境的不安全条件或人的不安全行为引起的，或两者皆有发展而来。分别被称为物的因素和人的因素。而人的因素具有主观能动性，其作用往往是决定性的。据统计，人为失误失职造成的事故占事故总数的 75%～90%。本章表 6-1 统计也表明，化工生产中误操作占火灾爆炸事故直接原因的 17.2%。近年来，随着安全科学的不断发展，人的安全因素分析评价越来越受到重视，产生了安全人机工程学、安全生理学、安全心理学等新学科。本节结合化工安全设计与管理对这方面情况作概略介绍。

（一）人和机器的特征性能

任何工业生产过程均是由人和机器共同完成的，两者各有特点，相互补充，缺一不可。人们应明确了解各自特点，以便更好地扬长避短，搞好安全生产。人和机器的特征性能如表6-5所示。

表6-5 人和机器的特征性能

特性类别	人的特征	机器的性能
感受能力	可识别物体的大小、形状、位置、颜色等，并对不同音色和某些化学物质也有一定的分辨能力	机器对接受超声、辐射、微波、电磁波和磁场等信号的能力，要远远超过人的感受能力
控制能力	可进行各种控制，并在自由度调节和联系能力等方面具有优势；同时，能够与动力设备和效应运动完全合为一体，具有独立自主能力	操纵力、速度、精密度和操作数量等方面具有优势，但没有"主动性"，必须在有外加动力源的情况下，才会发挥作用
工作效能	能依次完成多种功能的作业，还可以在恶劣的条件下作业，但不能进行高阶运算	可以在恶劣的条件下工作，并可进行高阶运算，同时可完成多种操作、控制；单调、重复而长期的工作不会降低它的效率
信息处理	人的信息传递能力一般为6次/s左右，接受信息的速度约为20个/s，短时间能同时记住的信息约10个，每次只能处理1个信息	能够长期储存大量信息，并迅速取出，不受记忆的限制；信息的传递能力、记忆速度和保持能力都比人高得多
可靠性	就人脑而言，可靠性和自动结合能力都远远超过机器；但人的技术高低、生理和心理状况等对可靠性都有一定的影响；人还可以及时处理意外的紧急事故	通过设计，它的可靠性会很高，且质量保持不变；但其自身的检查能力非常微弱，不能处理意外的紧急事故
耐久性	人容易产生疲劳，不能长时间地连续工作，且受到年龄、性别与健康等因素的影响	耐久性高，能够长期连续工作，并大大超过人的能力

（二）工程设计时的人机工程原则

安全人机工程学是以研究人、机械、环境三者之间的相互关系，探讨如何使机械、环境符合人的形态学、生理学、心理学方面的特性，使人、机械、环境相互协调，以求达到人的能力与作业活动要求相适应，创造舒适、高效、安全的劳动条件的学科。它的基本观点是设计、制造性能优良的机器和创造良好的工作环境，使之符合人的生理、心理特征，以便于人们安全、高效、健康、舒适和方便地工作。它侧重于人和机械的安全、减少差错、缓解疲劳等方面的研究。

国际标准化组织(ISO)曾发表了设计操作系统时的人机工程原则,以后各行业的安全工作者对此进行了充实和发展。工程设计时应遵循的人机工程原则包括以下 3 方面。

1. 工程技术方面

在进行生产工艺流程和机器设备设计时要考虑适应人的生理特征,适合人的使用,保证人的安全;设备布置、作业空间设计要参考人体测量值,使人不过于疲劳等。例如,设备或机器的工作面高度要与人相适应,控制器应保证人的手能达到,操作方式舒适,强度适中;仪表信号清晰,便于观察;关键操作应能对意外误操作危险起保护作用。

2. 工作环境设计

工程设计必须考虑给劳动者创造一个良好、安全的作业环境。一般包括:充足的操作空间、道路;防止人接触危险载体及有毒有害物质和放射线;要有适合的亮度、色彩、适宜的温度与合格的空气;防止超标噪声损害;重大事故后的应急救援措施等。

3. 工作量设计

操作人员的工作量设计要适当。工作负荷过大易产生疲劳,负荷过小或单调工作会使注意力下降。要防止由于负荷不合理对人造成生理或心理上的影响,以保证安全操作,提高工效。例如,为减轻重复工作的影响,可考虑采用每人进行适度连续作业的轮换作业法。工作量设计还应注意白天和夜间操作能力的变化,个体间及年龄、性别等差异。

(三) 人的生理和心理状况对安全的影响

人的生理和心理状况对事故发生是有影响的,但目前只能作定性讨论。

1. 人的生理状况对安全的影响

有生理缺陷和身体残疾的人硬要勉强操纵机器,肯定容易发生事故,是极不安全的。

人带病工作也是一种不安全行为,人在生病情况下往往手脚协同性不够,从而在生产时发生误操作或操作不到位,导致发生事故。

人的疲劳也是引起事故发生的重要因素之一。疲劳是人的一种生理规律,是人体为避免机体过于衰弱,防止能量过度消耗的一种保护性反应。人疲劳以后,意志力减弱、注意力分散、反应迟钝、判断力下降和动作缺乏准确性,故极易出现失误,发生事故。

2. 人的性格对安全的影响

心理学认为,性格是人们对现实稳固的认知态度及与之相适应的习惯行为方式,是人的心理面貌的突出表现。人的性格不能被直接观察到,但可以通过其一系列行为认识它。而在干同样工作时,人的性格差异与事故发生可能性有一定的关系。

根据成年人的心理状态,心理学上将人的性格分为 5 类,其各自的主要特点如下:

(1) 活泼型:反应灵敏,适应性强,精力充沛,勤劳好动,善于交往。

(2) 冷静型:善于思考,工作细致,头脑清醒,行动准确。

(3) 急躁型:反应迅速,胆大有余,求成心切,工作草率。

（4）轻浮型：马马虎虎，不求甚解，心猿意马，轻举妄动。

（5）迟钝型：反应迟缓，动作呆板，头脑简单，判断力差。

从安全生产需要出发，可将人的性格分为两种：安全型和非安全型。前者包括活泼型和冷静型，事故率较低；后者包括其他3类，事故率较高。

实际生活中，人的性格是形形色色和千变万化的，任何人都不能简单地对号入座。据统计，男职工的工伤死亡率是女职工的7.54倍。因为男职工一般比较急躁、粗心，女职工则比较小心、细致。从年龄看，21～25岁的职工死亡率最高，占30.33%。因为这一部分工人一般技术不熟练，又比较轻率。因此，在确定工作任务时，最好按照不同人的性格特点分配各自比较适宜的岗位。

3. 影响安全的几种情绪

心理学家认为，情绪和情感是人对客观事物态度的一种反映。情绪表达了人与客观事物之间极其复杂的相互关系，形成了多样化的情绪类型。影响安全生产的情绪主要有以下几种：

（1）急躁情绪：有了这种情绪，干活速度快，但粗心草率，求胜心切，欠慎重，工作起来不仔细，往往有章不循，很容易导致事故。

（2）烦躁情绪：有了这种情绪，往往表现沉闷，心情不愉快，工作起来精神不集中，心猿意马，严重时甚至四肢不能很好协调，更难与外界环境协调一致，很容易发生事故。

（3）欣喜若狂：这种人由于喜悦而使其心情近乎发狂，无法自控，注意力偏离主向。此时，甚至不与外界发生关系也会出事故。

产生这几种情绪的一个根本原因是环境的突变，引起心理状态的变化，具有很大的危险性。引起这种心理状态变化的因素，大体可分为以下几类：工作类，包括节假日加班、工厂体制变动、工资变动等；家庭类，包括家庭不和、夫妻口角等；经济类，包括经济困难、子女难于就业等。

一个生产组织者，一定要善于"察言观色"，密切注意职工的情绪变化，关心和解决职工的实际困难，积极开展思想工作，进行必要的心理疏导，对情绪变化可能影响安全生产的职工，临时调整工作，提倡同事间互相关心、互相帮助，减少事故发生。

（四）安全教育

前面讨论了人的性格特点，但任何一个人的性格都有相当的可塑性，特别是年轻人，世界观等方面尚未完全成熟，可塑性更大一些。因此，要搞好安全管理工作，必须善于利用这种性格上的可塑性，加强安全教育，包括提高思想素质的教育：提高对搞好安全工作极端重要性的认识、养成严格遵守劳动纪律的良好习惯；劳动保护方针政策教育；安全科学技术知识的教育，促使部分具有非安全型性格的人的性格转化为安全型，以提高防止事故发生的能力。

实际上，许多事故的发生，主要并不是操作人员性格所致，而是由于责任心不强、麻痹大意、技术不熟练造成的。为此，《中华人民共和国安全生产法》第二十五条明确规定，"生产经营单位应当对从业人员进行安全生产教育和培训，保证从业人员具备必要的安全生产知识,熟悉有关的安全生产规章制度和安全操作规程,掌握本岗位的安全操作技能,了解事故应急处理措施,知悉自身在安全生产方面的权利和义务。未经安全生产教育和培训合格的从业人员,不得上岗作业。"

三、企业安全生产标准化建设

　　针对我国当前安全生产形势总体稳定好转,但事故总量仍处高位,重大事故时有发生,为早日实现安全形势根本好转,国务院安全生产委员会于 2011 年 5 月连发了《关于深入开展企业安全生产标准化建设的指导意见》(安委办〔2011〕4 号)、《关于深入开展全国冶金等工贸企业安全生产标准化建设的实施意见》(安委办〔2011〕18 号)等文件。此后两年多,国务院安全生产委员会和国家安全生产监督管理总局下发一系列的安全生产标准化实施指南、考评办法、评分细则和评定标准等文件,要求全面推进企业安全生产标准化建设,建立健全工贸行业企业安全生产标准化建设政策法规体系,加强企业安全生产规范化管理,推进全员、全方位、全过程安全管理。力求通过努力,实现企业安全管理标准化、作业现场标准化和操作过程标准化,2015 年底前所有工贸行业企业实现安全生产标准化达标。企业安全生产标准化水平每三年审核一次,不达标者取消营业资格。

《企业安全
生产标准化
基本规范》
(GB/T
33000—
2016)

　　安全生产标准化体现了"安全第一、预防为主、综合治理"的方针和"以人为本"的科学发展观,强调企业安全生产工作的规范化、科学化、系统化和法制化,强化风险管理和过程控制,注重绩效管理和持续改进,符合安全管理的基本规律,代表了现代安全管理的发展方向,有效规范了企业安全生产行为,提高企业安全生产水平,改善安全生产条件,强化安全基础管理,防范和坚决遏制重特大事故发生,从而推动我国安全生产形势的根本好转。

安全生产标
准化

　　我国 2017 年 4 月 1 日开始实施的新版《企业安全生产标准化基本规范》(GB/T 33000—2016)中明确规定了企业安全生产标准化管理体系建立、保持与评定的原则和一般要求,以及目标职责、制度化管理、教育培训、现场管理、安全风险管控及隐患排查治理、应急管理、事故管理和持续改进 8 个体系的核心技术要求。

　　企业安全生产标准化建设程序如下:

　　(1)企业自评自改:企业成立自评机构,全员参与,按照评定标准的要求进行自评自改,安全责任落实到每个人,安全措施落实到每个过程和设备,不留一处死角,建立健全安全法律法规规章制度体系,最终形成自评报告。企业自评可以邀请专业技术服务机构提供支持。

　　(2)外部评审:企业根据自评结果,经所在地安全生产监督管理部门(简称安全监管部门)同意后,向相应级别企业评审组织提出书面评审申请。经审核同意后,由评审单位按照相关评定标准的要求进行评审,三个月内形成符合要求的评审报告,报送审核公告的安全监管部门。

（3）公告、颁发证书：安全监管部门对提交的评审报告进行审核，对符合标准的企业予以公告。

经公告的企业，由安全监管部门或指定的评审组织单位颁发相应等级的安全生产标准化证书和牌匾。证书和牌匾由国家安全生产监督管理总局统一监制，统一编号。

企业安全生产标准化水平级别评定标准一般如下：

一级：优秀，安全质量标准化考核得分不少于 900 分（含 900 分，满分为 1 000 分，下同）；

二级：良好，安全质量标准化考核得分不少于 750 分（含 750 分）；

三级：合格，安全质量标准化考核得分不少于 600 分（含 600 分）。

安全生产监督管理部门对评审定级进行监督管理。

复习思考题

1. 化工生产装置的安全问题体现在哪 5 个方面？工艺安全设计一般要满足哪 4 项要求？

2. 试举例说明工艺过程的安全措施、防止发生运转中的事故、防止扩大受害范围的措施。

3. 试举例说明如何从安全出发选择原料路线、技术路线及选择工艺和操作条件。

4. 如何确定化工设备设计的温度和压力？选择化工设备材质要考虑哪些因素？

5. 举例说明在进行电气、仪表、自控设计时，如何考虑安全性。

6. 举例说明事故应急设施的作用。

7. 确定企业安全管理体制的基本原则是什么？

8. 安全管理的基础工作有哪些基本内容？

9. 生产安全管理主要包括哪些方面？

10. 简述人机工程原则。

11. 简述企业安全生产标准化建设的主要内容和程序。

7

化工防火防爆技术

　　众所周知,化工生产的原料、中间产品、产品大都属易燃、易爆、有毒、有腐蚀性物质;而生产操作多为高温、高压、高速、化学反应复杂、连续性强的化工过程;一旦生产、储运中有设计不合理,操作不当,或管理不善,用火不慎等都有可能引起火灾、爆炸事故,这不仅会造成人员伤亡和财产损失,甚至会危害整个车间或工厂,造成一个地区或部门不可弥补的损失。据统计,在工业爆炸事故中,化学工业占 1/3,居各工业部门之首。化工火灾和爆炸单件事故所造成的损失约为其他工业的 5 倍。所以化工生产中的防火防爆是非常重要的。

第一节　燃烧与爆炸

一、燃烧

1. 燃烧及燃烧条件

　　(1) 燃烧:它是一种同时伴有发光、发热的激烈的氧化反应。其特征是发光、发热、生成新物质。铜与稀硝酸反应,虽属氧化反应,有新物质生成,但没有产生光和热,不能称它为燃烧;灯泡中灯丝通电后虽发光、发热,但不是氧化反应,也不能称它为燃烧。但如金属钠、赤热的铁在氯气中反应等,则能称为燃烧。

　　(2) 燃烧条件:燃烧必须同时具备下列 3 个条件。

　　① 有可燃物存在　如木材、煤、汽油、液化石油气、甲烷等。

　　② 有助燃物存在　即有氧化剂存在,常见的有空气、氧气、氯气等。

　　③ 有点火源　如撞击、明火、高温表面、发热自燃、电火花、光和射线等。

　　可燃物、助燃物和点火源是构成燃烧的三要素,缺少其中任何一个,燃烧便不能发生。在某些情况下，如可燃物未达到一定的浓度，助燃物数量不够，点火源不具备足够的温度或热量，那么即便具备了 3 个条件，且相互作用，燃烧也不会发生。例如，空气中氧的含量低于 14% 时，一般可燃物在空气中便不会燃烧。一根火柴不能点燃一根木材。对于已经进行的燃烧，若消除其中任何一个条件，燃烧便会终止，这就是灭火的基本原理。

2. 燃烧过程

多数可燃物的燃烧是物质受热成为气体后进行的燃烧。因此，各聚集状态不同的可燃物，其燃烧过程是不同的。

可燃气体最容易燃烧，只要达到其本身氧化反应所需的温度便能迅速燃烧。可燃液体的燃烧是：液体受热时，首先是蒸发，然后蒸气氧化分解进行燃烧。固体燃烧：如果是简单物质，如硫、磷等，受热时先熔化，后蒸发、燃烧，没有分解过程；如果是复杂物质，受热时，首先分解得到气态和液态产物，然后产物的蒸气着火燃烧。

物质燃烧时，其温度变化是很复杂的。如图 7-1 所示，$T_{初}$ 为开始加热时的温度。最初一段时间，加热的大部分热量用于物质的熔化、汽化或分解，故可燃物温度上升较缓慢。到 $T_{氧}$（氧化开始温度）时，可燃物开始氧化。由于此时温度尚低，故氧化速度较慢，氧化所产生的热量还不足以克服系统向外界散热，此时停止加热，仍不能引起燃烧。若继续加热，则温度上升很快，到 $T_{自}$ 时，氧化产生的热量与系统向外界散失的热量相等，处于平衡状态。若温度再升高，便打破平衡状态，即使停止加热，温度也能自行上升，到 $T'_{自}$ 时，就

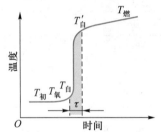

图 7-1　物质燃烧时温度变化

出现火焰而燃烧。因此，$T_{自}$ 为理论上的自燃点。$T'_{自}$ 开始出现火焰时的温度，即通常测得的自燃点。$T_{燃}$ 为物质的燃烧温度。$T_{自}$ 到 $T'_{自}$ 这一段延滞时间 τ 称为诱导期。诱导期在安全管理上是有实用价值的。诱导期越短，说明物质越易燃烧。氢只有 0.01 s 的诱导期，因此是很危险的。

3. 燃烧形式

由于可燃物的存在状态不同，所以它们的燃烧形式是多种多样的。按参加反应的相态不同，可分为均一系燃烧和非均一系燃烧。均一系燃烧是指燃烧反应物为同一相，如氢气在氧气中燃烧，煤气在空气中燃烧等；非均一系燃烧是指燃烧反应物为不同相，如石油、木材和煤等液、固体在空气中的燃烧均属于非均一系燃烧。

根据可燃气体的燃烧过程，又分为混合燃烧和扩散燃烧。混合燃烧是指可燃气体预先同空气或氧气混合而进行的燃烧。扩散燃烧是指可燃气体由管中喷出，同周围空气或氧气接触，可燃气体分子与氧分子相互扩散，一边混合，一边进行的燃烧。混合燃烧反应迅速，温度高，火焰传播速度快，通常爆炸反应就属这类。

至于可燃液体和固体的燃烧，通常不是原始态燃烧，而是先汽化再燃烧，而汽化又分为纯相变的蒸发（多数的可燃液体）和经热分解产生可燃气体（多数的可燃固体）两

种,故可叫蒸发燃烧或分解燃烧。

气体燃烧均有火焰产生,也叫火焰型燃烧,而纯碳或金属燃烧在表面进行,没有可见火焰,故也叫表面燃烧或均热型燃烧。

根据燃烧的起因和剧烈程度的不同,又有闪燃、自燃及点燃几种类型,其燃烧特点也不同。

（1）闪燃与闪点:当点火源接近易燃或可燃液体时,液面上的蒸气与空气混合物会发生瞬间火苗或闪光,这种现象称为闪燃。引起闪燃时的最低温度称为闪点。在闪点时,液体的蒸发速度并不快,蒸发出来的蒸气仅能维持一刹那的燃烧,还来不及补充新的蒸气,所以一闪便灭。从消防角度来说,闪燃是将要起火的先兆。某些可燃液体的闪点见表7-1。

表7-1　某些可燃液体的闪点

液体名称	闪点/℃	液体名称	闪点/℃	液体名称	闪点/℃
戊烷	-42	甲酸	69	乙醚	-45
庚烷	-4	冰醋酸	40	苯	-14
环己烷	6.3	乙酸甲酯	-13	汽油	-43
乙炔	-18	乙酸乙酯	-4	石油醚	30~70
乙醇	11	丙酮	-10	重油	80~130

不同浓度的可燃液体的闪点不同。例如,乙醇水溶液中乙醇含量为80%、40%、20%、5%时,其闪点分别为19℃、26.75℃、36.75℃、62℃。当含量为3%时,没有闪燃现象。

两种可燃液体组成混合物的闪点,一般介于两种液体闪点之间,并低于这两种物质闪点的平均值。

某些固体,如樟脑和萘等,也能在室温下挥发或缓慢蒸发,因此也有闪点。

闪点是可燃物的固有性质之一,可根据各种可燃液体闪点的高低来衡量其危险性,即闪点越低,火灾的危险性越大,见表7-2。

表7-2　液体根据闪点分类分级表

种类	级别	闪点 t/℃	举例
易燃液体	Ⅰ	≤28	汽油、甲醇、乙醇、乙醚、苯、甲苯、丙酮、二硫化碳
	Ⅱ	28~45	煤油、丁醇
可燃液体	Ⅲ	45~120	戊醇、柴油、重油
	Ⅳ	>120	植物油、矿物油、甘油

在化工生产中,可由闪点的高低来确定易燃和可燃液体在生产、运输和贮存时的火灾危险性,进而针对其火险的级别,采取相应的防火、防爆措施。

（2）着火与着火点：当温度超过闪点并继续升高时，若与点火源接触，不仅会引起易燃物与空气混合物的闪燃，而且会使可燃物燃烧。这种当外来火源与可燃物接近时，产生持续燃烧的现象叫着火。使可燃物持续燃烧 5 s 以上时的最低温度称为该物质的着火点或燃点，也称火焰点。所有可燃物，无论是气态、液态还是固态都有各自的着火点。可燃液体燃点比闪点高出 5~20 ℃，但闪点在 100 ℃ 以下时，二者往往相同。易燃液体的燃点与闪点很接近，仅差 1~5 ℃；可燃液体，特别是闪点在100 ℃ 以上时，两者相差 30 ℃ 以上。

（3）自燃与自燃点：自燃是可燃物自行燃烧的现象。可燃物在没有外界点火源的直接作用下，在空气中自行升温而引起的燃烧。

可燃物发生自燃的最低温度称为自燃点，也称最低引燃温度。自燃又可分为受热自燃和自热自燃。

① 受热自燃　是指可燃物在外界热源作用下，温度升高，当达到自燃点时，即着火燃烧。如化工生产中，可燃物由于接触高温表面、加热和烘烤过度、冲击摩擦，均可导致自燃。

② 自热自燃　是某些物质在没有外来热源影响下，由于本身产生的氧化热、分解热、聚合热或发酵热，并经积累使物质温度上升，达到自燃点而燃烧的现象。

自热自燃的物质可分为 4 类：

a. 自燃点低的物质　如磷、磷化氢等。

b. 遇空气、氧气发热自燃的物质　如油脂类、金属粉尘及金属硫化物类、活性炭、木炭、骨粉等。

c. 自然分解发热物质　如硝化棉。

d. 产生聚合热、发酵热的物质　如干草、湿木屑等植物类产品。

③ 影响可燃物自燃点的因素　主要有压力、组成、催化剂、物质的化学结构等，一般是：压力升高，自燃点降低；混合物的组成符合该可燃物氧化反应的化学计量时，自燃点最低；固体颗粒越细，自燃点越低；活性催化剂使自燃点降低；液体和固体可燃物越易汽化，自燃点越低；有机可燃物越不稳定，其自燃点越低。表 7-3 列出某些气体及液体的自燃点。

表 7-3　某些气体及液体的自燃点

物质	自燃点/℃		物质	自燃点/℃		物质	自燃点/℃	
	空气中	氧气中		空气中	氧气中		空气中	氧气中
氢	572	560	一氧化碳	609	588	氨	651	—
二硫化碳	120	107	硫化氢	292	220	庚烷	230	214
乙烯	490	485	丙烯	458	—	丁烯	443	
戊烯	273	—	乙炔	305	296	苯	580	566

续表

物质	自燃点/℃		物质	自燃点/℃		物质	自燃点/℃	
	空气中	氧气中		空气中	氧气中		空气中	氧气中
环丙烷	498	454	氢氰酸	538	—	甲烷	632	556
乙烷	472	—	丙烷	493	468	丁烷	408	283
环己烷	—	296	甲醇	470	461	乙醇	392	—
乙醛	275	159	乙醚	193	182	丙酮	561	485
冰醋酸	550	490	二甲醚	350	352	—	—	—

一般,液体的相对密度越大,闪点越高而自燃点越低。例如,各种油类的相对密度是:汽油<煤油<轻柴油<重柴油<蜡油<渣油,其闪点依次升高,而自燃点则依次降低,见表7-4。

表7-4　几种液体燃料的自燃点和闪点比较

物质	闪点/℃	自燃点/℃	物质	闪点/℃	自燃点/℃	物质	闪点/℃	自燃点/℃
汽油	≤28	510~530	轻柴油	>45~120	350~380	蜡油	>120	300~320
煤油	>28~45	380~425	重柴油	>120	300~330	渣油	>120	230~240

4. 燃烧产物

火灾时不仅会产生高温破坏,而且往往会因燃烧产物有毒害而引起人员伤害。一般可燃物在空气中完全燃烧时,其产物是可燃物各元素最稳定的化合物或单质,如碳成为 CO_2,氢成为 H_2O,硫成为 SO_2,碘成为碘分子。但在火灾条件下,则不一定是这样的。表7-5为火灾条件下一些可燃物的生成物。

表7-5　火灾条件一些可燃物的生成物

可燃物	生成物
芳香族含硫化合物	硫化氢、硫醚、噻吩、亚硫酸酐
丙酮	酮类
无烟火花	乙炔、氰类、一氧化碳、氮氧化物
雷酸汞	醋酸酯、醋酸、硝酸的酯类、氮氧化物、氰化氢、氰类、水银蒸气和有机汞的化合物
橡胶	异戊二烯、高级不饱和碳氢化合物
脂肪酸	丙烯醛、巴豆醛
清漆、含硝化纤维素的产品	一氧化碳、二氧化碳、二氧化氮、氰酸
萘	联萘

续表

可燃物	生成物
硝酸甘油	一氧化碳、二氧化碳、氮氧化物
薄膜赛璐珞	一氧化碳、二氧化碳、氰化物
松节油	异戊二烯、苯的同系物及蒽等
甲醇	一氧化碳、氢、甲醛、巴豆醛、甲烷、乙炔、乙烯、氢和一氧化碳
乙醚	乙醛、乙烷、过氧化物和乙烯的化合物
脂肪类醚类	醛类

5. 燃烧速度

（1）气体燃烧速度：由于气体燃烧不需要像固体、液体那样经过熔化、蒸发等过程，所以燃烧速度较液体、固体要快。气体扩散燃烧时，其燃烧速度取决于气体的扩散速度。而在混合燃烧时，由于较慢的扩散过程已预先完成，故燃烧速度取决于本身的化学反应速率。通常混合燃烧速度要比扩散燃烧速度快得多。

气体的燃烧性能常以火焰传播速度来衡量。火焰传播速度是指火焰前锋沿其法线方向相对于未燃可燃混合气体的推进速度，其值取决于混合气体本身性质及外部条件，存在一个最大值。一些可燃气体与空气的混合物在直径为 25.4 mm 的管道中燃烧时，火焰的传播速度见表 7-6。

表 7-6 一些可燃气体在直径 25.4 mm 管道中火焰的传播速度

气体	最大火焰传播速度/($m \cdot s^{-1}$)	可燃气体在空气中的含量/%	气体	最大火焰传播速度/($m \cdot s^{-1}$)	可燃气体在空气中的含量/%
氢	4.83	38.5	丁烷	0.82	3.6
一氧化碳	1.25	45	乙烯	1.42	7.1
甲烷	0.67	9.8	炼焦煤气	1.70	17
乙烷	0.85	6.5	焦炭发生煤气	0.73	48.5
丙烷	0.82	4.6	水煤气	3.1	43

管道中气体燃烧速度随管径增大而增大，但当管径增大到 500 mm 后，燃烧速度便不再增大了，而当管径小于某一值时，燃烧速度为零。实际估算任一直径管道中气体燃烧速度，可以直径为 25.4 mm 管道中的燃烧速度为基准，乘上一校正系数后获得。管径 100 mm、200 mm、300 mm、400 mm、500 mm 的校正系数分别为 1.8、2.5、3.0、3.2、3.4。

（2）液体燃烧速度：其速度取决于液体的蒸发速度。液体在其表面上进行燃烧时，速度有两种表示方法：一种是以每平方米面积上一小时烧掉液体的质量来表示，叫做液体燃烧的质量速度；另一种是以单位时间内烧掉液体层的高度来表示，叫做液体燃烧的直线速度。易燃液体的燃烧速度与很多因素有关，如液体的初温、储罐的直径、罐内液面的高低及其液体中水分含量等。初温越高、储罐中液位越低,燃烧速度就越快。石油产品中,水分含量高的燃烧速度比含量低的要慢。几种易燃液体的燃烧速度见表7-7。

表7-7 几种易燃液体的燃烧速度

液体	燃烧速度		液体	燃烧速度	
	直线速度/$(cm \cdot h^{-1})$	质量速度/$(kg \cdot m^{-2} \cdot h^{-1})$		直线速度/$(cm \cdot h^{-1})$	质量速度/$(kg \cdot m^{-2} \cdot h^{-1})$
苯	18.9	165.37	二硫化碳	10.5	132.97
乙醚	17.5	125.84	丙酮	8.4	66.36
甲苯	16.1	138.29	甲醇	7.2	57.6
航空汽油	12.6	91.98	煤油	6.6	55.11

(3)固体燃烧速度:固体燃烧速度一般小于可燃气体和液体。不同固体其燃烧速度有很大差别。如萘及其衍生物、三硫化磷、松香等的燃烧过程是受热熔化、蒸发、分解氧化、起火燃烧,一般速度较慢;而硝基化合物、含硝化纤维的制品等,本身含有不稳定的基团,燃烧是分解型的,比较剧烈,燃烧速度也很快。对于同一固体,其燃烧速度还取决于表面积的大小。固体燃料单位体积的表面积越大,则燃烧速度越快。

二、燃烧的连锁反应理论

关于燃烧的机理,研究人员曾提出过多种理论,如活化能理论、过氧化物理论和连锁反应理论等,其中被较多人认可的是连锁反应理论,该理论认为多数可燃物的氧化反应是通过自由基连锁反应进行的。

任何连锁反应都由3个阶段构成,即链的引发、链的传递(包括支化)和链的终止。同时连锁反应又分为直链反应与支链反应两种。

如氯和氢反应属典型的直链反应,即气态分子间作用,不是两个分子直接作用得出最后产物,而是活性自由基$\dot{M}$与另一分子起作用,结果产生新自由基,它又迅速参与反应,如此连续下去而形成一系列连锁反应。其过程如下:

链的引发 $\qquad Cl_2 + h\nu \longrightarrow 2\dot{C}l$

链的传递 $\qquad \dot{C}l + H_2 \longrightarrow HCl + \dot{H}$

$\qquad\qquad\qquad \dot{H} + Cl_2 \longrightarrow HCl + \dot{C}l$

链的终止 $\qquad 2\dot{C}l \longrightarrow Cl_2$

$\qquad\qquad\qquad 2\dot{H} \longrightarrow H_2$

$\qquad\qquad\qquad \dot{H} + \dot{C}l \longrightarrow HCl$

直链反应的基本特点是：每一个活化粒子（自由基）与作用分子反应后，仅生成一个新的活化粒子，自由基（或原子）与价键饱和的分子反应时自由基不消失；自由基（或原子）与价键饱和的分子反应时活化能很低。

氢和氧的反应属典型的支链反应，在支链反应中，一个活性粒子（自由基）能生成一个活性粒子以上的活性中心。氢和氧的反应过程如下：

链的引发
$$H_2 + O_2 \xrightarrow{\triangle} 2\dot{O}H \tag{7-1}$$

$$H_2 + M \xrightarrow{\triangle} 2\dot{H} + M \tag{7-2}$$

链的传递
$$\dot{O}H + H_2 \longrightarrow \dot{H} + H_2O \tag{7-3}$$

链的支化
$$\dot{H} + O_2 \longrightarrow \dot{O} + \dot{O}H \tag{7-4}$$

$$\dot{O} + H_2 \longrightarrow \dot{H} + \dot{O}H \tag{7-5}$$

链的终止
$$2\dot{H} \longrightarrow H_2 \tag{7-6}$$

$$\dot{H} + O_2 + M \longrightarrow \dot{H}O_2 + M \tag{7-7}$$

慢速传递
$$\dot{H}O_2 + H_2 \longrightarrow \dot{H} + H_2O_2 \tag{7-8}$$

$$\dot{H}O_2 + H_2O \longrightarrow \dot{O}H + H_2O_2 \tag{7-9}$$

上述反应过程中 M 为代表 H_2、O_2 和 H_2O 等任何惰性分子。

从反应中看出，起着活性物质作用的有 $\dot{H}$、$\dot{O}$、$\dot{O}H$、$\dot{H}O_2$ 4 种，活性物质由左边 8 个增至右边 12 个，结果是增加了。从式（7-1）、式（7-2）看出，在外界能量激发下，使分子链破坏，生成第一个自由基。式（7-3）、式（7-4）、式（7-5）、式（7-8）、式（7-9）显示了链的传递（包括支化）即自由基与分子反应。式（7-6）、式（7-7）是引向自由基消失的反应，即链的终止。

在这种连锁发展过程中所生成的中间产物——自由基，称为连锁载体或作用中心。

式（7-4）、式（7-5）与式（7-6）、式（7-7）属竞争性反应，如果式（7-4）、式（7-5）起主导作用时，连锁反应则能顺利地进行；若式（7-6）、式（7-7）起主导作用时，则使一时存在的 $\dot{H}$ 变成了 H_2 和 $\dot{H}O_2$，因 $\dot{H}O_2$ 分子活性比 $\dot{O}H$ 或 $\dot{O}$ 弱，连锁反应将中断，活性物质的增加受到阻碍和干扰，即在器壁或气相中消失，则不能发展到燃烧。

三、爆炸

1. 爆炸及其分类

物质自一种状态迅速地转变成另一种状态（最终以气态为主），并在瞬间放出巨大能量同时产生巨大声响的现象称为爆炸。也可视为瞬间形成的高温、高压气体或蒸气的骤然膨胀现象。爆炸常伴有发热、发光、压力上升、真空和电离等现象。爆炸的一个最重要特征是爆炸点周围介质发生急剧的压力突变,而这种压力突跃变化是产生爆炸破坏作用的直接原因。爆炸过程一般为 $10^{-5} \sim 10^{-2}$ s,大气压力由 0.1 MPa 上升到 $1.0 \sim 10^4$ MPa。根据机理,爆炸可分为物理爆炸、化学爆炸和核爆炸。化工生产遇到的爆炸事故是物理性爆炸和化学性爆炸。

(1)物理性爆炸:物质因状态或压力发生突变等物理变化而形成的爆炸叫物理性爆炸。例如,容器内液体过热、汽化而引起的爆炸,锅炉的爆炸,压缩气体、液化气体超压引起的爆炸等,都属于物理性爆炸。物理性爆炸前后物质的性质及化学成分均不改变。如果设备内为可燃气体,发生物理性爆炸后,还常常会引起化学性的第一次爆炸。

(2)化学性爆炸:由于物质发生极迅速的化学反应,产生高温、高压而引起的爆炸称为化学性爆炸。化学性爆炸前后物质的性质和成分均发生了根本的变化。按其变化性质,又可分为简单分解爆炸、复杂分解爆炸和爆炸性混合物的爆炸。

① 简单分解爆炸 引起简单分解爆炸的爆炸物在爆炸时并不一定发生燃烧反应,爆炸所需的热量,是由于爆炸物质本身分解产生的。属于这一类的物质有叠氮铅(PbN_6 ,常作雷管引爆药)、乙炔银(Ag_2C_2)、碘化氮(NI)等。这类物质受轻微震动即引起爆炸,是很危险的。

某些气体由于分解时产生很大的热量,在一定条件下可能产生分解爆炸,尤其在受压情况下,分解爆炸更易发生。如乙炔气在压力超过 0.14 MPa 时,即可发生分解爆炸,生成碳和氢气。

简单分解爆炸反应如下:

$$PbN_6 \xrightarrow{\text{震动}} Pb + 3N_2 + 1521.5 \ kJ/kg$$

$$C_2H_2 \xrightarrow{\text{升压}} 2C + H_2 + 225.7 \ kJ/mol$$

② 复杂分解爆炸 这类爆炸物质的危险性较简单分解爆炸物低,所有炸药均属这一类。这类物质爆炸时伴有燃烧现象,燃烧所需氧是由本身分解产生的。例如硝酸甘油的爆炸反应:

$$C_3H_5(ONO_2)_3 \xrightarrow{\text{引爆}} 3CO_2 + 2.5H_2O + 1.5N_2 + 0.25O_2 + 6.178 \times 10^3 \ kJ/kg$$

③ 爆炸性混合物的爆炸 如果可燃物预先按一定比例与空气混合均匀,点燃以后,将发生异常激烈的燃烧,直至达到爆炸的程度。这种混合物称为爆炸性混合物。

这类物质爆炸需要一定的条件,因此其危险性较前两类低,但极为普遍,危害性大。在化工生产中,物料从工艺装置内泄漏到厂房或空气中,或空气进入可燃气体的设备内,都有可能形成爆炸性混合物,遇明火便会造成爆炸事故。化工生产中爆炸事故大多属此类。

爆炸性混合物的爆炸主要为两种:由可燃气体或可(易)燃物蒸气与空气组成的均相混合物爆炸;由可燃粉尘或液滴与空气组成的非均相混合物爆炸。前者比后者发生得多,更具典型性。本书中如无特别注明,涉及此类爆炸的讨论均指前者。

2. 粉尘爆炸

（1）粉尘爆炸：普通块状固体可燃物在空气中只能燃烧，不会爆炸，但当固体可燃物成粉尘态在空气中以悬浮云雾状存在，且达到一定浓度时，被点火源点燃后，就会激烈燃烧爆炸。此即为粉尘爆炸。很早人们就知道煤尘有发生爆炸的危险。此后，在机械化的磨粉厂、制糖厂、纺织厂及铅、镁、碳化钙等生产场所，亦发现悬浮于空气中的细微粉尘有极大的爆炸危险性。

江苏昆山"8.2"特别重大爆炸事故调查报告

不同的粉尘具有不同的爆炸特性，像镁粉、碳化钙粉与水接触后会引起自燃或爆炸；有些粉尘，如铝粉、煤尘等，当在空气中达到一定浓度时，在外界的引爆能源作用下也会引起爆炸；有些粉尘，如溴与磷、镁粉接触混合就能发生爆炸。

粉尘爆炸安全常识

（2）粉尘的分级：我国《爆炸危险环境电力装置设计规范》（GB 50058—2014）中把爆炸性粉尘环境中的粉尘分为三级，具体如下：

① ⅢA级：为可燃性飞絮，如棉花纤维、麻纤维、丝纤维、毛纤维、木质纤维、人造纤维等；

② ⅢB级：非导电性粉尘，如聚乙烯、苯酚树脂、小麦、玉米、砂糖、染料、可可、木质、米糠、硫黄等粉尘；

《爆炸危险环境电力装置设计规范》（GB 50058—2014）

③ ⅢC级：导电性粉尘，如石墨、炭黑、焦炭、煤、铁、锌、钛等粉尘。

（3）影响粉尘爆炸的因素：

① 物理化学性质　燃烧热越大的物质越易引起粉尘爆炸；越易氧化或易带电的粉尘越易爆炸，粉尘中挥发成分越多越易爆炸。此外，粉尘中所含的不燃物越多爆炸危险性越低。

② 颗粒越小，越易爆炸　粉尘颗粒大于 10^{-2} mm 时，一般没有爆炸危险。

③ 粉尘的浓度　粉尘在空气中的浓度只有达到一定程度才能爆炸。

3. 爆轰

燃烧速度极快的爆炸性混合物在全部或部分封闭的状况下，或处于高压下燃烧时，如达到相应的混合物组成及预热条件，可以产生一种比一般爆炸更为剧烈的现象，这种现象称为爆轰。

爆轰的特点是具有突然引起的极高的压力，爆炸传播是通过超音速的"冲击波"，速度可达 1 000～7 000 m/s（而一般爆炸传播速度为几十到几百米每秒），爆轰是在极短的时间内发生的，燃烧的产物以极高的速度膨胀，像活塞一样挤压其周围空气。反应所产生的能量有一部分传给被压缩的空气层，于是形成了冲击波。冲击波的传播速度极快，以至于物质的燃烧也落在它的后面，所以它的传播并不需要物质的完全燃烧，而是由它本身的能量所支持的。这样，冲击波便能远离爆轰地而独立存在，并能引起该处其他炸药的爆炸，称为诱发爆炸，也就是殉爆。

为了防止殉爆的发生，在选择炸药的存放地点及确定存放量时，应考虑一定的安全距离。这个安全距离可按下式计算：

$$L = K\sqrt{m}$$

式中：L——不致引起殉爆的最小安全距离，m；

　　m——爆炸物的质量(kg),标准物是 TNT,其他爆炸物的爆炸能量可按其燃烧热值计算;其爆炸能量按 4 186.5 kJ/kg 折算为 TNT 质量;

　　K——安全系数,其值为 1~5(有围墙取 1,无围墙取 5)。

　　周围建筑物防止冲击波破坏的安全距离也可用上式计算。安全系数 K 值取决于建筑物的安全等级及周围有无爆炸条件。根据美国爆炸品制造协会推荐的居民建筑物与爆炸物仓库之间的安全距离,可归纳为该安全系数 K 值取值为 4~14,爆炸物储量小时取大些,如 10 kg 以下取 10 以上,4 000 kg 以上取 4,另外的必要条件是爆炸物仓库均有围墙。

四、爆炸极限

1. 爆炸极限

　　可燃物与空气或其他氧化剂的混合物,并不是在任何混合比例下都是可燃或可爆的,而且混合物的比例不同,燃烧的速度也不同。当混合物中可燃物含量接近于完全燃烧时的理论量时,燃烧最快、最剧烈。若含量减少或增加,燃烧速度就降低。当浓度低于或高于某一极限值时,火焰便不再蔓延。可燃物在空气中达到刚好足以使火焰蔓延的最低浓度,称为该物质的爆炸下限。同样达到刚足以使火焰蔓延的最高浓度,称为该物质的爆炸上限。混合物浓度低于爆炸下限时,因含有过量的空气,空气的冷却作用阻止了火焰的蔓延。当浓度高于爆炸上限时,由于过量的可燃物使空气中的氧含量非常不足,火焰也不能传播。所以当浓度在爆炸范围以外时,混合物就不会爆炸。但对于浓度在爆炸上限以上的混合物还不能认为是安全的,因为一旦补充进空气就具有危险性了。

　　爆炸极限常用可燃气体或蒸气在混合物中的体积分数表示,也可用可燃气体或蒸气在每立方米或每升混合气体中含有的质量表示。固体可燃物浓度则用每立方米气体中含有的质量表示。

　　多年来,人们开发了多个计算爆炸极限的经验公式,但均有一定的误差和使用的局限性。实际工程涉及的常见可燃物在一定条件下的爆炸极限,以及闪点、自燃点等可从有关资料查得,也可用相关仪器测定。

2. 危险度

　　可燃气体或蒸气的危险度为该气体或蒸气的爆炸上下限之差除以爆炸下限值。即

$$H = (x_2 - x_1)/x_1$$

式中:H——危险度;

　　x_2——爆炸上限;

　　x_1——爆炸下限。

　　从上式看出,气体或蒸气的爆炸极限范围越宽,其危险度 H 值越大,即该物质的危险性越大。在空气中,部分可燃气体、蒸气、液体的性质及危险度列于表 7-8。

表 7-8 可燃气体、蒸气、液体的性质及危险度

分类		可燃气体	分子式	相对分子质量 M_r	自燃点/℃	爆炸极限(体积分数)/%		爆炸极限/($mg \cdot L^{-1}$)		危险度 H
						下限 x_1	上限 x_2	下限 y_1	上限 y_2	
无机化合物		氢	H_2	2.0	585	4.0	75	3.3	63	17.7
		二硫化碳	CS_2	76.1	100	1.25	44	40	1 400	34.3
		硫化氢	H_2S	34.1	260	4.3	45	61	640	9.5
		氰化氢	HCN	27.0	538	6.0	41	68	460	5.8
		氨	NH_3	17.0	651	15.0	28	106	200	0.9
		一氧化碳	CO	28.0	651	12.5	74	146	860	4.9
		硫氧化碳	COS	60.1		12	29	300	725	1.4
碳氢化合物	不饱和	乙炔	C_2H_2	26.0	335	2.5	81	27	880	31.4
		乙烯	C_2H_4	28.0	450	3.1	32	36	370	9.3
		丙烯	C_3H_6	42.1	498	2.4	10.3	42	180	3.3
	饱和	甲烷	CH_4	16.0	537	5.3	14	35	93	1.7
		乙烷	C_2H_6	30.1	510	3.0	12.5	38	156	3.2
		丙烷	C_3H_8	44.1	467	2.2	9.5	40	174	3.3
		丁烷	C_4H_{10}	58.1	430	1.9	8.5	46	206	3.5
		戊烷	C_5H_{12}	72.1	309	1.5	7.8	45	234	4.2
		己烷	C_6H_{14}	86.1	260	1.2	7.5	43	270	5.2
		庚烷	C_7H_{16}	100.1	233	1.2	6.7	50	280	4.6
		辛烷	C_8H_{18}	114.1	232	1.0		48		
	环状	苯	C_6H_6	78.1	538	1.4	7.1	46	230	4.1
		甲苯	C_7H_8	92.1	552	1.4	6.7	54	260	3.8
		二甲苯	C_8H_{10}	106.1	482	1.0	6.0	44	265	5.0
		环己烷	C_6H_{12}	82.1	268	1.3	8.0	44	270	5.1

粉尘爆炸也有一定的浓度范围,有上下限之分。一般以爆炸下限表示。因为粉尘的爆炸上限较高,在通常情况下是遇不到的。表 7-9 列出了部分粉尘的爆炸特性。

3. 影响爆炸极限的因素

爆炸极限不是一个固定值,它受各种因素的影响。如果掌握外界条件对爆炸极限的影响规律,在一般条件下所测得的爆炸极限就有普遍的参考价值。

影响爆炸极限的主要因素有以下几点。

表 7-9   部分粉尘的爆炸特性

名称	云状粉尘自燃点/℃	粉尘最低引爆能量/mJ	爆炸下限/(mg·L⁻¹)	最大爆炸压力/0.1 MPa
铝(喷雾)	700	50	40	4.00
烟煤尘	595	60	48	5.95
铁(氢还原)	315	160	120	2.00
面粉	410	50	80	6.65
镁(磨)	520	80	20	4.49
锌	680	900	50	0.91
铝-镁齐(50~50)	535	80	50	4.20
醋酸纤维	320	10	25	5.65
六亚甲基四胺	410	10	15	4.41
甲基丙烯酸甲酯	440	15	20	3.92
碳酸树脂	460	10	25	4.20
邻苯二甲酸酐	650	15	15	3.37
聚乙烯塑料	450	80	25	5.70
聚苯乙烯	470	120	20	3.03

(1)原始温度:爆炸性混合物的原始温度越高,则爆炸极限范围变大,即爆炸下限值变低、上限值变高。

(2)原始压力:一般压力增大,爆炸范围扩大。但也有例外,如磷化氢与氧混合,一般不反应,如将压力降至一定值时,反而会突然爆炸;再如 CO,压力越高,其爆炸范围越窄。

(3)惰性介质:当混合物中所含惰性气体含量增加,其爆炸极限范围将缩小,以至不爆炸。

(4)容器的尺寸和材质:容器的尺寸、材质对可燃物爆炸极限均有影响。容器、管子直径越小,火焰在其中的蔓延速度越小,爆炸范围也就越小。当容器或管子直径达到某一数值时(称临界直径),火焰即不能通过,这一间距称最大灭火间距。这是因为火焰通过管道时被表面所冷却。管道尺寸越小,则单位体积火焰所对应的固体冷却表面积就越大,散出热量也越多。当通道直径小到一定值,火焰便会熄灭,干式阻火器就是用此原理制成的。火焰的熄灭直径 D_0(mm)可以通过试验测定,也可以用最低引爆能量 H(mJ)进行估算,如下式所示:

$$D_0 = 6.98H^{0.403}$$

容器的材质对爆炸极限也有影响。例如,氢和氟在玻璃容器中混合,甚至在液态空气的温度下于黑暗中也会发生爆炸,而在银制容器中,在一般温度下才能发生反应。

(5)点火源:点火源的能量、性质及与混合物接触时间对爆炸极限有很大的影响。

如果点火源的强度高,热表面积大,点火源与混合物的接触时间长,就会使爆炸的界限扩大,其爆炸危险性也就增加。对每一种爆炸混合物都有一个最低引爆能量(在接近化学反应的理论量时出现)。低于这个能量,混合物在任何比例下都不会爆炸。表7-10列出了部分气体的最低引爆能量(表中浓度用体积分数表示)。

表 7-10 部分气体的最低引爆能量

名称	浓度/%	最低引爆能量/mJ	名称	浓度/%	最低引爆能量/mJ
二硫化碳	6.52	0.015	甲醇	12.24	0.215
氢	29.2	0.019	甲烷	8.5	0.28
		0.0013[①]	丙烯	4.44	0.282
乙炔	7.73	0.02	乙烷	4.02	0.031
		0.0003[①]	乙醛	7.72	0.376
乙烯	6.52	0.016	丁烷	3.42	0.38
		0.0001[①]	苯	2.71	0.55
环氧乙烷	7.72	0.015	氨	21.8	0.77
甲基乙炔	4.97	0.152	丙酮	4.87	1.15
丁二烯	3.67	0.17	甲苯	2.27	2.50
氧化丙烯	4.97	0.190			

注:①为可燃气体、蒸气与氧混合时的最低引爆能量,其余为空气混合时的最低引爆能量。

(6) 两种以上可燃气体或蒸气混合物的爆炸极限:可用勒夏特列(Le Chatelier)方法计算,即根据各组分已知的爆炸极限按下式求之。该式适用于各组分间不反应、燃烧时无催化作用的可燃气体混合物。

$$\varphi_m = \frac{100}{\dfrac{\varphi_1'}{\varphi_1} + \dfrac{\varphi_2'}{\varphi_2} + \cdots + \dfrac{\varphi_n'}{\varphi_n}}$$

式中:φ_m——混合气体的爆炸极限,%(体积分数);

φ_1、φ_2、φ_n——混合气体中各组分的爆炸极限,%(体积分数);

φ_1'、φ_2'、φ_n'——各组分在混合气体中的浓度,%(体积分数)。

计算时要注意公式中的爆炸上、下限要一致。

(7) 可燃气体与可燃粉尘混合物的爆炸极限:液体蒸气混入含可燃粉尘空气内,会使其爆炸下限浓度降低,危险性增大。即使可燃气体及可燃粉尘都没有达到其爆炸下限,但当二者混合在一起时,可形成爆炸性混合物,即使强引燃也不能引爆的粉尘,掺入可燃气体或可燃蒸气以后即可能变成爆炸性粉尘。

混合物里粉尘爆炸下限与气体中的可燃气体浓度之间的关系可近似地用下式表示：

$$\varphi_m = \varphi_d \left(\frac{\varphi'_G}{\varphi_G} - 1 \right)^2$$

式中：φ_m——混合物粉尘爆炸下限；

　　φ_d——粉尘爆炸下限；

　　φ_G——可燃气体爆炸下限；

　　φ'_G——可燃气体浓度。

（8）其他因素：除上述因素外，还有其他因素影响爆炸的进行。例如，光的影响。在黑暗中，氢与氯的反应十分缓慢，但在强光照射下，就会发生连锁反应导致爆炸。又如，甲烷与氯的混合物，在黑暗中长时间不发生反应，但在日光照射下，会引起剧烈的反应，如果比例适当，便会爆炸。

另外，表面活性物质对某些气体混合物也有影响，如在球形器皿内，530 ℃时，氢与氧完全无反应，但如果向器皿中投入石英、玻璃、铜或铁棒，则发生爆炸。

第二节　化工物料的火灾爆炸危险性评估

一、化工物料火灾爆炸危险性的评定

化工生产中，在采取一些防火防爆措施之前，要对火灾爆炸危险性进行分析，即了解和掌握生产过程中的危险因素，弄清各种危险因素间的联系和变化规律。而在对危险性分析之前，首先要对生产过程中所使用物料的危险性进行分析，并初步掌握其变化规律。

1. 气体

评定气体火灾爆炸危险性的主要指标是爆炸极限和自燃点。

（1）爆炸极限：爆炸极限的范围越大，其火灾爆炸危险性越大。爆炸下限较低的可燃气体，一旦泄漏在空气中，即使量不大也容易达到爆炸的浓度范围，因而具有较大的危险性。爆炸上限较高的气体，在容器或管道中，如果空气进入，不需要很大的空气量，就能达到爆炸浓度范围，危险性也很大。

（2）自燃点：可燃气体的自燃点越低，受热自燃的危险性就越大。

（3）化学活泼性：化学活泼性越强，其火灾爆炸危险性越大。对于气态烃来说，分子不饱和性越大，火灾爆炸危险性越大。如乙烷、乙烯、乙炔的危险性就是依次增大的。

（4）相对密度和扩散性：某气体的相对密度是指其对同体积标准状态空气质量之比。比空气轻的可燃气体逸散在空气中可以无限制地扩散，易与空气形成爆炸性混合物，并顺风飘移，促使火灾的蔓延扩展。比空气重的可燃气体往往飘散在地面上，沉积

于沟渠及厂房的死角,长时间聚集不散,遇火种很容易造成火灾爆炸事故。同时,相对密度大的可燃气体,一般都有较大的发热量,在火灾发生时,火势还易扩大。

(5)压缩性和受热膨胀性:气体经降温、压缩,其体积可以大大减小,甚至成为液化气体,因此对热的作用十分敏感,若液化石油钢瓶靠近热源或用沸水烫,体积膨胀,压力增大,以致爆裂,造成火灾爆炸事故。

(6)腐蚀及毒害性:大部分可燃气体具有不同程度的腐蚀性或对人体的毒害性。气体的腐蚀作用会削弱设备的强度,导致设备产生裂纹,造成泄漏。气体的毒性会引起人身中毒。

2. 液体

评定液体火灾爆炸危险性的主要指标是闪点和爆炸极限,此外还有些其他指标。

(1)闪点:可燃液体闪点越低,越易起火燃烧。对于闪点在100℃以上的可燃液体,危险性的标志用燃点来体现。燃点越低,越易起火燃烧,危险也越大。

(2)爆炸极限:范围越大,危险性越大;爆炸下限越低,则危险性越大。

(3)饱和蒸气压:液体的饱和蒸气压越大,其火灾危险性越大。

(4)受热膨胀性:根据此性质,对盛装易燃液体的容器应留有不少于5%的空隙。同时,受热体积膨胀数值还可通过以下公式求得:

$$V_t = V_0(1+\beta t)$$

式中:V_t、V_0——液体在温度为t、0℃时的体积;

t——当前温度,℃;

β——液体膨胀系数,℃$^{-1}$,可在物化手册查到。一般为$10^{-4} \sim 10^{-3}$℃$^{-1}$。

通过上式求得的数字,进而可确定容器不同温度下的安全性。

(5)流动扩散性:由于液体具有扩散性,对于易燃液体,如有渗漏,会很快向四周扩散;还由于毛细管浸润等作用,可扩大表面积,加快蒸发速度,提高蒸气浓度,易于起火蔓延。

(6)相对密度:一般是液体的相对密度小,其蒸发速度就快,闪点低,则发生火灾的危险性就大。可燃液体的相对密度大都小于1,只有CS_2例外,其相对密度为1.26。

(7)沸点:可燃液体沸点越低,越易与空气形成爆炸性混合物,火灾爆炸危险性越大。知道可燃液体沸点,便可正确选择贮存和运输的形式。

(8)相对分子质量:同一类有机化合物,其相对分子质量越小,沸点越低,闪点也越低,火灾危险性也就越大。但相对分子质量大的液体,一般发热量高,蓄热条件好,自燃点低,易自燃。因此,在以相对分子质量评定火灾危险性时,要全面综合加以考虑。

(9)化学结构:可燃液体化学结构不同,表现出不同的危险性。例如:

① 烃的含氧衍生物中,醚、醛、酮、酯、醇、羧酸的火灾危险性依次降低;

② 不饱和有机化合物比饱和有机化合物火灾危险性大;

③ 有机化合物中的异构体比正构体的闪点低,火灾危险性大;

④ 芳香烃中,以某种基团取代苯环中氢的各种衍生物,火灾危险性一般是下降的,取代的基数越多,则火灾危险性越低。如氯基、羟基、氨基等都是如此,而磺酸基更不易着火。但硝基相反,取代的基数越多,爆炸的危险性则越大。

在评定液体火灾爆炸危险性时,还要考虑可燃液体的带电性、水溶性、毒害性等。

3. 固体

固体物质的火灾爆炸危险性主要决定于固体的熔点、燃点、自燃点、比表面积和热分解性等。

（1）熔点:熔点低的固体易熔化、蒸发或汽化,燃烧速度较快,危险性大。

（2）燃点:燃点是评定固体物质火灾危险性的主要标志。燃点越低,火灾危险性越大。如红磷的燃点是 160 ℃,五硫化磷的燃点是 300 ℃,红磷比五硫化磷容易燃烧,危险性也大。燃点大于等于 300 ℃的称为可燃固体,燃点低于 300 ℃的称为易燃固体。

（3）自燃点:固体物质的自燃点越低,其受热自燃的危险性就越大。一般的规律是:熔点高的固体物质比熔点低的固体物质的自燃点低;粉状固体比块状固体的自燃点低;长时间受热的固体其自燃点会逐渐降低。

（4）比表面积:同样的固体物质,单位体积的表面积越大,其危险性就越大。

（5）热分解性:许多化合物受热分解,并产生气体,释放出分解热,从而引起燃烧和爆炸。分解温度越低的物质,其火灾危险性越大。

二、物质的火灾危险性分类

《建筑设计防火规范》(GB 50016—2014)

为生产、储存等环节的安全需要,GB 50016—2014《建筑设计防火规范》（2018 年版）把工业物品的火灾危险性分成甲、乙、丙、丁、戊 5 类,其中甲类危险等级最高。该规范中对储存物品的火灾危险性分类及举例分别见表 7-11 和表 7-12。

表 7-11　储存物品的火灾危险性分类

储存物品的火灾 危险性分类	储存物品的火灾危险性特征
甲类	1. 闪点<28 ℃的液体 2. 爆炸下限<10%的气体,受到水或空气中水蒸气的作用能产生爆炸下限<10% 气体的固体物质 3. 常温下能自行分解或在空气中氧化能导致迅速自燃或爆炸的物质 4. 常温下受到水或空气中水蒸气的作用,能产生可燃气体并引起燃烧或爆炸的物质 5. 遇酸、受热、撞击、摩擦及遇有机物或硫黄等易燃的无机物,极易引起燃烧或爆炸的强氧化剂 6. 受撞击、摩擦或与氧化剂、有机物接触时能引起燃烧或爆炸的物质

续表

储存物品的火灾 危险性分类	储存物品的火灾危险性特征
乙类	1. 28 ℃≤闪点<60 ℃的液体 2. 爆炸下限≥10%的气体 3. 不属于甲类的氧化剂 4. 不属于甲类的易燃固体 5. 助燃气体 6. 常温下与空气接触能缓慢氧化,积热不散引起自燃的物品
丙类	1. 闪点≥60 ℃的液体 2. 可燃固体
丁类	难燃烧物品
戊类	不燃烧物品

表 7-12 储存物品的火灾危险性分类举例

火灾危险性分类	举例
甲类	1. 乙烷,戊烷,环戊烷,石脑油,二硫化碳,苯,甲苯,甲醇,乙醇,乙醚,蚁酸甲酯、醋酸甲酯,硝酸乙酯,汽油,丙酮,丙烯,酒精度为38度以上的白酒 2. 乙炔,氢,甲烷,环氧乙烷,水煤气,液化石油气,乙烯、丙烯、丁二烯,硫化氢,氯乙烯,电石,碳化铝 3. 硝化棉,硝化纤维胶片,喷漆棉,火胶棉,赛璐珞棉,黄磷 4. 金属钾、钠、锂、钙、锶,氢化锂、氢化钠,四氢化锂铝 5. 氯酸钾、氯酸钠,过氧化钠,硝酸铵 6. 赤磷,五硫化二磷,三硫化二磷
乙类	1. 煤油,松节油,丁烯醇,异戊醇,丁醚,醋酸丁酯,硝酸戊酯,乙酰丙酮,环己胺,溶剂油,冰醋酸,樟脑油,蚁酸 2. 氨气,一氧化碳 3. 硝酸铜,铬酸,亚硝酸钾,重铬酸钠,铬酸钾,硝酸,硝酸汞,硝酸钴,发烟硫酸,漂白粉 4. 硫黄,镁粉,铝粉,赛璐珞板(片),樟脑,萘,生松香,硝化纤维漆布,硝化纤维色片 5. 氧气,氟气 6. 漆布及其制品,油布及其制品,油绸及其制品
丙类	1. 动物油、植物油、沥青、蜡、润滑油、机油、重油,闪点≥60 ℃的柴油,糖醛,白兰地成品库 2. 化学、人造纤维及其织物,纸张,棉、毛、丝、麻及其织物,谷物,面粉,粒径≥2 mm的工业成型硫黄,天然橡胶及其制品,竹、木及其制品,中药材,电视机、收录机等电子产品,计算机房已录数据的磁盘储存间,冷库中的鱼、肉间

续表

火灾危险性分类	举例
丁类	自熄性塑料及其制品,酚醛泡沫塑料及其制品,水泥刨花板
戊类	钢材、铝材、玻璃及其制品、搪瓷制品、陶瓷制品,不燃气体,玻璃棉、岩棉、陶瓷棉、硅酸铝纤维、矿棉,石膏及其无纸制品,水泥、石、膨胀珍珠岩

三、非互容性危险物

需要特别注意的是物质的非互容性质。即有许多化学物质必须在严格控制的条件下接触,否则会生成剧毒物质或发生强烈化学反应,甚至引起爆炸。

1. 毒性危险

表 7-13 列出了一些可产生剧毒物质的非互容物质。A 类物质与 B 类物质必须完全隔绝,否则会生成 C 类毒性物质。

表 7-13   可产生剧毒物质的非互容物质

A	B	C	A	B	C
含砷物质	任何还原剂	砷化氢	亚硝酸盐	酸	亚硝酸烟雾
叠氮化物	酸	叠氮化氢	磷	苛性碱或还原剂	磷化氢
氰化物	酸	氢氰酸	硒化物	还原剂	硒化氢
次氯酸盐	酸	氯或次氯酸	硫化物	酸	硫化氢
硝酸盐	硫酸	二氧化氮	碲化物	还原剂	碲化氢
硝酸	铜或重金属	二氧化氮			

2. 反应危险

表 7-14 列出了一些会发生危险反应的非互容物质。A 类和 B 类物质不能在无控制条件下接触,否则会发生剧烈反应。

表 7-14   会发生危险反应的非互容物质

A	B
醋酸	铬酸、硝酸、含羟基化合物、乙二醇、高氯酸、过氧化物、高锰酸盐
丙酮	浓硝酸和硫酸混合物
乙炔	氟气、氯气、溴、铜、银、汞
碱金属和碱土金属	二氧化碳、四氯化碳、烃氯代衍生物
氨(无水)	汞、氯气、溴、碘、次氯酸钙、氟化氢
硝酸铵	酸、金属粉、可燃液体、氯酸盐、亚硝酸盐、硫黄、粉碎的有机物或可燃物
苯胺	硝酸、过氧化氢

续表

A	B
溴	氨、乙炔、丁二烯、丁烷和其他石油气、氢气、碳化钠、松节油、苯、粉碎的金属
氧化钙	水
活性炭	次氯酸钙
氯酸盐	氨盐、酸、金属粉、硫、粉碎的有机物或可燃物
铬酸和三氧化铬	醋酸、萘、樟脑、甘油、松节油、乙醇和其他可燃液体
氯气	氨、乙炔、丁二烯、丁烷和其他石油气、氢气、碳化钠、松节油、苯、粉碎的金属
二氧化氯	氨、甲烷、亚磷酸盐、硫化氢
铜	乙炔、过氧化氢
氟气	任何物质
肼	过氧化氢、硝酸和其他氧化物
烃（苯、丙烷、丁烷、汽油、松节油等）	过氧化物
氢氰酸	硝酸、碱金属
氟化氢	氨（含水或无水）
过氧化氢	铜、铬、铁、大多数金属及其盐类、任何易燃液体、可燃物质、苯胺、硝基甲烷
硫化氢	发烟硝酸、氧化性气体
碘	乙炔、氨（含水或无水）
汞	乙炔、雷酸（产生于硝酸-乙醇的混合物）、氨
浓硝酸	醋酸、丙酮、乙醇、苯胺、铬酸、氢氰酸、硫化氢、可硝化物质(纸张、纸板、布匹等)
硝基烷烃	无机碱、胺
草酸	银、汞
氧气	油、脂、氢气、易燃液体、固体或气体
高氯酸	醋酐、铋及其合金、乙醇、纸张、木材、脂、油
有机过氧化物	酸(有机或无机)(避免摩擦或低温储存)
磷（白）	空气、氧气
氯酸钾	酸，其余与氯酸相同
高氯酸钾	酸，其余与氯酸相同
高锰酸钾	甘油、乙二醇、苯甲醛、硫酸
银	乙炔、草酸、酒石酸、雷酸、氨化合物
亚硝酸钠	硝酸铵或其他铵盐
过氧化钠	任何可氧化的物质,如甲醇、乙醇、冰醋酸、醋酐、苯甲醛、二硫化碳、甘油、乙二醇、醋酸乙酯、醋酸甲酯、糠醛等
硫酸	氯酸盐、高氯酸盐、高锰酸盐

3. 水敏性危险

水敏性是很常见的非互容现象,如钾、钠、碳化钙等与水接触,会产生易燃气体,而水解热有时足以点燃反应释放出的气体,造成火灾危险:

$$2K+2H_2O \Longrightarrow 2KOH+H_2\uparrow+Q$$
$$CaC_2+2H_2O \Longrightarrow Ca(OH)_2+C_2H_2\uparrow+Q$$

水敏性物质很容易不经意地暴露在冷却水、冷凝水、雨水之中,因此更具危险性。

第三节   防火防爆的基本技术措施

一、生产工艺的火灾危险性分类

目前,对化工生产工艺过程火灾危险性的分类,主要是依据生产中所使用的原料、中间产品及产品的物理化学性质、数量及工艺技术条件等综合考虑而决定的,也分为甲、乙、丙、丁、戊 5 类,其中甲类最危险,戊类的火灾危险性最小。其分类原则详见表 7-15。

表 7-15   生产工艺的火灾危险性分类

类别	使用或产生下列物质生产的火灾危险性特征
甲	1. 闪点<28 ℃的液体 2. 爆炸下限<10%的气体 3. 常温下能自行分解或在空气中氧化能导致迅速自燃或爆炸的物质 4. 常温下受到水或空气中水蒸气的作用,能产生可燃气体并引起燃烧或爆炸的物质 5. 遇酸、受热、撞击、摩擦、催化及遇有机物或硫黄等易燃的无机物,极易引起燃烧或爆炸的强氧化剂 6. 受撞击、摩擦或与氧化剂、有机物接触时能引起燃烧或爆炸的物质 7. 在密闭设备内操作温度不小于物质本身自燃点的生产
乙	1. 28 ℃≤闪点<60 ℃的液体 2. 爆炸下限≥10%的气体 3. 不属于甲类的氧化剂 4. 不属于甲类的易燃固体 5. 助燃气体 6. 能与空气形成爆炸性混合物的浮游状态的粉尘、纤维,闪点≥60 ℃的液体雾滴
丙	1. 闪点≥60 ℃的液体 2. 可燃固体

续表

类别	使用或产生下列物质生产的火灾危险性特征
丁	1. 对不燃烧物质进行加工，并在高温或熔化状态下经常产生强辐射热、火花或火焰的生产 2. 利用气体、液体、固体作为燃料或将气体、液体进行燃烧作其他用的各种生产 3. 常温下使用或加工难燃烧物质的生产
戊	常温下使用或加工不燃烧物质的生产

注：同一座厂房或厂房的任一防火分区内有不同火灾危险性生产时，厂房或防火分区内的生产火灾危险性类别应按火灾危险性较大的部分确定；当生产过程中使用或产生易燃、可燃物的量较少，不足以构成爆炸或火灾危险时，可按实际情况确定；当符合下述条件之一时，可按火灾危险性较小的部分确定：

1. 火灾危险性较大的生产部分占本层或本防火分区建筑面积的比例 <5% 或丁、戊类厂房内的油漆工段 <10%，且发生火灾事故时不足以蔓延至其他部位或火灾危险性较大的生产部分采取了有效的防火措施；

2. 丁、戊类厂房内的油漆工段，当采用封闭喷漆工艺，封闭喷漆空间内保持负压、油漆工段设置可燃气体探测报警系统或自动抑爆系统，且油漆工段占所在防火分区建筑面积的比例 ≤20%。

根据分类原则，表 7-16 详细列举了化工生产工艺的火灾危险性分类。化工厂在采取防火防爆措施时，必须遵循表中分类原则。对防火设计，还要遵守石油化工企业设计防火规范，如附录 5 所示。

表 7-16　生产工艺的火灾危险性分类举例

类别	举例
甲	1. 闪点 <28 ℃的油品和有机溶剂的提炼、回收或洗涤部位及其泵房，橡胶制品的涂胶和胶浆部位，二硫化碳的粗馏、精馏工段及其应用部位，青霉素提炼部位，原料药厂的非纳西汀车间的烃化、回收及电感精馏部位，皂素车间的抽提、结晶及过滤部位，冰片精制部位，农药厂乐果厂房、敌敌畏的合成厂房，磺化法糖精厂房，氯乙醇厂房，环氧乙烷、环氧丙烷工段，苯酚厂房的磺化、蒸馏部位，焦化厂吡啶工段，胶片厂片基厂房，汽油加铅室，甲醇、乙醇、丙酮、丁酮、异丙醇、醋酸乙酯、苯等的合成或精制厂房，集成电路工厂的化学清洗间（使用闪点 <28 ℃的液体），植物油加工厂的浸出厂房 2. 乙炔站，氢气站，石油气体分馏（或分离）厂房，氯乙烯厂房，乙烯聚合厂房，天然气、石油伴生气、矿井气、水煤气或焦炉煤气的净化（如脱硫）厂房压缩机室及鼓风机室，液化石油气罐瓶间，丁二烯及其聚合厂房，醋酸乙烯厂房，电解水或电解食盐厂房，环己酮厂房，乙基苯和苯乙烯厂房，化肥厂的氢氮气压缩厂房，半导体材料厂使用氢气的拉晶间，硅烷热分解室 3. 硝化棉厂房及其应用部位，赛璐珞厂房，黄磷制备厂房及其应用部位，三乙基铝厂房，染化厂某些能自行分解的重氮化合物生产，甲胺厂房，丙烯腈厂房 4. 金属钠、钾加工厂房及其应用部位，聚乙烯厂房的一氯二乙基铝部位，三氯化磷厂房，多晶硅车间三氯氢硅部位，五氧化磷厂房 5. 氯酸钠、氯酸钾厂房及其应用部位，过氧化氢厂房，过氧化钠、过氧化钾厂房，次氯酸钙厂房 6. 赤磷制备厂房及其应用部位，五硫化二磷厂房及其应用部位 7. 洗涤剂厂房石蜡裂解部位，冰醋酸裂解厂房

类别	举例
乙	1. 28 ℃≤闪点<60 ℃的油品和有机溶剂的提炼、回收、洗涤部位及其泵房,松节油或松香蒸馏厂房及其应用部位,醋酸酐精馏厂房,己内酰胺厂房,甲酚厂房,氯丙醇厂房,樟脑油提取部位,环氧氯丙烷厂房,松针油精制部位,煤油罐桶间 2. 一氧化碳压缩机室及净化部位,发生炉煤气或鼓风炉煤气净化部位,氨压缩机房 3. 发烟硫酸或发烟硝酸浓缩部位,高锰酸钾厂房,重铬酸钠(红矾钠)厂房 4. 樟脑或松香提炼厂房,硫黄回收厂房,焦化厂精萘厂房 5. 氧气站、空分厂房 6. 铝粉或镁粉厂房,金属制品抛光部位,煤粉厂房,面粉厂的碾磨部位,活性炭制造及再生厂房,谷物筒仓工作塔,亚麻厂的除尘器和过滤器室
丙	1. 闪点≥60 ℃的油品和有机液体的提炼、回收工段及其抽送泵房,香料厂的松油醇部位和乙酸松油脂部位,苯甲酸厂房,苯乙酮厂房,焦化厂焦油厂房,甘油、桐油的制备厂房,油浸变压器室,机器油或变压器油罐桶间,柴油罐桶间,润滑油再生部位,配电室(每台装油量>60 kg的设备),沥青加工厂房,植物油加工厂的精炼部位 2. 煤、焦炭、油母页岩的筛分、转运工段和栈桥或储仓,木工厂房,竹、藤加工厂房,橡胶制品的压延、成型和硫化厂房,针织品厂房,纺织、印染、化纤生产的干燥部位,服装加工厂房,棉花加工和打包厂房,造纸厂备料、干燥厂房,印染厂成品厂房,麻纺厂粗加工厂房,谷物加工房,卷烟厂的切丝、卷制、包装厂房,印刷厂的印刷厂房,毛涤厂选毛厂房,电视机、收音机装配厂房,显像管厂装配工段烧枪间,磁带装配厂房,集成电路工厂的氧化扩散间、光刻间,泡沫塑料厂的发泡、成型、印片压花部位,饲料加工厂房,畜禽屠宰、分割及加工车间,鱼加工车间
丁	1. 金属冶炼、锻造、铆焊、热轧、铸造、热处理厂房 2. 锅炉房,玻璃原料熔化厂房,灯丝烧拉部位,保温瓶胆厂房,陶瓷制品的烘干、烧成厂房,蒸汽机车库,石灰焙烧厂房,电石炉部位,耐火材料烧成部位,转炉厂房,硫酸车间焙烧部位,电极煅烧工段配电室(每台装油量≤60 kg的设备) 3. 难燃铝塑材料的加工厂房,酚醛泡沫塑料的加工厂房,印染厂的漂炼部位,化纤厂后加工润湿部位
戊	制砖车间,石棉加工车间,卷扬机室,不燃液体的泵房和阀门室,不燃液体的净化处理工段,金属(镁合金除外)冷加工车间,电动车库,钙镁磷肥车间(焙烧炉除外),造纸厂或化学纤维厂的浆粕蒸煮工段,仪表、器械或车辆装配车间,氟里昂厂房,水泥厂的轮窑厂房,加气混凝土厂的材料准备、构件制作厂房

　　需要注意的是石油化工企业可燃气体火灾危险性按照可燃气体与空气混合物的爆炸下限分为甲、乙两类,其中可燃气体与空气混合物的爆炸下限小于10%(体积分数)为甲类,大于等于10%(体积分数)为乙类。石油企业的液化烃。可燃液体的火灾危险性分为甲、乙、丙三类,实用时此三类又细分为 A、B 两小类:由于液化烃的蒸气压大于其他"闪点<28 ℃"的可燃液体的蒸气压,故其火灾危险性大于其他"闪点<28 ℃"的可

燃液体,因此被列为甲$_A$类,包括在15 ℃时的蒸气压力>0.1 MPa的烃类液体及其他类似的液体,见表7-17。另外,生产中操作温度超过其闪点的乙类液体应视为甲$_B$类液体;操作温度超过其闪点的丙$_A$类液体应视为乙$_A$类液体;操作温度超过其闪点的丙$_B$类液体应视为乙$_B$类液体;操作温度超过其沸点的丙$_B$类液体应视为乙$_A$类液体。

表 7-17　液化烃、可燃液体的火灾危险性分类

名称	类别		特征
液化烃	甲	A	15 ℃时的蒸气压力>0.1 MPa的烃类液体及其他类似的液体
		B	甲$_A$类以外,闪点<28 ℃
可燃液体	乙	A	28 ℃≤闪点≤45 ℃
		B	45 ℃<闪点<60 ℃
	丙	A	60 ℃≤闪点≤120 ℃
		B	闪点>120 ℃

二、点火源的控制

在化工企业里,可能遇到的点火源,除生产过程本身具有的加热炉火、反应热、电火花等以外,还有维修用火、机械摩擦热、撞击火星及吸烟等。这些点火源经常是引起易燃易爆物着火爆炸的原因。控制这类火源的使用范围,严格用火管理,对于防火防爆是十分重要的。

1. 明火的控制

化工生产中的明火,主要指生产过程中的加热用火、维修用火及其他火源。

（1）加热用火的控制:主要采取以下措施。

① 加热易燃液体时,应尽量避免采用明火。加热时可采用蒸汽或其他热载体。如果必须采用明火,设备应严格密闭,燃烧室应与设备分开建筑或隔离。设备应定期检验,防止泄漏。

② 装置中明火加热设备的布置,应远离可能泄漏易燃气体或蒸气的工艺设备和储罐区并应布置在散发易燃物料设备的侧风向或上风向。

有两个以上的明火设备,应将其集中布置在装置的边缘。

（2）维修用火的控制:化工生产维修常需要用到电焊、气焊等动火作业,必须严格按照我国化工行业关于在厂区动火作业安全规程进行。本书第九章将作详细介绍。

2. 预防摩擦与撞击产生的火花

机器中轴承等转动部分的摩擦、铁器的相互撞击或铁器工具打击混凝土地面等,都

可能产生火花,当管道或铁容器裂开,物料喷出时,也可能因摩擦而起火。应采取以下预防措施:

① 机器上的轴承应保持良好的润滑,及时添油,并经常清除周围的可燃油垢。

② 凡是撞击或摩擦的两部分都应采用不同的金属(铜与钢、铝与钢等)制成。为避免撞击打火,工具应用青铜或镀铜的金属制品或木制品。

③ 为防止金属零件落入机器、设备内发生撞击产生火花,应在设备上安装磁力离析器。

④ 不准穿带钉鞋进入易燃易爆区。不能随意抛、撞金属设备、管线。

3. 电器火花的控制

可燃气体、可燃蒸气和可燃粉尘与空气形成爆炸性混合物,电气火花是引起这种混合物燃烧爆炸的重要火源。因此,对有火灾爆炸危险场所的电气设备必须采取防火防爆措施。

最有效的防火防爆措施是选用合适的防爆电气设备。当在特殊情况下,选用非防爆电气设备时应采取相应防火防爆措施:首先考虑把电气设备安装在爆炸危险场所以外或另室隔离;采用非防爆照明灯具时,可在外墙上通过两层玻璃密封的窗户照明;小型非防爆电气设备用塑料袋密封,也是临时防爆措施的一种。

4. 其他点火源的控制

① 要防止易燃物料与高温的设备、管道的表面接触;可燃物料排放口应远离高温表面,高温表面要有隔热保温措施。

② 油抹布、油棉纱等易自燃引起火灾,因此,应装入金属桶、箱内,放在安全地点并及时处理。

③ 吸烟易引起火灾,而且往往可引燃很长时间,因此要加强宣传教育和防火管理,严禁在有火灾爆炸危险的厂房和仓库内吸烟。

④ 汽车、拖拉机等机动车在易燃易爆区域的行驶一般应予禁止,必须行驶时,应装配火星熄灭器。

三、防火防爆电气设备的选用

《爆炸性环境第1部分:设备通用要求》(GB 3836.1—2010)

在火灾和爆炸事故中,由电气火花引发的火灾事故占有很大比例,据统计,在火灾事故中,由电气原因引起的火灾仅次于明火所引起的火灾。为此,在有火灾危险环境中生产必须选好防火防爆电气设备。

各化工生产过程中发生火灾爆炸的情况是不同的,而可供选用的防火防爆电气设备也有多种。选用必须本着安全可靠、经济合理的精神,从实际情况出发,根据火灾爆炸危险场所的类别等级和电火花形成的条件,选择相应的防火防爆电气设备。对于火灾危险环境的电气设计,可以按国家相关部门的设计规范执行,如《建筑设计防火规范》(GB 50016—2014)(2018年版)。对于爆炸危险环境电气设备的选用主要依据我国《爆炸危险环境电力装置设计规范》(GB 50058—2014)、《爆炸性环境 第 1 部分:设备 通用要求》(GB 3836.1—2010)等标准执行。

1. 爆炸危险环境区域的分类

我国将爆炸危险场所按爆炸性物质的物态分为气体爆炸危险场所和粉尘爆炸危险场所,共 2 类 6 区(级),具体划分见表 7-18 和表 7-19。

表 7-18　爆炸性气体环境危险区域划分等级(摘自 GB 50058—2014)

区域等级	说明
0 区	连续出现或长期出现爆炸性气体混合物的环境
1 区	在正常运行时可能出现爆炸性气体混合物的环境
2 区	在正常运行时不太可能出现爆炸性气体混合物的环境,或即使出现也仅是短时存在的爆炸性气体混合物的环境

注:1. 除了封闭的空间,如密闭的容器、储油罐等内部气体空间,很少存在 0 区。

2. 虽然高于爆炸上限的混合物不会形成爆炸性环境,但是没有可能进入空气而使其达到爆炸极限的环境,仍应划分为 0 区。如固定顶盖的可燃性物质贮罐,当液面以上空间未充惰性气体时应划分为 0 区。

3. 在生产中 0 区是极个别的,大多数情况属于 2 区。在设计时应采取合理措施尽量减少 1 区。

4. 正常运行是指正常的开车、运转、停车,可燃物质产品的装卸,密闭容器盖的开闭,安全阀、排放阀及所有工厂设备都在其设计参数范围内工作的状态。

表 7-19　爆炸性粉尘环境危险区域划分等级(摘自 GB 50058—2014)

区域等级	说明
20 区	空气中的可燃性粉尘云持续地或长期地或频繁地出现于爆炸性环境中的区域
21 区	在正常运行时,空气中的可燃性粉尘云很可能偶尔出现于爆炸性环境中的区域
22 区	在正常运行时,空气中的可燃性粉尘云一般不可能出现于爆炸性粉尘环境中的区域,即使出现,持续时间也是短暂的

2. 防爆电气设备类型

防爆电气设备按防爆结构的防爆性能的不同特点,可分为下列几种类型。

(1) 增安型(标志 e):是指在正常运行时,不产生点燃爆炸性混合物的火花电弧或危险温度,并在结构上采取措施,提高安全程度的电气设备,如防爆安全型高压水银荧光灯。

(2) 隔爆型(标志 d):是指在电气设备内部发生爆炸时,不至于引起外部爆炸性混合物爆炸的电气设备,其外壳能承受 0.78~0.98 MPa 内部压力而不损坏,如隔爆型电动机。

(3) 充油型(标志 o):是指将全部或某些带电部件,浸在绝缘油中,使其不能点燃油面上或外壳周围的爆炸性混合物的电气设备。

（4）正压充气型（标志 p）：是指向外壳内通入新鲜空气或充入惰性气体，并使其保持正压，以便防止外部爆炸性混合物进入外壳内部的电气设备。

（5）本质安全型（标志 i）：是指电路系统中在正常运行中或标准试验条件下所产生的电火花或热效应，都不可能点燃爆炸性混合物的电气设备。本型又分 ia、ib 两类：ia 类可用于 0 级区，ib 用于 1 级以下区。

（6）防爆特殊型（标志 s）：是指结构上不属于上述各种类型，而是采取其他防爆措施的电气设备，如填充石英砂等。

（7）充砂型（标志 q）：在外壳内充填砂粒或其他规定特性的粉末材料，使之在规定的使用条件下，壳内产生的电弧或高温均不能点燃周围爆炸性气体环境的电气设备。

（8）无火花型（标志 n）：在正常运行条件下，不产生电弧或火花，也不产生能够点燃周围爆炸性混合物的高温表面或灼热点，并且一般不会发生有点燃作用的故障。

（9）浇封型（标志 m）：将可能产生引起爆炸性混合物的火花、电弧或危险温度部分的电部件浇封在浇封剂（复合物）中，使其不能点燃周围爆炸性混合物的电气设备。

（10）气密型（标志 h）：采用气密外壳，即环境中的爆炸性气体混合物不能进入设备内部。气密外壳采用熔化、挤压或胶黏的方法进行密封，这种外壳多半是不可拆卸的，以保证永久气密性。

除以上在可燃或爆炸性气体环境中使用的防爆电气外，对于在具有可燃或爆炸性粉尘环境中使用的防爆电气设备采用限制外壳最高表面温度和采用"尘密"或"防尘"外壳来限制粉尘进入，以防止可燃性粉尘点燃或爆炸。粉尘防爆电气设备可分为正压型（pD）、本质安全型（iaD 或 ibD）、浇封型（mD）及外壳保护型（tD）等几种类型。

3. 外壳防护等级

电气设备的外壳可以防止设备受到某些外部影响并在各个方向防止直接接触的设备部件。外壳可以防止人接近或接触危险部件，防止固体异物和水分进入设备内部，也具有一定的防爆功能。对于额定电压不超过 72.5 kV、借助外壳防护的电气设备的防护分级，其标志由字母"IP"和后面两个特征数字、一个附加字母及一个补充字母组成。具体解释如下：

第一位特征数字表示防止接近危险部件和防止固体异物进入的防护等级。第二位特征数字表示防止水进入的防护等级。如果只需要单独标志一种防护型式的等级，则被略去的数字应以"X"补充，如 IPX5 或 IP2X。

附加字母表示防止接近危险部件的防护等级，仅用于接近危险部件的实际防护高于第一位数字代表的等级，或者当第一位特征数字用"X"代替时，仅需表示对接近危险部件的防护等级。

补充字母是在有关产品标准中，用来表示补充的内容，可以放在第二位特征数字

（无附加字母时）或附加字母之后。

IP 代码的配置表示如下：

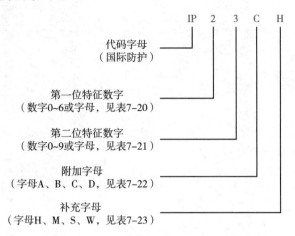

当不要求规定特征数字时，由字母"X"代替（如果两个字母都省略则用"XX"表示）。附加字母和（或）补充字母可省略，不需代替。当使用一个以上的补充字母时，应按字母顺序排列。当外壳采用不同安装方式提供不同防护等级时，制造厂应在相应安装方式的说明书上表明该防护等级。

表 7-20 第一位特征数字所表示的对接近危险部件及
防止固体异物进入的防护等级

第一位 特征数字	对接近危险部件的防护等级		防止固体异物进入的防护等级	
	简要说明	含义	简要说明	含义
0	无防护	—	无防护	—
1	防止手背接近危险部件	直径 50 mm 球形试具应与危险部件有足够的间隙	防止直径不小于 50 mm 的固体异物	直径 50 mm 球形物体试具不得完全进入壳内
2	防止手指接近危险部件	直径 12 mm、长 80 mm 的铰接试指应与危险部件有足够的间隙	防止直径不小于 12.5 mm 的固体异物	直径 12.5 mm 球形物体试具不得完全进入壳内
3	防止工具接近危险部件	直径 2.5 mm 的试具不得进入壳内	防止直径不小于 2.5 mm 的固体异物	直径 2.5 mm 球形物体试具不得完全进入壳内
4	防止金属线接近危险部件	直径 1.0 mm 的试具不得进入壳内	防止直径不小于 1.0 mm 的固体异物	直径 1.0 mm 球形物体试具不得完全进入壳内

续表

第一位特征数字	对接近危险部件的防护等级		防止固体异物进入的防护等级	
	简要说明	含义	简要说明	含义
5	防止金属线接近危险部件	直径 1.0 mm 的试具不得进入壳内	防尘	不能完全防止尘埃进入,但进入的灰尘量不得影响设备的正常运行,不得影响安全
6	防止金属线接近危险部件	直径 1.0 mm 的试具不得进入壳内	尘密	无灰尘进入

注:1. 对于第一位特征数字为 3、4、5 和 6 的情况,如果试具与壳内危险部件保持足够的间隙,则认为符合要求(产品标委会对足够的间隙有规定)。

2. 由于同时满足防止固体异物进入的防护等级规定,所以对接近危险部件的防护等级规定"不得进入"。

3. 防止固体异物进入防护中的 1、2、3、4 等级含义表示物体试具的直径部分不得进入外壳的开口。

表 7-21 第二位特征数字所表示的防止水进入的防护等级

第二位特征数字	防护等级	
	简要说明	含义
0	无防护	—
1	防止垂直方向滴水	垂直方向滴水应无有害影响
2	防止外壳在 15° 倾斜时垂直方向滴水	当外壳的各垂直面在 15° 倾斜时,垂直滴水应无有害影响
3	防淋水	当外壳的垂直面在 60° 范围内淋水,无有害影响
4	防溅水	向外壳各方向溅水无有害影响
5	防喷水	向外壳各方向喷水无有害影响
6	防强烈喷水	向外壳各方向强烈喷水无有害影响
7	防短时间浸水影响	浸入规定压力的水中经规定时间后外壳进水量不致达有害程度
8	防持续浸水影响	按生产厂和用户双方同意的条件(应比特征数字 7 时严酷)持续潜水后外壳进水量不致达有害程度
9	防高温/高压喷水的影响	向外壳各个方向喷射高温/高压水无有害影响

表 7-22 附加字母所表示的对接近危险部件的防护等级

附加字母	防护等级	
	简要说明	含义
A	防止手背接近	直径 50 mm 球形试具与危险部件应保持足够的间隙
B	防止手指接近	直径 12 mm、长 80 mm 的铰接试指与危险部件应保持足够的间隙
C	防止工具接近	直径 2.5 mm、长 100 mm 的试具与危险部件应保持足够的间隙
D	防止金属线接近	直径 1.0 mm、长 100 mm 的试具与危险部件应保持足够的间隙

表 7-23 补充字母所表示的补充内容

补充字母	含义
H	高压设备
M	防水试验在设备的可动部件(如旋转电动机的转子)运动时进行
S	防水试验在设备的可动部件(如旋转电动机的转子)静止时进行
W	提供附加防护或处理以适用于规定的气候条件

4. 防爆电气设备的分类及选型

防爆电气设备根据使用环境分为Ⅰ类、Ⅱ类、Ⅲ类。Ⅰ类设备用于煤矿瓦斯气体环境;Ⅱ类用于除煤矿瓦斯气体之外的其他爆炸性气体环境,并根据爆炸环境的代表性气体种类的不同进一步细分为ⅡA(丙烷)、ⅡB(乙烯)、ⅡC(氢气)三类;Ⅲ类设备用于爆炸性粉尘环境,同样细分为ⅢA(可燃飞絮)、ⅢB(非导电性粉尘)、ⅢC(导电性粉尘)三类。另外,防爆电气设备根据其最高表面温度又分为T1~T6共6个温度组别,见表7-24。

表 7-24 防爆电气设备温度组别与允许的最高表面温度、适用气体引燃温度

设备温度组别	允许的最高表面温度/℃	适用气体引燃温度/℃
T1	≤450	450<t
T2	≤300	300<t≤450
T3	≤200	200<t≤300
T4	≤135	135<t≤200
T5	≤100	100<t≤135
T6	≤85	85<t≤100

防爆电气设备最高表面温度是指防爆电气设备在正常工作条件下和认可的最不利条件下运行时,其表面或某一部分可能达到并有可能点燃周围爆炸性气体混合物的最

不同类别设
备的保护级
别、具有的
保护特性及
其适用的运
行条件

不同类别设
备的EPL符
号及使用区
域

高温度。温度分组原则就是按照电气设备所产生的最高表面温度不得点燃所处环境中的可燃性气体,即不得高于可燃性气体的点燃温度。因此,同一温度组别对可燃性气体表示的是其点燃温度的下限值,对防爆电气设备则表示的是其最高表面温度的上限值。

防爆电气设备选型的首要原则是安全原则,即选用的防爆电气设备的级别,不应低于场所内爆炸性混合物的级别。当场所内存有两种以上爆炸性混合物时,应按危险程度高的级别选定,以保证防爆安全。此外,选用防爆电气设备还应考虑到设备使用场所环境温度、湿度、大气压、介质腐蚀性及应用具有的外壳防护等级等。另外,所选设备也应方便维护、经济耐用,在相同功能要求条件下防爆电气设备结构越简单越好。

爆炸性环境内电气设备保护级别的选择应符合表 7-25。

表 7-25　爆炸性环境内电气设备保护级别的选择

危险区域	设备保护级别(EPL,equipment protection level)
0 区	Ga
1 区	Ga 或 Gb
2 区	Ga、Gb 或 Gc
20 区	Da
21 区	Da 或 Db
22 区	Da、Db 或 Dc

5. 关于静电危害的消除

在易燃易爆环境中,可能由电气火花引起火灾爆炸的另一个隐患是某些化工过程会产生静电。必须周密防止和消除它。消除静电最常用的方法是接地导走和静电屏蔽法。这些方法既简单又有效。

四、有火灾爆炸危险物质的处理

化工生产中,对火灾爆炸危险性比较大的物质,应该采取安全措施。首先应尽量通过工艺的改进,以危险性小的物质代替危险性大的物质。如果不具备上述条件,则应根据物质燃烧爆炸特性采取相应的措施,来防止燃烧爆炸条件的形成。

1. 根据物质的危险特性采取措施

对于具有自燃能力的危险物质,如遇空气能自燃的黄磷、三异丁基铝,遇水燃烧的物质钾、钠等,应采用隔绝空气、防水、防潮或通风、散热、降温等措施。

两种互相接触会引起燃烧爆炸的物质不能混存;遇酸、碱有分解爆炸燃烧的物质应防止与酸碱接触;对机械作用比较敏感的物质要轻拿轻放。

易燃、可燃性气体和易燃液体的蒸气,要根据它们的密度采取相应的排除方法。根据物质的沸点、饱和蒸气压,来考虑容器的耐压强度、储存温度、保温降温措施等。

对于不稳定的物质,在储存中应添加稳定剂。例如,含有水分的氰化氢长期储存时,会引起聚合,而聚合热又会使蒸气压上升导致爆炸。故通常加入浓度为 0.01% ~ 0.5% 的硫酸等酸性物质作稳定剂。丙烯腈在储存中也易发生聚合,因此必须添加稳定剂对苯二酚。某些液体如乙醚,受到阳光作用时能生成过氧化物,必须存放在金属桶内或暗色的玻璃瓶中。

易燃液体具有流动性,因此要考虑到容器破裂后液体流散和火灾蔓延的问题;不溶于水的燃烧液体由于能浮于水面燃烧,要防止火灾随水流由高处向低处蔓延。为此,要设置必要的防护堤。

物质的带电性能,直接关系到物质在生产储运过程中有无产生静电的可能,对容易产生静电的物质,应采取防静电措施。

2. 系统密闭操作

为防止易燃气体、蒸气和可燃性粉尘与空气构成爆炸性混合物,应设法使操作系统设备密闭,对于在负压下生产的设备,应特别注意防止空气吸入。

为了保证设备的密闭性,对危险设备及系统应尽量少用法兰连接,但要保证安全检修的方便。输送危险气体、液体的管道应采用无缝钢管。

加压或减压系统在生产中应严格控制压力,防止超压。在装置检修时,应检查密闭性和耐压程度,如密封填料等有损坏,应立即调换,以防渗漏。

3. 通风置换

生产厂房内泄漏的易燃易爆气体,易于积聚并达到爆炸浓度。通风排风是防止这种积聚的有效措施。因含有易燃易爆气体,不能循环使用,排风设备和送风设备应有独立分开的通风机室。如通风机室设在厂房内,应有隔绝措施。排除、输送温度超过 80 ℃ 的空气或其他气体及有火灾爆炸危险的气体、粉尘的通风设备,应使用非燃烧材料制成。

排除有火灾爆炸危险粉尘的排风系统,应采用不产生火花的除尘器。当粉尘与水接触能形成爆炸性混合物时,不应采用湿式除尘系统。

含有爆炸危险粉尘的空气,应在进入风机前进行净化,防止粉尘进入排风机。排风管应直接通往室外安全处。通风管道不宜穿过防火墙或非燃烧体的楼板等防火分隔物,以免发生火灾时火势顺管道通过防火分隔物。

4. 惰性介质保护

惰性介质保护也是一种行之有效的方法,化工生产中常用的惰性介质有氮、二氧化碳、水蒸气、烟道气等。惰性介质作为保护性气体,常用在以下几方面:

① 易燃固体物质的粉碎、筛选处理及其粉末输送时,采用惰性气体进行覆盖保护。

② 处理易燃易爆的物料系统,在进料前用惰性气体进行置换,以排除系统中原有的气体,防止形成爆炸性混合物。

③ 将惰性气体通过管线与有火灾爆炸危险的设备、储槽等连接起来,在万一发生危险时使用。发现易燃易爆气体泄漏时,采用惰性气体(水蒸气)冲淡。发生火灾时用

惰性气体灭火。

④ 易燃液体利用惰性气体充压输送。

⑤ 在有爆炸性危险的生产场所,对有引起火灾危险的电气设备、仪表等应采用充氮正压保护。

⑥ 易燃易爆系统检修动火前,使用惰性气体进行吹扫和置换。

表 7-26 列出了可燃物与空气的混合物,在加入惰性气体后成为非爆炸性混合物时的最高允许含氧量。

表 7-26   部分可燃物的最高允许含氧量   单位:%

可燃物	用 CO_2	用 N_2	可燃物	用 CO_2	用 N_2	可燃物	用 CO_2	用 N_2
甲烷	11.5	9.5	甲醇	11	8	煤粉	12~15	
乙烷	10.5	9	乙醇	10.5	8.5	麦粉	11	
丙烷、丁烷	11.5	9.5	丁二醇	10.5	8.5	硫黄粉	9	
汽油	11	9	氢	5	4	铝粉	2.5	7
乙烯	9	8	一氧化碳	5	4.5	锌粉	8	8
丙烯	11	9	丙酮	12.5	11			
乙醚	10.5		苯	11	9			

五、工艺参数的安全控制

化工生产中,工艺参数主要指温度、压力、流量、流速及物料配比等。确定工艺参数时,一定要考虑安全因素,并把它放在首位,要有可靠的安全控制措施。生产中要求严格控制工艺参数在安全限度之内,不仅可以防止操作中的超温、超压和物料跑损等,而且是防止火灾爆炸发生的根本措施。

1. 温度控制

正确控制反应温度不但对保证产品质量、降低能耗有重要意义,也是防火防爆所必需的。温度过高,会引起剧烈反应而发生冲料或爆炸,也可能引起反应物的分解着火;温度过低,会引起反应速率减慢或停滞,而一旦反应温度恢复正常,则往往会由于反应的物料过多而发生剧烈反应,甚至爆炸。温度过低时,还会使某些物料冻结使管路堵塞或破裂,造成易燃物料的外泄而引起爆炸。

为严格控制温度,必须从以下几方面采取相应措施:

(1)除去反应热:化学反应过程一般都伴有热效应。对于吸热反应,要正确地选择传热介质;对于放热反应,必须选择最有效的传热方法和传热设备,保证反应热及时传出,以免超温。例如,合成甲醇是一个强烈的放热反应,必须用一种结构特殊的反应器,器内装有热交换装置,且混合合成气分两路,并通过控制一路气体量的大小来控制反应温度。

（2）防止搅拌中断：搅拌可以加速热量的传导，有的生产过程如果搅拌中断，可能会造成散热不良或局部反应加剧而发生危险。例如，苯与浓硫酸混合进行磺化反应时，物料加入后由于迟开搅拌器，会造成物料分层。搅拌器开动后，反应剧烈，冷却系统不能将大量的反应热带走，使其温度升高，未反应完的苯很快受热汽化，造成超压爆裂。为此，加料前必须先启动搅拌器，防止物料积存。

对于因搅拌中断而引起事故的反应装置，应采取有效措施，如双路供电、增设人工搅拌装置及有效的降温措施等。

（3）正确选择传热介质：正确选择传热介质如水蒸气、热水、烟道气、联苯醚、熔盐、熔融金属等，对加热过程的安全有十分重要的意义。

应避免选择与反应物相作用的物质作为传热介质。例如，环氧乙烷很容易与水发生剧烈的反应，甚至极微量的水分渗到液体环氧乙烷中，也会引起自聚发热产生爆炸。冷却或加热这类物质时，不能选用水或水蒸气作传热介质，而应该选用液状石蜡等作传热介质。

防止传热面的结疤，并采取措施。同时对热不稳定物也要及时处理。

2. 投料控制

（1）投料速度：对于放热反应，加料速度不能超过设备的传热能力，否则将会引起温度骤升，加剧副反应的进行或引起物料的分解。加料速度如果太慢，反应温度降低，反应物不能完全作用而积聚，升温后反应加剧，温度及压力都可能突然升高而造成事故。

（2）投料配比：反应物料的配比要严格控制，为此对反应物料的浓度、含量、流量都要准确地分析和计算。

催化剂对化学反应速率影响很大，如果多加催化剂，就可能发生危险。

生产过程中，若易燃物与氧化剂能进行反应，则要严格控制氧化剂的投料量。

在某一配比下能形成爆炸性混合物的生产，其配比浓度应尽量控制在爆炸极限范围以外，或添加水蒸气、氮气等惰性气体进行稀释，以减小生产过程中的火灾爆炸危险程度。

（3）投料顺序：在化工生产中，必须按一定顺序进行投料。例如，合成氯化氢，应先投氢，后投氯；生产三氯化磷，应先投磷，后投氯，否则有可能发生爆炸。为了防止误操作颠倒投料顺序，可将进料阀门进行互相联锁。

（4）原料纯度控制：许多化学反应，由于反应物料中存在杂质，而发生副反应或过反应，以致造成火灾爆炸。所以，发、领料要有专人负责，要有制度。配料时应取样进行化验分析，以保证原料的纯度。如电石中含磷过高，在制取乙炔时易发生事故。

反应原料气中的有害成分应清除干净或控制一定的排放量，以防止生产系统中有害成分的积聚而影响生产的正常进行。

3. **防止跑、冒、滴、漏**

化工生产中，由于物料的起泡、设备的损坏、管道破裂、人为操作错误、反应失去控制等原因,常出现跑、冒、滴、漏现象,从而导致火灾爆炸事故的发生,为杜绝跑、冒、滴、漏现象,确保安全生产,应采取如下措施:

① 加强操作人员和维修人员的责任心,提高他们的技术水平,稳定工艺操作,提高设备完好率。

② 在工艺方法、设备结构方面应采取相应措施。例如,易泄漏的重要阀门,采用两级控制;危险性大的装置,应设置远距离的遥控断路阀等。

③ 对比较重要的各种管线,涂以不同颜色加以区别,对重要阀门采取挂牌、加锁等措施。不同管道上的阀门,应相隔一定的距离。同时对管道的震动或管道与管道之间的摩擦,应尽力防止和消除。

4. 紧急情况停车处理

当发生停电、停水、停气(或汽)等紧急情况时,整个装置的生产控制将会由平衡状态变为不平衡状态,这种不平衡若处理不及时或处理不当,便会造成事故或使事故扩大。

(1)停电:操作者要及时向调度汇报和联系,查明停电原因,同时要注意加热设备的温度和压力变化,保持物料流通,某些设备的手动搅拌、紧急排空等安全装置,应有专人看管。

(2)停水:停水时要注意水位和各部位的温度变化。可采用减量的措施维持生产,如果水压降为零时,应立即停止进料,并注意用水降温的所有设备,不要超温、超压,若压力高时,应立即采取紧急放空措施。应注意运转设备轴的降温。

(3)停蒸汽:水蒸气一旦停止,加热装置的温度便会下降,气动设备停止运转,一些常温下是固体,而在操作温度下是液态的物料,应根据温度变化而进行处理,防止堵塞管道。另外,应及时关闭蒸汽与物料系统相连通的阀门,以防止物料倒流到蒸汽管线系统。

(4)停压缩空气:当气流压力回零时,所有气动仪表和阀门都不能动作,这时生产装置中的流量、压力、液面等,应根据一次仪表或实际情况来分析判断,改自动为手动。

5. 设置自动讯号、联锁和保护系统

当化工生产中,某些机器、设备及过程中发生不正常情况时,会发生警报或自动采取措施,以防事故,保证安全生产。这是化工生产实现自动化的重要组成部分,近年来已被许多大中型化工厂所采用。

六、限制火灾爆炸的扩散与蔓延

在化工生产中,由于化学危险物质多,火灾爆炸的危险性大,且设备和管线又连通在一起,一处发生爆炸或燃烧,便可能扩展到其他部位。在设计化工生产装置时,既要考虑工艺装置的布局和建筑结构,又要考虑防火区域的划分和消防设施,既要有利于安全,又要有利于生产。常用的限制措施有以下几种:

1. 设置必要的阻火设备

阻火设备包括安全液封、阻火器和单向阀等。其作用是防止外部火焰蹿入有火灾爆炸危险的设备、管道、容器，或阻止火焰在设备和管道间的扩展。各种气体发生器或气柜多用液封进行阻火。液封是靠设备中的一段封闭液（常用水）柱分隔系统达到阻火蔓延的目的。常用的安全液封有敞开式和封闭式两种（图7-2）。在容易引起火灾爆炸的高热设备、燃烧室、高温氧化炉、高温反应器与输送可燃性气体、易燃液体蒸气的管线之间，以及易燃液体、可燃性气体的容器、管道、设备的排气管上，多用阻火器进行阻火（图7-3）。阻火器灭火的作用是：当火焰通过狭小孔隙时，由于冷却作用而中止燃烧。阻火器是利用内装的金属网、波纹金属片、砾石等形成许多小孔隙而起阻火作用的。对只允许流体（气体或液体）向一定方向流动，防止高压窜入低压及防止回火时，应采用单向阀。为了防止火焰沿通风管道或生产管道蔓延，可采用阻火闸门。

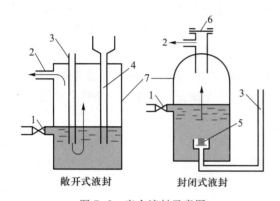

图7-2　安全液封示意图

1. 验水栓；2. 气体出口；3. 进气管；
4. 安全管；5. 单向阀；6. 爆破片；7. 外壳

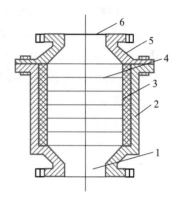

图7-3　金属网阻火器

1. 进口；2. 壳体；3. 垫圈
4. 金属网；5. 上盖；6. 出口

2. 设置防爆泄压设施

防爆泄压设施，包括采用安全阀、爆破片、防爆门和放空管等。安全阀主要用于防止物理性爆炸；爆破片主要用于防止化学性爆炸；防爆门和防爆球阀主要用于加热炉；放空管用来紧急排泄有超温、超压、爆聚和分解爆炸的物料。有的化学反应设备除设置紧急放空管外，还宜相应设置安全阀、爆破片或事故储槽，有时只设置其中一种。

3. 分区隔离

在总体设计时，应慎重考虑危险车间的布置。按照国家有关规定，危险车间与其他车间或装置应保持一定的间距，充分估计到相邻车间建构筑物可能引起的相互影响，需采用相应的建筑材料和结构形式等。例如，合成氨生产中，合成车间压缩岗位的布置；焦化、炼焦和副产品回收车间的间隔；染料厂的原料仓库和生产车间的间隔；高压加氢装置的间隔；厂区、厂前区、生产区等的划分等，都必须合理分区。

在同一车间的各个工段，应视其生产性质和危险程度而予以隔离，各种原料成品、半成品的储藏，亦应按其性质、储量不同而进行隔离；对个别有危险过程，也可采用隔离操作和防护屏的方法,使操作人员和生产设备隔离。具体设计应按《石油化工企业设计防火标准》(GB 50160—2008,2018 年版)等,附录 5 是其中部分标准摘录。

4. 露天安装

为了便于有害气体的散发,减少因设备泄漏造成易燃气体在厂房中积聚的危险性,一般将这类设备和装置露天或半露天放置。如氮肥厂的煤气发生炉及其附属设备,加热炉、炼焦炉、气柜、精馏塔等。石油化工生产的大多数设备都是露天存放的。露天安装的设备密闭性要考虑气象条件对生产设备、工艺参数及工作人员健康的影响。注意冬季防冻保温,夏季防暑降温、防潮气腐蚀等,并应有合理的夜间照明。

5. 远距离操纵

远距离操纵不但能使操作人员与危险工作环境隔离,同时也提高了管理效率,消除人为的误差。对大多数的连续生产过程,主要是根据反应的进行情况和程度来调节各种阀门。特别是某些阀门操作人员难以接近,开启又较费力,或要求迅速启闭的阀门,都应该进行远距离操纵。操作人员只需在操作室进行操作,记录有关数据。另外对于辐射热高的反应设备及某些危险性大的反应装置,也可以采用远距离操纵。远距离操纵和自动调节一样,可以通过机动、气动、液动、电动和联动等方式来传递动作。所不同之处在于远距离操纵需要人去动作,而自动调节则是根据预先规定的条件自动进行。

6. 厂房的防爆泄压措施

要建造能够耐爆炸最高压力的厂房和仓库是不现实的。因为可燃气体、蒸气和粉尘等物质与空气混合形成的爆炸性混合物,其爆炸最高压力可达 $40\sim110$ t/m^2,而 30 cm 厚砖墙只能耐压 0.2 t/m^2。

通常应在具有爆炸的危险厂房设置轻质板制成的屋顶、外墙或泄压窗,发生爆炸时这些薄弱部位首先遭受爆破,顷刻间向外释放大量气体和热量,室内爆炸产生的压力骤然下降,从而减轻承重结构受到的爆炸压力,避免遭受倒塌破坏。

第四节　消防设施及措施

一、消防设施及器材

为了及时迅速扑救化工厂的火灾,各企业内应拥有一定数量消防车的消防力量。各生产装置内也应按火灾危险的大小,设置固定、半固定或移动式灭火设施。此外,还应配备手提式灭火器及其他简易灭火器材,如泡沫灭火器、干粉灭火器等,其数量和种类,应根据保护部位的物料性质、可燃物数量、占地面积及固定灭火设施对外扑救初起火灾的可能等因素综合决定。

1. 生产场所消防器材的基本配置

随着全社会对防火要求的提高,现在不光是化工生产场所,而是所有公共工作场所都必须配置一定数量的基本消防器材。其中配置最普遍的是灭火器和消火栓。

灭火器是内装灭火剂和喷射压力源的最常用小型灭火器材，施用时靠喷射压力将灭火剂喷出，把初起火灾扑灭。灭火器分为手提式和推车式两类，手提式应用最广。在化工生产场所，一般情况下，手提式灭火器的数量不应少于表 7-27 的要求。

表 7-27　手提式灭火器设置数量

场所	设置数量/(个·m^{-2})	备注
甲、乙类露天生产装置 丙类露天生产装置 乙类生产建筑物 甲、乙类仓库，丙类生产区 丙类仓库	1/50~1/100 1/50~1/100 1/150~1/1 200 1/50 1/100	1. 装置占地面积大于 1 000 m^2 时，选用小值，小于 1 000 m^2 时，选用大值 2. 不足 1 个灭火器数时，按 1 个计算
易燃、可燃液体装卸栈台	按栈台长度 10~15 m 设 1 个	设置干粉灭火机
液化石油气、可燃气体罐区	按储罐数，每罐设 2 个	设置干粉灭火机

注：此表所确定的灭火器，是指 0.01 m^3 泡沫、8 kg 干粉、5 kg 二氧化碳手提式灭火器。

消火栓是另一种常见灭火器材，实为消防给水设施。我国《建筑设计防火规范》规定：在进行建筑设计时，必须同时设计消防给水系统。消火栓是该系统的重要组成部分，其数量按消防用水量计算决定。每个室外消火栓供水量按 10~15 L/s 计，其保护半径不超过 150 m。

实践证明，配置适量的基本灭火器材对扑救初起火灾有特别重要的作用。

2. 防火重点区的灭火装置

化工生产防火重点区，如炼油车间、原油或成品罐区等，除配置手提式灭火器外，还需设置灭火能力更强大的灭火装置。灭火装置有以下三种类型：

固定式灭火装置，由足够储量灭火剂罐、齐全的喷射动力及管线阀门等控制系统组成。其中喷嘴可布置在危险部位。

半固定式灭火装置，由一定储量灭火剂罐和喷射系统组成，它固定在重点防火的装置上，配有外源灭火剂和喷射动力的连接器。

移动式灭火装置，把灭火剂罐、喷射设备装于推车上，可轻便移动、灵活运用。

固定式灭火装置一般设置于 10 min 内不能调来足够消防力量的防火重点区，其他防火重点区可设置半固定或移动式灭火装置。这些装置目前大多配用化学泡沫灭火剂。

二、灭火剂的种类及选用

对化工厂火灾的扑救，必须根据化工生产工艺条件、原材料、中间产品、产品的性质，建筑物、构筑物的特点，灭火物质的价值等原则，来选择合理的灭火剂和灭火器材。

化工企业常用的灭火剂有水、水蒸气、泡沫、二氧化碳、干粉、清洁气体(氩气、氮气、七氟丙烷等惰性气体)等。下面就目前常见几类灭火剂的性能及应用范围做简单的介绍。另外,基于环保和安全性等方面的原因,化学泡沫灭火剂、酸碱灭火剂和1211(二氟一氯一溴甲烷,BCF)灭火剂等已经被淘汰,故在此不做描述。

1. 水和水蒸气

水是消防上最普遍应用的灭火剂,因为水在自然界广泛存在,供应量大,取用方便,成本低廉,对人体及物体基本无害,水有很好的灭火效能。

水在灭火时,虽然往往同时产生几种灭火作用,但多数情况下,主要是冷却和窒息作用。水灭火的喷射动力源来自自来水压或水泵加压。

凡具有下列性质的物品及设备不能用水扑救:

① 相对密度小于水和不溶于水的易燃液体,如汽油、煤油、柴油等油品(相对密度大于水的可燃液体,如二硫化碳,可以用喷雾水扑救,或用水封阻止火势的蔓延)。

某些芳香烃类、能溶或稍溶于水的液体,如苯类、醇类、醚类、酮类、酯类及丙烯腈等大容量储罐,如用水扑救,易造成可燃液体的飞溅和溢流,使火势扩大。

② 遇水能燃烧的物质不能用水或含有水的泡沫液灭火,而应用沙土灭火,如金属钾、钠、碳化钙等。

③ 硫酸、盐酸和硝酸不能用强大的水流冲击。因为强大的水流能使酸飞溅,流出后遇可燃物质,有引起爆炸的危险。酸溅在人身上,能使人烧伤。

④ 电气火灾未切断电源前不能用水扑救。因为水是良导体,容易造成触电。

⑤ 高温状态下的生产设备和装置的火灾不能用水扑救。因为可使设备遇冷水后引起形变或爆裂。

2. 泡沫灭火剂

泡沫灭火剂是与水混溶,通过机械作用或化学反应产生泡沫进行灭火的药剂。泡沫灭火剂一般由发泡剂、泡沫稳定剂、降黏剂、抗冻剂、助溶剂、防腐剂及水组成。主要用于扑救非水溶性可燃液体及一般固体火灾。特殊的泡沫灭火剂还可以扑灭水溶性可燃液体火灾。常见的泡沫灭火剂有以下几种:

① 空气泡沫灭火剂(MPE),即用一定比例的动物或植物蛋白质类经水解而成的泡沫液、水和空气经过机械作用相互混合而得到的膜状泡沫群,气泡中的气体是空气。空气泡沫灭火剂能够以一定厚度覆盖在可燃或易燃液体的表面,阻挡可燃或易燃液体的蒸气进入火焰区,使空气与液面隔离,也防止火焰区的热量进入可燃或易燃液体表面。

在高温下,灭火剂产生的气泡由于受热膨胀被迅速破坏,所以不宜在高温下使用。另外,构成泡沫的水溶液能溶解于酒精、丙酮或其他有机溶剂中,使泡沫遭到破坏,故空气泡沫不适用于扑救醇、酮、醚类等有机溶剂的火灾,对于忌水的化学物质也不适用。

② 抗溶性泡沫灭火剂(MPK),这类泡沫灭火剂是在蛋白质水解液中添加有机酸金属络合盐,这种有机金属络合盐类与水接触可以析出不溶于水的有机酸金属皂化物(如脂肪酸锌皂)。当产生泡沫时,析出的有机酸金属皂在泡沫层上面形成连续的固体

薄膜。这层薄膜能有效地防止水溶性有机溶剂吸收泡沫中的水分,使泡沫能持久地覆盖在溶剂液面上,从而起到灭火的作用。

抗溶性泡沫不仅可以扑救一般液体烃类的火灾,还可以有效地扑救水溶性有机溶剂的火灾,如醇类(甲醇、乙醇、异丙醇)、酮类(丙酮)、酯类(醋酸乙酯)等火灾,而且可以扑救油类、木材及非水溶性有机物质的火灾。

③ 氟蛋白泡沫灭火剂(MPF),在空气泡沫液中加入氟碳表面活性剂,即得到氟蛋白泡沫。由于普通蛋白泡沫通过油层时,不能抵抗油类的污染,上升到油面后泡沫本身含的油足以使其燃烧,导致泡沫的破坏。而氟碳表面活性剂具有良好的表面活性、较高的热稳定性、较好的浸润性、疏油性和流动性。当该泡沫接触油层时,油不能向泡沫内扩散而被泡沫分隔成小油滴。这些小油滴被未污染的泡沫包裹,在油层表面形成一个包有小油滴的不燃烧的泡沫层,从而达到灭火的目的。

氟蛋白泡沫灭火剂适用于较高温度下的油类灭火,尤其适用于液下喷射灭火。当氟蛋白泡沫向油层底部喷射时,可通过油层向上浮出,覆盖着火油面使火灾熄灭。

④ 水成膜泡沫灭火剂(MPQ),水成膜泡沫灭火剂又称"轻水"泡沫灭火剂(AFFF)或氟化学泡沫灭火剂。它由氟碳表面活性剂、无氟表面活性剂(碳氢表面活性剂或硅酮表面活性剂)、改进泡沫性能的添加剂(泡沫稳定剂、抗冻剂、助溶剂及增稠剂等)及水组成。

水成膜泡沫灭火剂适用于扑灭非水溶性液体燃料引起的火灾。

3. 二氧化碳灭火剂

二氧化碳在通常状态下是无色无味的气体,相对密度 1.529,比空气重,不燃烧,不助燃。经过压缩液化的二氧化碳灌入钢瓶中,从钢瓶里喷射出来的固体二氧化碳(干冰)温度为 $-78.5\ ^{\circ}\text{C}$,干冰汽化后,二氧化碳气体覆盖在燃烧区内,除了窒息作用之外,还有冷却作用,火焰就会熄灭。

二氧化碳灭火剂有很多优点,灭火后不留任何痕迹,不损坏被救物品,不导电,无毒害,无腐蚀,用它可以扑灭一般可燃液体和固体物质的火灾,此外,还可以扑救电气设备、精密仪器、电子设备、图书资料档案等火灾。但忌用于某些金属,如钾、钠、镁、铝、铁及其氢化物的火灾,也不适用于某些能在惰性介质中自身供氧燃烧的物质,如硝化纤维火药的火灾,也难于扑灭一些纤维物质内部的阴火。

4. 干粉灭火剂

干粉灭火剂主要有两种,一种是主要成分为碳酸氢钠和少量的防潮剂硬脂酸镁及滑石粉等(BC 类干粉)。用干燥的二氧化碳或氮气作动力,将干粉从容器中喷出形成粉雾,喷射到燃烧区灭火。

在燃烧区干粉碳酸氢钠受高温作用,其反应为

$$2NaHCO_3 \xrightarrow{\quad\quad} Na_2CO_3 + H_2O + CO_2\uparrow -Q$$

在反应过程中,由于放出大量的水蒸气和二氧化碳,并吸收大量的热,因此起到一定冷却和稀释可燃性气体的作用;同时,干粉灭火剂与燃烧区碳氢化合物作用,夺取燃

烧连锁反应的自由基,从而抑制燃烧过程,致使火焰熄灭。

另一种是磷酸铵盐干粉灭火剂(ABC 干粉),主要成分为磷酸二氢铵,加以其他磷酸铵盐、硫酸铵盐及云母粉、白炭黑、滑石粉、硅油等防潮抗结块添加剂混合起来的干粉。其原理为磷酸铵盐受热分解为 NH_3 和 H_3PO_4,H_3PO_4 分解为 P_2O_5,每步均为吸热反应,同时分解产生的 NH_3 能与火焰燃烧产生的 $\cdot OH$ 自由基反应,减少并终止燃烧产生的自由基,降低燃烧反应速率。此外,高温下磷酸铵盐或硫酸铵盐分解可在燃烧固体表面形成一层玻璃状薄膜,使燃烧表面与空气隔绝,阻止复燃,以达到灭火的目的。主要反应为

$$NH_4H_2PO_4 =\!=\!= H_3PO_4 + NH_3\uparrow - Q$$
$$2H_3PO_4 =\!=\!= P_2O_5 + 3H_2O - Q$$
$$(NH_4)_2SO_4 =\!=\!= H_2SO_4 + 2NH_3\uparrow - Q$$

干粉灭火剂无毒、无腐蚀作用,主要用于扑救石油及其产品,可燃性气体和电气设备的初起火灾及一般固体的火灾。扑救大面积的火灾时,需与喷雾水流配合,以改善灭火效果,并可防止复燃。

对于一些扩散性很强的易燃气体,如乙炔、氢气,干粉喷射后难以使整个范围内的气体稀释,灭火效果不佳。它也不宜用于精密机械、仪器、仪表的灭火,因为在灭火后留有残渣。

5. 清洁气体灭火剂

清洁气体灭火剂也称惰性气体灭火剂,主要有氩气、氮气及其混合气,或者与二氧化碳的混合气,以及七氟丙烷等。

七氟丙烷

七氟丙烷(C_3F_7H,HFC-227ea)是一种无色无味、不导电、低毒性、无二次污染的气体,属于卤代烷灭火剂的一种。它是通过夺取燃烧连锁反应中的活性物质来达到灭火目的。它具有绝缘性好、不留痕迹、腐蚀性小、久存不变质、灭火效率高等优点。

HFC-227ea 适于扑救各种易燃液体火灾和电气设备火灾,但不适合扑救活泼金属、金属氢化物、硝化纤维及能在惰性介质中自身供氧燃烧的物质的火灾,扑救固体纤维物质火灾时要用较高的浓度。七氟丙烷有毒反应的浓度在 10.5% 以上,所以通常 HFC-227ea 的灭火浓度控制在 5.8% ~ 6.6%。另外 HFC-227ea 在灭火时会分解产生 HF,而高浓度的 HF 气体会对人员造成伤害,所以使用时应加以注意。

1211(CF_2ClBr,BCF)、Halon-1301(CF_3Br)等卤化物灭火剂虽然有较好的灭火效果,但其灭火产物对大气臭氧层有破坏作用,已经被淘汰。取而代之的除了 HFC-227ea 以外,还有 HFC-23(CHF_3)、HFC-125(C_2HF_5)等不含 Cl、Br 的氟代烷灭火剂。

三、几种常见初起火灾的扑救

为维护化工企业的正常安全生产,企业和个人必须从思想上高度重视,做好安全应急预案和演练,完善抢险救灾硬件设施,以人为本,科学施救。化工生产中除突发性的

爆炸性火灾外,一般大多数的火灾都是从小到大、由弱到强,所以及时发现并科学扑救对保障人员安全、降低财产损失具有重要意义。

火灾扑救的一般原则是:报警早,损失小;边报警,边扑救;先控制,后灭火;先救人,后救物;防中毒,防窒息;听指挥,莫惊慌。

1. 生产装置初起火灾的扑救

当生产装置发生火灾爆炸事故时,在场操作者应迅速采取如下措施:

① 迅速查清着火部位、着火物质及来源,准确关闭有关阀门,切断物料来源及加热源(含电源);开启消防设备,进行冷却或隔离;关闭通风装置,防止火势蔓延。

② 压力容器内物料泄漏引起的火灾,应切断进料并及时开启泄压阀门,进行紧急排空;为便于灭火,将物料排入火炬系统或其他安全部位。

③ 现场当班人员要及时作出是否停车决定,并及时向厂调度室报告情况和向消防部门报警。在报警时要讲清着火单位、地点、部位和着火物质,最后报告自己姓名。

④ 发生火灾后,当班的车间领导或班长应迅速组织人员对装置采取准确的工艺措施,利用装置内的消防设施及灭火器材进行灭火。若火势一时难以扑灭,则要采取防止火势蔓延的措施,保护要害部位,转移危险物质。

⑤ 在专业消防人员到达火场时,生产装置的负责人应主动及时向消防指挥人员介绍情况。说明着火部位、物料情况、设备及工艺状态、已经采取的措施等。

2. 易燃、可燃液体储罐初起火灾的扑救

对于罐区可燃液体储罐或有毒液体储罐的火灾爆炸事故处置可以根据相关的应急预案进行科学扑救。对易燃、可燃液体储罐的初起火灾应采取如下措施:

① 储罐起火,马上就会有引起爆炸的危险,一旦发现火情,应迅速向消防部门报警并向厂调度室报告。报警和报告中需说明罐区的位置、着火罐的位号及储存物料的情况,以便消防部门及时迅速赶到火场进行扑救。

罐区火灾爆炸事故应急救援处置原则

② 若着火罐正在进料,应迅速切断进料。如果进料阀无法关闭,可在消防水枪掩护下进行抢关,并通知送料单位停止送料。

③ 若着火罐区有固定泡沫发生站,则应立即启动泡沫发生装置,打开通向着火罐的泡沫管阀门,利用泡沫灭火。

可燃液体储罐火灾爆炸事故应急处置原则

④ 若着火罐为压力容器,打开喷淋设施,作冷却保护,以防止升温、升压而引起爆炸。打开紧急放空阀门进行安全泄压。

⑤ 火场指挥员应根据具体情况,组织人员做防止物料流散、火势扩大的措施。并注意对相邻储罐的保护及减少人员的伤亡。

3. 人身着火的扑救

人身着火后,千万不能跑动,以防止风助火势。而应迅速脱掉着火衣服,或就地打滚,用身体压灭火;用棉衣、棉被等物覆盖灭火,用水浸湿后覆盖效果更好;用灭火器扑救时,注意不要对着人的面部喷射。

有毒物质储罐火灾爆炸事故应急处置原则

在现场抢救烧伤患者时,应当特别注意保护烧伤部位,不要碰破皮肤,以防止感染。

此外,要注意伤者的舌头收缩而堵塞咽喉,必要时应将伤者嘴巴撬开,将舌头拉出,保证呼吸顺畅,并尽快送往医院治疗。

复习思考题

1. 请解释下列名词:燃烧,爆炸,闪点,着火点,自燃,自燃点,爆炸极限,危险度。

2. 简述燃烧条件和形式。

3. 简述影响爆炸极限的因素。

4. 简述评定可燃物危险性的主要指标。

5. 简述物质火灾危险性分类。

6. 化工生产需控制的点火源有哪些?

7. 简述防爆电气设备的类型及标志。

8. 简述常用灭火剂灭火机理及特点。

9. 简述化工生产火灾扑救原则。

10. 某化工设备装有易燃易爆物料,其万一发生爆炸事故时的能量相当于 2.5 kg 炸药。为确保不受其破坏,其周围至少多少米内不能修建筑物?

11. 简述防止化工火灾爆炸扩散的措施。

第八章　工业毒物的危害及防护技术

当某些物质通过各种途径进入人体后,仅较小剂量就会与体液和组织发生生物化学作用或生物物理变化,扰乱或破坏人体的正常生理机能,使某些器官和组织发生暂时性或持久性病变,甚至危及生命,这些物质被称为毒物。由毒物侵入人体而导致的病理状态称为中毒。在工业生产过程中所使用或产生的毒物称为工业毒物。在劳动过程中,工业毒物引起的中毒称为职业中毒。

在化工生产中,常接触到许多有毒物质。这些毒物来源广、种类多,如某些原料、成品、半成品、副产品及"三废"等。因此,化工生产中预防中毒是极为重要的。

第一节　工业毒物的分类及毒性评价

一、工业毒物的分类

在化工生产环境中,由于原料、产物或生产方法不同,工业毒物以各不相同的物理状态存在,具体分为气体、雾或粉尘 3 种。其中粉尘又可分成几种,如按粉尘的颗粒大小分,可分为粗尘、飘尘、烟尘等,见表 8-1。

表 8-1　粉尘粒径分类表

名称	粒径/μm	特性
粗尘	>10	肉眼可见,在静止空气中以加速度下降,不扩散
飘尘	0.1~10	在静止空气中按斯托克斯法则作等速下降,不易扩散
烟尘	0.01~0.1	在超显微镜下可见,大小接近于空气分子。在空气中呈布朗运动状态,扩散能力强,在静止空气中不沉降或较缓慢曲折地沉降

工业毒物按其损害人体器官或系统可分为:神经毒性、血液毒性、肝毒性、肾毒性、呼吸道毒性和全身毒性等毒物。有的毒物主要具有一种作用,有的具有多种作用。

二、工业毒物的毒性评价

1. 评价指标

毒物的剂量与生理反应之间的关系,用"毒性"一词来表示。毒性一般以毒物能引起实验动物某种毒性反应所需的剂量表示。最通用的毒性反应是由动物实验测定的。使毒物经口或经皮肤及经呼吸进入实验动物体内,再根据实验动物的死亡数与剂量或浓度对应值来作为评价指标。常用的评价指标有以下几种:

(1) LD_{100} 或 LC_{100}:表示绝对致死剂量或浓度,即能引起实验动物全部死亡的最小剂量或最低浓度。

(2) LD_{50} 或 LC_{50}:表示半数致死剂量或浓度,即能引起50%实验动物死亡的剂量或浓度。这是将动物实验所得数据经统计处理而得的。

(3) MLD 或 MLC:表示最小致死剂量或浓度,即能引起实验动物中个别动物死亡的剂量或浓度。

(4) LD_0 或 LC_0:表示最大耐受剂量或浓度,即使全组染毒,但实验动物全部存活的最大剂量或浓度。

除用实验动物死亡情况表示毒性外,还可以用人体的某些反应来表示。如引起某种病理变化、上呼吸道刺激、出现麻醉和某些体液的生物化学变化等。

上述各种剂量通常用毒物的毫克数与动物的每千克体重之比(mg/kg)表示。吸入浓度常用每立方米空气中含毒物的质量(mg/m^3 或 g/m^3)表示。

对于气态毒物,还常用一百万份空气容积中,某种毒物所占容积的份数(10^{-6})表示。此容积是在 25 ℃、101.3 kPa 下计算的。

毒物在溶液中的浓度一般用每升溶液中所含毒物的质量(mg/L)来表示。

毒物在固体中的浓度用每千克物质中毒物的质量(mg/kg)表示,亦可用一百万份固体物质中毒物的质量份数(10^{-6})表示。

2. 毒性分级

在各种评价指标中,常用半数致死量来衡量各种毒物的急性毒性大小。急性毒性数据来自受试动物 24 h 内一次或数次接受毒物(合计量)后,观察该动物在 7~14 天中所产生的中毒效应。按照毒物的半数致死量大小,可将毒物的急性毒性分为 6 级,见表 8-2。

表 8-2　化学物质急性毒性分级

毒物名称	大鼠一次经口 LD$_{50}$ /(mg·kg^{-1})	6只大鼠吸入4 h 死亡2~4只的 含量/10^{-6}	兔涂皮时 LD$_{50}$ /(mg·kg^{-1})	对人可能致死量(一次经口)	
				剂量/ (g·kg^{-1})	总量/g (60 kg 体重)
剧毒	<1	<10	<5	<0.05	0.1
高毒	1~50	10~100	5~	0.05	3
中等毒	50~500	100~1 000	44~	0.5	30
低毒	500~5 000	1 000~10 000	350~	5~	250
微毒	5 000~15 000	10 000~100 000	2 180~	>15	1 000
基本无毒	15 000 以上	>100 000			>1 000

第二节　工业毒物侵入人体的途径和危害

一、工业毒物侵入人体的途径

毒物侵入人体的途径有3个,即呼吸道、皮肤和消化道。在生产过程中,毒物最主要的是通过呼吸道侵入,其次是皮肤,而经消化道侵入的较少。当生产中发生意外事故时,毒物有可能直接冲入口腔。生活性中毒则以消化道侵入为主。

1. 经呼吸道侵入

人的呼吸道可分为导气管和呼吸单位两大部分。按顺序,导气管包括鼻腔、口腔前庭、口咽、喉、气管、主支气管、支气管、细支气管和终末细支气管。呼吸单位包括呼吸细支气管、终末呼吸细支气管、肺泡小管和肺泡。肺中的支气管经过多次反复分支,其末端形成若干亿个肺泡,肺泡的直径为100~200 μm,所以人体肺泡总表面积为90~160 m^2,每天吸入空气12 m^{3}左右,大约15 kg。肺泡壁薄(1~4 μm),而且有丰富的毛细血管,空气在肺泡内流速慢(接触时间长),这些都有利于吸收,所以呼吸道是工业毒物进入人体的最重要途径。在生产环境中,即使空气中有害物质含量较低,每天也会有相当大量的毒物通过呼吸道侵入人体。

由于从鼻腔到肺泡,整个呼吸道各部分结构的不同,对毒物的吸收也不同,愈入深部,表面积愈大,停留时间愈长,吸收量愈大。此外,吸收量的大小,对于固体有毒物质来讲与其粒径、溶解度大小有关;对于气态有毒物质,则与肺泡壁两侧分压大小及呼吸深度、速度、循环速度等有关,而这些因素又与劳动强度有关。环境温度、湿度、接触毒物的条件(如同时有溶剂存在)等,也都能影响吸收量。

肺泡内的二氧化碳形成碳酸润湿肺泡壁,对增加某些物质的溶解度起一定的作用,从而能促进毒物的吸收。另外,由呼吸道吸入的毒物被肺泡吸收后,不经过肝解毒而直接进入血液循环系统,扩散到全身,所以毒害较为严重。

2. 经皮肤侵入

有些毒物可透过无损皮肤通过表皮、毛囊、汗腺导管等途径侵入人体。经表皮进入体内的毒物需经过三种屏障：第一是皮肤的角质层，一般相对分子质量大于 300 的物质不易透过完整的角质层；第二是位于表皮角质层下面的连接角质层，其表皮细胞富有固醇磷脂，它能阻止水溶性物质的通过，但不能阻止脂溶性物质透过。毒物通过该屏障后即扩散，经乳头毛细血管进入血液；第三是表皮与真皮连接处的基膜。经表皮吸收的脂溶性毒物还需具有水溶性，才能进一步扩散和被吸收。所以水、脂都溶的物质（如苯胺）易被皮肤吸收。只有脂溶而水溶极微的苯，经皮肤的吸收量较少。

毒物经皮肤进入毛囊后，可绕过表皮的屏障直接透过皮脂腺细胞和毛囊壁而进入真皮，再从下面向表皮扩散。电解质和某些重金属，特别是汞在频繁接触时可经过此途径被吸收。操作中如皮肤被溶剂沾染，则毒物贴附于表皮，促使毒物经毛囊被吸收。

毒物通过汗腺导管被吸收是极少见的。手掌和足掌的表皮虽有很多汗腺，但没有毛囊，毒物只能通过表皮而被吸收。由于这些部位表皮的角质层较厚，故不易吸收。

某些气态毒物如果浓度较高，即使在室温条件下，也能同时经表皮和毛囊两条途径进入血液。

如果表皮屏障的完整性被破坏（如外伤、灼伤等），可促进毒物的吸收。潮湿环境也可促进皮肤吸收毒物，特别是促进吸收气态毒物。环境温度较高，出汗较多，也会促进黏附在皮肤上的毒物被吸收。此外，皮肤经常接触有机溶剂，会使皮肤表面的类脂质溶解，使接触到的毒物容易侵入而吸收。具有腐蚀性的物质，如强酸、强碱、强酚、黄磷等，是通过腐蚀皮肤进入人体的。

经皮肤侵入人体的毒物，不先经过肝的解毒而直接随血液循环分布于全身。

黏膜吸收毒物的能力远比皮肤强。部分粉尘也可以通过黏膜侵入人体。皮肤有破损的，将显著加重毒物对人体的侵入。

3. 经消化道侵入

由呼吸道侵入人体的毒物，一部分黏附在鼻咽部或混于口鼻咽的分泌物中；另一部分可被吞入消化道。不遵守操作规程（如用沾染毒物的手进食、吸烟、误服）也会使毒物进入消化道。毒物进入消化道后，可通过胃肠壁被吸收。

胃肠道的酸碱度是影响毒物吸收的重要因素。胃液呈酸性，对弱碱性物质可增加其解离程度，从而减少其被吸收；而对弱酸性物质则具有阻止其解离的作用，因而增加其被吸收。脂溶性和非解离的毒物能渗透过胃的上皮细胞。胃内的蛋白质和黏液状蛋白类食物则可减少毒物的吸收。

小肠吸收毒物同样受到上述条件的影响。肠内较大的吸收面积和碱性环境，使弱碱性物质在胃内不易被吸收，待到达小肠后，即转化为非电解质而可被吸收。小肠内的多种酶可以使已与毒物结合的蛋白质或脂肪分解，从而释放出游离的毒物而促进其吸收。在小肠内物质可以经细胞壁直接透入细胞。此种吸收方式对毒物的吸收，特别是对大分子毒物的吸收起重要作用。化学结构上与天然物质相似的毒物可以通过主动的渗透而被吸收。

二、工业毒物对人体的危害

1. 工业毒物对人体全身的危害

毒物侵入人体后,通过血液循环扩散到全身各组织或器官。由于毒物本身的理化特性及各组织的生化、生理特点,从而破坏人体正常生理机能,导致中毒。中毒可大致分为急性中毒和慢性中毒两种情况。急性中毒指短时间内大量毒物迅速作用于人体后所发生的病变。表现为发病急剧、病情变化快、症状较重。慢性中毒指毒物作用于人体的速度缓慢,在较长时间内才发生的病变,或长期反复接触少量毒物,毒物在人体内积累到一定程度所引起的病变。慢性中毒一般潜伏期长,发病缓慢,病理变化缓慢且不易在短时期内治愈。职业中毒以慢性中毒为主,而急性中毒多见于事故场合,一般较为少见,但危害甚大。由于毒物不同,作用于人体的不同系统,对各系统的危害也不同。

(1) 对呼吸系统的危害包括以下几种:

① 窒息状态　造成窒息的原因有两种:一种是呼吸道机械性阻塞,如氨、氯、二氧化硫急性中毒时能引起喉痉挛和声门水肿。当病情严重时可发生呼吸道机械性阻塞而窒息死亡。另一种是呼吸抑制,可由于高浓度刺激性气体的吸入引起迅速的反射性呼吸抑制;麻醉性毒物及有机磷等可直接抑制呼吸中枢,使呼吸肌瘫痪;甲烷等稀释空气中的氧、一氧化碳等能形成高血红蛋白,使呼吸中枢因缺氧而受到抑制。

② 呼吸道炎症　水溶性较大的刺激性气体对局部黏膜产生强烈的刺激作用而引起充血、水肿。吸入刺激性气体及镉、锰、铍的烟尘可引起化学性肺炎。汽油误吸入呼吸道会引起右下叶肺炎。长期接触刺激性气体,可引起黏膜和肺间质的慢性炎症,甚至发生支气管哮喘。铬酸雾能引起鼻中隔穿孔。

③ 肺水肿　中毒性肺水肿是由于吸入大量水溶性的刺激性气体或蒸气所引起的。如氯气、氨气、氮氧化物、光气、硫酸二甲酯、三氧化硫、卤代烃、羰基镍等。

(2) 对神经系统的危害包括以下几种:

① 急性中毒性脑病　锰、汞、汽油、四乙基铅、苯、甲醇、有机磷等所谓"亲神经性毒物"作用于人体会产生中毒性脑病。表现为神经系统症状,如头晕、呕吐、幻视、视觉障碍、复视、昏迷和抽搐等。有的患者有癔症样发作或神经分裂症、躁狂症、忧郁症。有的会出现自主神经系统失调,如脉搏减慢、血压和体温降低、多汗等。

② 中毒性周围神经炎　二硫化碳、有机溶剂、铊、砷的慢性中毒可引起指、趾触觉减退、麻木、疼痛和痛觉过敏。严重者会造成下肢运动神经元瘫痪和营养障碍等。初期为指、趾肌力减退,逐渐影响到上下肢,以致发生肌肉萎缩、腱反射迟钝或消失。

③ 神经衰弱症候群　见于某些轻度急性中毒、中毒后的恢复期,以慢性中毒的早期症状最为常见。如头痛、头昏、倦怠、失眠和心悸等。

(3) 对血液系统的危害包括以下几种:

① 白细胞数变化　大部分中毒均呈现白细胞总数和中性粒细胞数的增高。苯、放

射性物质等可抑制白细胞和血细胞核酸的合成,从而影响细胞的有丝分裂,对血细胞再生产生障碍,引起白细胞减少甚至患有中性粒细胞缺乏症。

② 血红蛋白变性　毒物引起的血红蛋白变性常以高铁血红蛋白症为最多。由于血红蛋白的变性,使输氧功能受到障碍,患者常有缺氧症状,如头昏、乏力、胸闷甚至昏迷。同时,红细胞可以发生退行性病变、寿命缩短、溶血等异常现象。

③ 溶血性贫血　砷化氢、苯胺、苯肼、硝基苯等中毒可引起溶血性贫血。由于红细胞迅速减少,导致缺氧,患者头昏、气急、心动过速等,严重者可引起休克和急性肾衰竭。

(4) 对泌尿系统的危害:在急性和慢性中毒时,有许多毒物可引起肾脏损害,尤其以升汞($HgCl_2$)和四氯化碳等引起的肾小管坏死性肾病最为严重。乙二醇、铅、铀等可引起中毒性肾病。

(5) 对循环系统的危害:砷、磷、四氯化碳、有机汞等中毒可引起急性心肌损害。汽油、苯、三氯乙烯等有机溶剂能刺激β-肾上腺素受体而导致心室颤动。氯化钡、氯化乙基汞中毒可引起心律失常。刺激性气体引起严重中毒性肺水肿时,由于渗出大量血浆及肺循环阻力的增加,可能出现肺源性心脏病。

(6) 对消化系统的危害包括以下两种:

① 急性肠胃炎　经消化道侵入汞、砷、铅等,可出现严重恶心、呕吐、腹痛和腹泻等酷似急性肠胃炎的症状。剧烈呕吐、腹泻可以引起失水和电解质、酸碱平衡紊乱,甚至发生休克。

② 中毒性肝炎　有些毒物主要引起肝损害,造成急性或慢性肝炎,这些毒物被称为"亲肝性毒物"。该类毒物常见的有磷、锑、四氯化碳、三硝基甲苯、氯仿及肼类化合物。

2. 工业毒物对皮肤的危害

皮肤是机体抵御外界刺激的第一道防线,在从事化工生产中,皮肤接触外在刺激物的机会最多。许多毒物直接刺激皮肤造成皮肤危害,有些毒物经口鼻吸入,也会引起皮肤病变。不同毒物对皮肤会产生不同的危害,常见的皮肤病症状有皮肤瘙痒、皮肤干燥、皲裂等。有些毒物还会引起皮肤附属器官及口腔黏膜的病变,如毛发脱落、甲沟炎、牙龈炎、口腔黏膜溃疡等。

3. 工业毒物对眼部的危害

化学物质对眼部的危害,是指某种化学物质与眼部组织直接接触造成的伤害,或化学物质进入体内后引起视觉病变或其他眼部病变。

(1) 接触性眼部损伤:化学物质的气体、烟尘或粉尘接触眼部,或其液体、碎屑飞溅到眼部,可引起色素沉着、过敏反应、刺激性炎症或腐蚀灼伤。例如,对苯二酚等可使角膜、结膜染色。刺激性较强的物质短时间接触,可引起角膜表皮水肿、结膜充血等。腐蚀性化学物质与眼部接触,可使角膜、结膜立即坏死糜烂。如果继续渗入可损坏眼球,导致视力严重减退、失明或眼球萎缩。

(2) 中毒所致眼部损伤:毒物侵入人体后,作用于不同的组织,对眼部有不同的损害。例如,毒物作用于大脑枕叶皮质会导致黑蒙;毒物作用于视网膜周边及视神经外围的神经纤维会导致视野缩小;毒物作用于视神经中轴及黄斑会形成视中心暗点;毒物作用于大脑皮层会引起幻视。毒物中毒所造成的眼部损害还有复视、瞳孔缩小、眼睑病变、眼球震颤、白内障、视网膜及脉络膜病变和视神经病变等。

4. 工业粉尘对人体的危害

工业粉尘来源颇多,就化工生产而言,粉尘主要来源于固体原料和产品的粉碎、研磨、筛分、造粒、混合及粉状物料的干燥、输送、包装等过程。

工业粉尘的尘粒直径在 $0.4 \sim 5 \ \mu m$ 时,对人体危害最大,可沉淀于支气管和肺泡内。高于此值的尘粒在空气中很快沉降,即使部分侵入呼吸系统也会被截留在上呼吸道,而在打喷嚏、咳嗽时随痰液排出;低于此值的尘粒虽能侵入肺中,但有大部分随同空气一起呼出,其余的被呼吸道内的黏液纤毛由细支气管到喉向外排出。

粉尘的化学性质、物理性质(特别是溶解度)及作用部位的不同对人体的危害也不同。主要表现在以下几个方面:

① 粉尘如铅、砷、农药等,能够经呼吸道进入体内而引起全身性中毒;

② 粉尘能引起呼吸道疾病,如鼻炎、咽炎、气管炎和支气管炎等;

③ 粉尘对人体有局部刺激作用,如皮肤干燥、皮炎、毛囊炎、眼病及功能减弱等病变;

④ 变态反应性,是机体对某些物质如大麻、锌烟、羽毛等物质的异常反应——过敏反应;

⑤ 尘肺病,是指肺内存在吸入的粉尘,并与之起非肿瘤的组织反应,引起肺组织弥漫性、纤维性病变。在我国尘肺病是危害最严重的职业病,现在法定的尘肺类职业病有 13 种,其中化工领域涉及的有硅肺、煤工尘肺、石墨尘肺、炭黑尘肺、石棉尘肺等。

尘肺病的发生与被吸入粉尘的化学成分、空气中粉尘的浓度、颗粒大小、接触粉尘时间长短、劳动强度和身体健康状况等都有密切关系。因此,应严格控制作业场所中的含尘浓度。

5. 工业毒物与致癌性

在人体的正常发育和代谢过程中,每个细胞的形成和分裂都按其目的正常进行,使机体正常发育和保持各组织器官的机能。当受某些因素的影响,体内某一部位的组织细胞会突然毫无目的地生长。任何一种异常生长的细胞群都被称为肿瘤。如果肿瘤局限在局部范围内并不扩散,就称为良性肿瘤。假如肿瘤扩散到邻近组织或体内其他部位,就称为恶性肿瘤。各种恶性肿瘤统称为癌。

癌症病因十分复杂。较深入的研究认为,它可能与物理、化学、细菌、病菌、真菌和遗传等因素有关。

人们在长期从事化工生产中,由于所接触的某些化学物质有致癌作用,可使人体产生肿瘤。这种对机体能诱发癌变的物质被称为致癌物。

现在已经被发现的工业致癌物较多,如已被基本确认的致癌物:砷、镍、铬酸盐、亚硝酸盐、石棉、3,4-苯并芘类多环芳烃、亚硝胺、蒽和菲的衍生物、芥子气、联苯胺及氯甲醚等。有些物质被称为可能致癌物或潜在致癌物。

职业性肿瘤多发生于皮肤、呼吸道及膀胱,少见于肝、血液系统。由于许多致癌病因的基本问题未弄清楚,加之在生产环境以外的自然环境中也可接触到各种致癌因素,因此,要确定某种癌是否仅由职业因素引起是不容易的,必须有较充分的根据。现在法定职业性肿瘤分为 8 种,致癌物分别是:石棉、联苯、苯、氯甲醚、砷、氯乙烯、焦炉气和铬酸盐。

6. 职业病

职业病是指劳动者在职业活动中,因接触职业危险因素引起的疾病。职业病特征是:其与职业危险因素的因果关系明确,在接触同样因素的人群中常有一定的发病率,而很少是个别病人。在法律意义上,我国的职业病是指国家卫生计生委等 4 部门联合印发的《职业病分类和目录》(国卫疾控发〔2013〕48 号)列入的职业病,共十大类 132 种(含 4 项开放性条款),包括前述的尘肺病和肿瘤类别。其中化工行业可能涉及的职业病有 80 多种。职业病的诊断应由专门机构按有关法规和程序进行,确诊有职业病的职工享受国家规定的工伤保险待遇。

职业病分类
和目录

第三节　防毒、防尘技术措施

企业及其主管部门在组织生产的同时,要加强对防毒工作的领导和管理,要有人分管这项工作,并列入议事日程,作为一项重要工作来抓。要认真贯彻国家"安全第一,预防为主"的安全生产方针,做到生产工作和安全工作"五同时",即同时计划、布置、检查、总结、评比生产。对于新建、改建和扩建项目,防毒技术措施要执行"三同时",即同时设计、施工、投产的原则;加强防毒知识的宣传教育;建立健全有关防毒的管理制度。定期检测环境中的毒物含量,定期检查防毒防尘设备及器件状态等。

从技术上考虑,防止毒物(包括尘埃)危害的关键是减少毒物源,降低空气中的毒物含量,减少毒物与人体接触机会,早发现,早治疗。

一、防毒技术措施

1. 生产装置的防毒技术措施

(1) 以无毒、低毒的物料或工艺代替有毒、高毒的物料或工艺:这意味着从根本上改变有关生产工艺路线,使生产过程中不产生或少产生对人体有害的物质,这是解决防毒问题的最好办法。近几年来在这方面的进展较大。

(2) 生产装置的密闭化、管道化和机械化:主要指以下几方面。

① 装置密封　勿使尘毒物质外逸。

② 密闭投料、出料 指机械投料、真空投料、高位槽和管道密封、密闭出料等。

③ 转动轴密封 有多种形式,如填料罐、密封圈、迷宫式密封、机械密封、填料密封及磁密封等。

④ 加强设备维护管理 消除跑、冒、滴、漏。

(3)通风排毒:通风是使车间空气中的毒物浓度不超过国家卫生标准的一项重要防毒措施,分局部通风和全面通风两种。局部通风,即把有害气体罩起来排出去。其排毒效率高,动力消耗低,比较经济合理,还便于有害气体的净化回收。全面通风又称稀释通风,是用大量新鲜空气将整个车间空气中的有毒气体冲淡达到国家卫生标准以内。全面通风一般只适用于污染源不固定和局部通风不能将污染物排除的工作场所。

(4)有毒气体的净化回收:净化回收即把排出来的有毒气体加以净化处理或回收利用。气体净化的基本方法有洗涤吸收法、吸附法、催化氧化法、热力燃烧法和冷凝法等。

(5)隔离操作和自动化控制:因生产设备条件有限,而无法将有毒气体浓度降低达到国家卫生标准时,可采取隔离操作的措施,常用的方法是把这种生产设备单独安装在隔离室内,用排风的方法使隔离室处于负压状态,杜绝毒物外逸。

自动化控制就是对工艺设备采用常规仪表或计算机控制,使监视、操作地点离开生产设备。自动化控制按其功能可分为 4 个系统:即自动检测系统、自动操作系统、自动调节系统、自动讯号联锁和保护系统。

2. 个人防护措施

作业人员在正常生产活动或进行事故处理、抢救、检修等工作中,为保证安全与健康,防止意外事故发生,要采取个人防护措施。个人防护措施就其作用分为皮肤防护和呼吸防护两个方面。

(1)皮肤防护:皮肤防护常采用穿防护服,戴防护手套、帽子,穿鞋盖等。除此之外,还应在外露皮肤上涂一些防护油膏来保护。常见的防护膏有:单纯防水用的软膏、防水溶性刺激物的油膏、防油溶性刺激物的软膏,还有防光感性和防粉末作用的软膏等。

(2)呼吸防护:保护呼吸器官的防毒用具一般分为过滤式和隔离式两大类。过滤式防毒用具有简易防毒口罩、橡胶防毒口罩和过滤式防毒面具等。过滤式防毒用具适用于空气中氧含量大于 18% 及有毒成分较低的场合,否则需用隔离式防毒用具。隔离式防毒用具又可分为氧气呼吸器、自吸式橡胶长管防毒面具和送风式长管防毒面具等。使用防毒用具时,应根据现场操作和设备条件、空气中含氧量、有毒物质的毒性和浓度及操作时间长短等情况来正确选用。

① 简易防毒口罩 该口罩是由 10 层纱布浸入药剂 2 h 后烘干制成的。它适用于空气中氧含量大于 18%,有毒气体浓度小于 200 mg/m³ 的环境里使用。

② 橡胶防毒口罩 该口罩由橡胶主体、呼吸阀、滤毒罐和系带 4 个部分组成。适用于低浓度的有机蒸气,不适用于在一氧化碳等无臭味的气体及空气中氧含量低于

18%的环境中使用。

③ 过滤式防毒面具　该面具由橡胶面具、导气管、滤毒罐和背包 4 部分组成,可以过滤空气中的有毒气体、烟雾、放射性灰尘和细菌等,并可以保护眼睛、面部免受有毒物质的伤害。适用于空气中氧含量大于 18%,有毒气体浓度小于 2%的环境使用。

④ 2 h 氧气呼吸器　该呼吸器是利用压缩氧气为供气源的防毒用具。适用于缺氧、有毒气体成分不明或浓度较高的环境。

⑤ 化学生氧式防毒面具　该面具是用金属超氧化物作为基本化学药剂。适用于防护各种有害气体及放射性粉尘和细菌等对人体的伤害,特别适用于在缺氧和含多种混合毒气的复杂环境中处理事故和抢救人员使用。

⑥ 自吸式长管防毒面具　该面具是由面罩、10~20 m 长的蛇形橡胶导气管和腰带 3 部分组成。适用于缺氧、有毒气体成分不明和浓度较高的环境,特别适用于进入密闭设备、储罐内从事检修作业时佩戴。

⑦ 送风式长管防毒面具　该面具由新鲜空气来源设备、导气管、面罩和腰带 4 部分组成。适用范围与自吸式长管防毒面具相同。

二、防尘技术措施

1. 防尘的技术措施

防止工业毒物危害的技术措施中有许多也适用于防止粉尘的危害。在防尘工作中,多种措施配合使用能收到较显著的效果。

① 采用新工艺、新技术,降低车间空气中粉尘浓度,使生产过程中不产生或少产生粉尘。

② 对粉尘较多的岗位尽量采用机械化和自动化操作,尽量减少工人直接接触尘源。

③ 采用无害材料代替有害材料。

④ 采用湿法作业,防止粉尘飞扬。

⑤ 将尘源安排在密闭的环境中,设法使内部造成负压条件,以防止粉尘向外扩散。

⑥ 真空清扫。有扬尘点的岗位应采用真空吸尘清扫,避免用一般的方法清扫,更不能用压缩空气吹扫。

⑦ 个人防护。在粉尘场地工作的工人必须严格执行劳保规定,要穿防护服,戴口罩、手套、防护面具、头盔和穿鞋盖等。

2. 除尘措施

(1) 排尘:排尘是采取一定的措施将工作场地所产生的粉尘排放到空气中或者送到除尘设备中的过程。排尘设备一般由吸尘罩、排风管道和排风机 3 个部分组成。

(2) 除尘:采取一定的技术措施除掉粉尘的过程为除尘。常用的除尘的措施和方法在本书前文(化工废气处理技术)已叙述过,此处不再赘述。

三、空气中有害物质最高容许浓度

预防生产场所空气中有害物质危害的安全技术工作重要内容之一,是确定工人在该场所中工作容许有害物质的最高浓度,即职业接触限值。在这种极限浓度下工作,无论在短时间和长时期接触过程中,对绝大多数人体均无特别危害。

国家卫生健康委员会发布的《工作场所有害因素职业接触限值　第 1 部分:化学有害因素》(GBZ2.1—2019)中规定的化学有害因素的职业接触限值(OELs)分为以下三类。

《工作场所有害因素职业接触限值 第 1 部分:化学有害因素》(GBZ 2.1—2019)

(1) 时间加权平均容许浓度(PC-TWA):以时间为权数规定的 8 h 工作日、40 h 工作周的平均容许接触浓度。

实际的时间加权平均浓度 C_{TWA} 是根据采集一个工作日内一个工作地点,各时段的样品,按各时段的持续接触时间 T_i 与其相应浓度 C_i 乘积之和除以 8 得到。其计算公式为

$$C_{TWA} = (C_1 T_1 + C_2 T_2 + \cdots + C_i T_i + \cdots + C_n T_n)/8 \quad (mg/m^3)$$

(2) 短时间接触容许浓度(PC-STEL):在实际测得的 8 h 工作日、40 h 工作周平均接触浓度遵守 PC-TWA 的前提下,容许劳动者短时间(15 min)接触的加权平均浓度。

(3) 最高容许浓度(MAC):指在一个工作日内、任何时间、工作地点的化学有害因素均不应超过的浓度。

(4) 峰接触浓度(PE):指在最短的可分析的时间段内(不超过 15 min)确定的空气中特定物质的最大或峰值浓度。对于接触具有 PC-TWA 但尚未制定 PC-STEL 的化学有害因素,应使用峰接触浓度控制短时间的接触。在遵守 PC-TWA 的前提下,容许在一个工作日内发生的任何一次短时间(15 min)超出 PC-TWA 水平的最大接触浓度。

GBZ2.1—2019 对 358 种化学物质、49 种粉尘、3 种生物因素制定了工作场所空气中容许浓度。附录 6 是一些常见化学物质、粉尘和生物因素在工作场所空气中容许浓度。

当工作场所存在两种以上化学物质时,可能发生三类作用:独立作用、协同作用(加强作用)和拮抗作用(减弱作用)。对此是这么处理的:

若缺乏相关的毒理学资料时,分别测定各化学物质的浓度,按各个物质的职业接触限值进行评价。

若该两种以上物质系化学结构相近似,或共同作用于同一器官、系统,或具有相似毒性作用,或已知它们可产生相加作用时,则按下式计算结果,进行评价:

$$C_1/L_1 + C_2/L_2 + \cdots + C_n/L_n = 比值$$

式中:$C_1, C_2, \cdots, C_n$——各化学物质的实测浓度;

$L_1, L_2, \cdots, L_n$——各化学物质相应的容许浓度限值。

算出的比值≤1,表示未超过接触限值,符合卫生要求;当比值>1 时,表示超过接触限值,不符合卫生要求。

第四节   急性中毒的现场抢救原则

在实际生产和检修现场,有时由于设备突发性损坏或泄漏致使大量毒物外溢(逸),造成作业人员急性中毒。急性中毒往往发展急骤、病情严重,因此,必须全力以赴、分秒必争地及时抢救。所以一旦发生急性中毒事故应立即与医疗单位联系,同时及时、正确地抢救化工生产或检修现场中所发生的急性中毒事故,对于挽救重危中毒者的生命、减轻中毒程度、防止并发症的产生具有十分重要的意义。另外,争取了时间,为进一步治疗创造了有利条件。

急性中毒的现场抢救应遵循下列原则。

1. 救护者应做好个人防护

急性中毒发生时毒物多由呼吸系统和皮肤侵入人体内。因此,救护者在进入毒区抢救之前,首先要做好个人呼吸系统和皮肤的防护,佩戴好供氧式防毒面具或氧气呼吸器,穿好防护服。进入设备内抢救要系上安全带,然后再进行抢救。

2. 切断毒物源

救护人员进入事故现场后,除对中毒者进行抢救外,同时应迅速侦察毒物源,采取果断措施切断毒物源,防止毒物继续外溢(逸)。对于已经扩散出来的有毒气体或蒸气应立即启动通风设备或开启门窗,以及采取中和处理等措施,降低有毒物质在空气中的浓度,为抢救工作创造有利条件。

第 一 反 应
(急救)

3. 采取有效措施防止毒物继续侵入人体

(1)救离现场、去除污染:将中毒者迅速移至空气新鲜处,松开颈、胸部纽扣和腰带,让其头部侧偏以保持呼吸道通畅。同时要注意保暖和保持安静,严密注意中毒者神志、呼吸和循环系统的功能。

(2)消除毒物,防止沾染皮肤和黏膜:迅速脱去中毒者被污染的衣服、鞋袜、手套等,并用清水冲洗 15~20 min。此外,还可用中和剂(弱酸性或弱碱性溶液)清洗。石灰、四氯化钛等遇水能反应的物质中毒时,应先用布、纸或棉花去除后再用水冲洗,以防加重损伤。对黏稠的毒物可用大量的肥皂水冲洗,尤其要注意皮肤褶皱、毛发和指甲内的污染。

(3)毒物进入眼睛时:用流水缓慢冲洗眼睛 15 min 以上,冲洗时把眼睑撑开,并嘱咐伤员使眼球向各方向缓慢转动。

(4)毒物经口腔引起急性中毒时:可根据具体情况和现场条件正确处理。若毒物为非腐蚀性者,应立即采用催吐、洗胃或导泻等方法去除毒物。对氯化钡等中毒,可口服硫酸钠溶液,使胃肠道内未被吸收的钡盐变成不溶的硫酸钡沉淀。胺、铬酸盐、铜盐、汞盐、羧酸类、醛类、酯类中毒时,可给中毒者喝牛奶、生鸡蛋等缓解剂。但当烷烃、苯、石油醚等中毒时,既不要催吐,也不要给中毒者食用牛奶、鸡蛋和油性食物,可喝少量(一汤匙)液状石蜡和一杯含硫酸镁或硫酸钠的水。一氧化碳中毒者应立即吸入氧气,以缓解机体缺氧并促进毒物排出。

4. 促进生命器官功能恢复

在急救时如遇到危及生命的严重现象,要当机立断,立即紧急处理,千万不能等待诊断后再处理。特别是中毒者心跳、呼吸停止时,要立即就地抢救,尽快进行心肺复苏术(CPR),恢复患者自主呼吸和自主循环。同时拨打 120 或寻求最近的专业医务人员进行救治。

中毒者若停止呼吸,应立即进行人工呼吸。人工呼吸方法有俯卧压背式、振臂压胸式和口对口(鼻)式 3 种。最好采用口对口式人工呼吸法。其具体做法是:将中毒者仰卧,救护者一手托起中毒者下颌,尽量使头部后仰。另一手捏紧中毒者鼻孔,救护者深吸气后,紧对中毒者的口吹气,使中毒者上胸部升起,然后松开鼻孔。如此有节律地、均匀地反复进行,每分钟吹气 12~16 次,直至中毒者可自行呼吸为止。如果中毒者牙关紧闭,可进行口对鼻吹气,做法同上。

对心跳停止的中毒者应立即进行人工复苏胸外按压。将中毒者放平仰卧在硬地或木板床上,头部稍低。救护者将一手的根部放在中毒者胸骨下半段(剑突以上),另一手掌叠于该手背上,肘关节伸直,借救护者自己身体的重力向下加压。对于成人,按压频率为 100~120 次/min,下压深度 5~6 cm,每次按压之后应让胸廓完全回复。按压时间与放松时间各占 50% 左右,放松时掌根部不能离开胸壁,以免按压点移位。按压时动作要稳健有力、均匀规则,注意不要用力过猛,以免发生肋骨骨折、血气胸等。心肺复苏(CPR)的胸外按压–通气(人工呼吸)比例一般为 30:2,对于婴儿和儿童,双人做心肺复苏时可采用 15:2 的比例,也就是应每 2 min 或 5 个周期 CPR(每个周期包括 30 次按压和 2 次人工呼吸)更换按压者,并在 5 s 内完成转换。现场的 CPR 应坚持不间断地进行,快速有力,不可轻易作出停止复苏的决定,直到患者恢复呼吸、心跳和意识或专业医务人员接手承担复苏。

心肺复苏术

复习思考题

1. 简述有关"毒"、"尘肺病"、"职业接触限值"的概念。

2. 简述毒物毒性评价指标。

3. 简述工业毒物侵入人体的途径。

4. 简述化工生产防毒的"五同时"和"三同时"原则。

5. 简述急性中毒现场抢救原则。

6. 简述化工生产防毒技术措施。

7. 某车间测得某工作日的空气中的乙酸乙酯的数据如下:400 mg/m^3,3 h;160 mg/m^3,2 h;120 mg/m^3,3 h。试评价该车间空气质量达标情况。

8. 某车间空气中有苯、甲苯、二甲苯三种有害物质,经测试某天的平均浓度分别为:5 mg/m^3、20 mg/m^3、30 mg/m^3。试评价该车间空气质量达标情况。

第九章　压力容器和化工检修的安全技术

现代化工生产装置应用大量压力容器(设备),并要进行较多的定期和临时的检修,以保证生产设备正常运转。压力容器的使用本身即隐藏着泄漏、爆炸的危险,如前文所述,化工生产中因设备缺陷引起的事故占31%~46%,居诸因素之首。因此,必须认真对待。

第一节　压力容器的安全技术

《特种设备安全监察条例》

从字面上讲,所有承受压力载荷的封闭容器统称为压力容器,但在工业生产中,把一部分比较容易发生事故且危害性比较大的压力容器,作为一种特殊设备,由专门机构进行安全监督管理,并按规定的技术规范进行设计、制造和使用,工业上把这部分设备称为压力容器。根据《特种设备安全监察条例》(国务院令第549号,2009年1月14日)定义:压力容器,是指盛装气体或者液体,承载一定压力的密闭设备,其范围规定为最高工作压力大于或者等于0.1 MPa(表压),且压力与容积的乘积大于或者等于2.5 MPa·L的气体、液化气体和最高工作温度高于或者等于标准沸点的液体的固定式容器和移动式容器;盛装公称工作压力大于或者等于0.2 MPa(表压),且压力与容积的乘积大于或者等于1.0 MPa·L的气体、液化气体和标准沸点等于或者低于60 ℃液体的气瓶、氧舱等。化工生产中的储槽、反应器、塔器、分离器、换热器等大多为压力容器。压力容器承压受力情况比较复杂,例如,有的压力容器在几百上千摄氏度下运行,有的则在深冷条件下(−100 ℃以下)工作;有的压力容器在强腐蚀介质条件下运行。与其他设备相比,压力容器容易超载、易受腐蚀,因此容易发生事故,甚至是灾难性事故。所以必须加强对压力容器(包括锅炉)的安全技术管理,以确保它们的安全运行。

我国规定:凡属压力容器设备均需在当地设区市以上的特种设备安全技术监督机

构逐台登记,并受其监督管理。压力容器设计、安装、检验和修理等必须由具相应资质的单位进行。

一、压力容器的分类

属于压力容器范畴的有:固定式压力容器、移动式压力容器、气瓶、氧舱及压力容器部件和材质,其中固定式压力容器是化工生产应用最多的。压力容器的品种极多,其分类方法也很多,现介绍最常用的两种分类方法。

1. 按设计压力的等级分类

根据《固定式压力容器安全技术监察规程》(TSG 21—2016)的规定,按压力容器的设计压力 p 分为低压、中压、高压和超高压 4 个压力等级。具体划分为

低压　　（代号 L）$0.1\ \text{MPa} \leqslant p < 1.6\ \text{MPa}$；

中压　　（代号 M）$1.6\ \text{MPa} \leqslant p < 10\ \text{MPa}$；

高压　　（代号 H）$10\ \text{MPa} \leqslant p < 100\ \text{MPa}$；

超高压　（代号 U）$p \geqslant 100\ \text{MPa}$。

低于 0.1 MPa 的视为常压容器,不属于压力容器范畴。

2. 按类别分类

根据《固定式压力容器安全技术监察规程》(TSG 21—2016)规定,按照承压设备的设计压力、容积和介质危害程度,将规程适用范围的压力容器划分为 3 类。

第Ⅰ类压力容器潜在危险性最小,设计、制造和使用等要求水平最低;第Ⅲ类压力容器潜在危险性最大,设计、制造和使用等要求水平最高;第Ⅱ类压力容器潜在危险性及相应的要求水平居中。压力容器的类别分类现在采用查图法,其划分的原则过程如下。

首先把压力容器的介质分为以下两组:

第一组介质:毒性程度为极度危害、高度危害的化学介质、易爆介质、液化气体。

第二组介质:除第一组以外的介质。

具体介质毒性危害程度和爆炸危险程度的确定,按照《压力容器中化学介质毒性危害和爆炸危险程度分类标准》(HG/T 20660—2017)确定。HG/T 20660 没有规定的,由压力容器设计单位参照《职业性接触毒物危害程度分级》(GBZ 230—2010)标准确定介质组别。

其次,依据压力容器的介质特性选择适当介质组别的类别划分图(详见附录 7),根据设计压力 p(单位:MPa)和容积 V(单位:L),找到坐标点,确定容器类别。

需要说明的是:移动式压力容器、超高压压力容器和非金属压力容器等执行各自特定的压力容器安全技术监督规程。此外,化工常用设备——锅炉,由"锅"和"炉"两部分组成,其"锅"部分的组成单元也属压力容器,可以说锅炉是种类规格很多的一类压力容器,其有许多特点,现已形成一整套锅炉安监规程,本书由于篇幅有限均不专门介

《固定式压力容器安全技术监察规程》（TSG 21—2016)

《压力容器中化学介质毒性危害和爆炸危险程度分类标准》（HG/T 20660—2017)

《职业性接触毒物危害程度分级》（GBZ 230—2010)

绍。本章节述及的压力容器安全技术的基本原则是适用于所有类型压力容器和锅炉的。

二、压力容器的安全技术管理

为了保证压力容器的安全运行,不仅要求设计可靠、制品合格,还必须正确操作、合理维护和定期检修,应建立完善的压力容器安全技术管理的规章制度。

由于压力容器的使用条件复杂,种类繁多,工作介质及工艺过程也不尽相同。所以,对每一台容器都应有各自的操作与维护的具体要求和内容。

1. 建立压力容器技术档案

压力容器的技术档案应包括容器的原始技术资料和容器的使用记录。容器的原始技术资料由设计和制造单位提供,至少应有压力容器设计总图、受压部件图、出厂合格证、说明书和质量证明书及压力容器登记卡等。压力容器的使用记录应包括容器的实际使用情况、操作条件、检验和修理记录及事故与事故处理措施等。

2. 制定压力容器的安全操作规程

对每一台容器都应制定相应的安全操作规程,以确保压力容器得到合理使用、安全运行。操作规程至少应包括以下主要内容:

① 压力容器的正确操作方法;

② 压力容器的最高允许压力和温度;

③ 开、停车的操作程序和注意事项;

④ 压力容器运行中的检查项目和部位,可能出现的异常现象及判断方法和应采取的紧急措施;

⑤ 压力容器停用时的维护和检查。

压力容器要分级管理,专人负责操作,操作人员必须完全熟悉安全操作的全部内容,严格按操作规程进行操作。

3. 岗前培训

压力容器的操作人员属于特殊工种,上岗前必须对他们进行安全教育和培训考核,合格后,报请上级主管部门和劳动部门核准,发给安全操作证后,方可上岗操作。

在压力容器的运行过程中,操作人员要严格遵守安全操作规程,注意观察容器内介质的反应情况,压力、温度的变化及有无异常现象等,及时进行调节和处理。认真做好设备运行记录,记录数据应准时、正确。

4. 平稳操作

平稳操作主要是指缓慢地进行加温、加压和结束时降温、降压,运行期间保持温度、压力的相对稳定。因为加载速度过快会降低材料的断裂韧性,可能使存在有微小缺陷的容器产生脆性断裂破坏。在高温或零下温度运行的容器,如果急骤升温或降温,会使壳体产生较大的温度梯度,从而产生过大的热应力。所以,无论是开车、停车,还是在容器运行期间都要避免壳体温度的突然变化,以免产生过大的热应力。

5. 防止超负荷运行

防止容器超负荷运行,主要是防止超压、超温运行。因为每台容器都有它的最高允许压力和允许温度,超过了规定的压力和温度,容器就有可能发生事故。所以,压力容器一律严禁超载。如果发现容器在运行中的压力或温度不正常时,要按操作规程进行调整。

对于压力来自器外的压力容器,超压大多是由于操作失误引起的。所以,除了在连接管道或压力容器阀门上设置联锁装置外,还可以实行"安全操作挂牌制度",即在一些关键性的操作位置上挂牌,用明显标志或文字说明阀门的开关方向、程度和注意事项等。以防止出现操作失误。

6. 加强压力容器的安全检查及日常保养

对运行中的压力容器进行安全检查的主要内容有:容器的压力、温度、流量、液位等操作条件是否在规定范围内;容器连接部位有无泄漏或渗漏现象;安全装置及附件、计量仪表等是否保持在完好状态;容器的防腐层要经常保持完好;及时消除容器震动和摩擦;杜绝物料的跑、冒、滴、漏等。

7. 及时紧急停止运行

压力容器在运行过程中,出现下列紧急情况时,操作人员应采取紧急措施,按规定程序停止容器的运行并及时报告有关部门。

① 压力容器的工作压力、介质温度或壁温超过规定的极限值,经采取各种措施仍无法控制的;

② 压力容器的受压部件出现裂缝、鼓包、变形和泄漏等危及安全的缺陷;

③ 容器的安全附件失效,接管或紧固件损坏,难以保证容器的安全运行;

④ 发生火灾,直接威胁容器的安全运行。

对于连续生产的压力容器,采取紧急措施使其停止运行时,必须及时与前后有关操作岗位取得密切联系。

三、压力容器定期检验

压力容器一般都在高压、高温(或低温)及腐蚀性介质下运行,在这样苛刻的条件下,其材料和制造过程中的缺陷可能会发展,新的缺陷也可能产生。这些缺陷如不及时发现和消除,就可能导致压力容器破裂而造成事故,为此,在用压力容器,按照《固定式压力容器安全技术监察规程》(TSG21—2016)、《压力容器定期检验规则》(TSG R7001—2013)的规定,要进行定期安全检查检验、评定和登记。定期检查检验有两种:年度检查和定期检验。

《压力容器定期检验规则》(TSG R7001—2013)

1. 年度检查

压力容器使用单位应当实施压力容器的每年一次的年度检查,年度检查至少包括压力容器安全管理情况检查、压力容器本体及运行状况检查和压力容器安全附件检查等。对年度检查中发现的压力容器安全隐患要及时消除。

2. 定期检验的周期

定期检验是指压力容器停机时进行的检验和安全状况等级评定。定期检验由具资质的特种设备检验机构进行。压力容器一般应当于投用后 3 年内进行首次全面检验。下次的全面检验周期,由检验机构根据压力容器的安全状况等级按照以下要求确定:

(1) 安全状况等级为 1、2 级的,一般每 6 年一次;

(2) 安全状况等级为 3 级的,一般 3~6 年一次;

(3) 安全状况等级为 4 级的,应当监控使用,其检验周期由检验机构确定,累计监控使用时间不得超过 3 年;

(4) 安全状况等级为 5 级的,应当对缺陷进行处理,否则不得继续使用;

(5) 压力容器安全状况符合规定条件的,可适当缩短或者延长检验周期。压力容器安全状况为 1、2 级,且符合一定条件的,其检验周期最长可延至 12 年。

压力容器安全状况等级分为 1 级至 5 级,1 级最好,5 级最差。等级的评定按《压力容器定期检验规则》第 4 章进行。

3. 定期检验的内容

检验人员应当根据压力容器的使用情况、失效模式制定检验方案。定期检验的方法以宏观检查、壁厚测定、表面无损检测为主,必要时可以采用超声检测、射线检测、硬度测定、金相检验、材质分析、涡流检测、强度校核或者应力测定、耐压试验、声发射检测、气密性试验等。

检查内容主要是压力容器的有关部位是否有下列情况:容器的本体、接口部位、焊接接头等的裂纹、过热、变形和泄漏等;外表面的腐蚀;保温层的破损、脱落、潮湿;检漏孔、信号孔的漏液、漏气;压力容器与相邻管道或构件的异常振动、响声、相互摩擦;支承或支座的损坏,基础下沉、倾斜、开裂,紧固螺栓松动等情况。还要检查容器运行的稳定情况;按"安全附件检验"要求检验安全附件的安装、维护、使用和灵敏度等。

其他检验的主要内容:除外部检查的有关内容外,至少还应检查内外表面开孔接管等处有无裂纹、介质腐蚀或磨损、冲刷等缺陷;对于金属衬里,如有穿透性腐蚀、裂纹、局部鼓包或凹陷;对于非金属衬里,如有衬里破坏、龟裂或脱落等时,应局部或全部拆除衬里;对于焊缝,根据不同情况可做肉眼检查;放大镜检查;不小于焊缝长度 20%的表面探伤检查;全部焊缝的表面擦伤检查。对于一些焊缝的埋藏缺陷,应进行射线探伤或超声波探伤抽查,必要时还应相互复验;对于高压螺栓要逐个清洗,检查其损伤情况,必要时应进行表面无损探伤,并应重点检查螺纹及过渡部位有无环向裂纹。对于安全附件要进行全面检查、修理、调整和有关试验等,校验合格后重新铅封。此外,还要进行结构、几何尺寸、壁厚、材质等的检查与测定。

4. 定期检验中的耐压试验

新制和经特殊维修的压力容器必须做压力试验。压力试验包括耐压试验和气密性试验,都应在内外部检查合格后进行。耐压试验除非设计规定要用气体进行耐压试验外,一般都用液体进行。需要进行气密性试验的压力容器,要在液压试验合格后进行。耐压试验是检查容器强度等制造(或维修)质量等的综合试验,气密性试验是为了检查容器的严密性。

(1) 需进行压力试验的压力容器:当有下列情况之一者应在定期检验时进行耐压试验。

① 用焊接方法更换主要受压元件的,或主要受压元件补焊深度大于1/2深度的;

② 改变使用条件,且超过原设计参数并经温度校核合格的;

③ 需要更换衬里的(重新更换衬里前);

④ 停止使用两年后重新复用的;

⑤ 使用单位从外单位拆来新安装的,或本单位内部移装的;

⑥ 使用单位对压力容器的安全性能有怀疑的。

(2) 试验压力:压力容器的耐压试验和气密性试验的压力,应符合设计图纸要求,且不小于表9-1的规定。对壁温 ≥200 ℃ 的压力容器,耐压试验压力为 p_T 再乘以值 $[\sigma]/[\sigma]'$,即

$$p_T^t = p_T \cdot [\sigma]/[\sigma]' = \eta \cdot p \cdot [\sigma]/[\sigma]'$$

式中:p——压力容器的设计压力,0.1 MPa;

p_T^t——耐压试验压力,0.1 MPa(>200 ℃);

p_T——耐压试验压力,0.1 MPa(常温);

η——耐压试验系数(按表9-1规定);

$[\sigma]$——常温下材料的允许应力,0.1 MPa;

$[\sigma]'$——设计温度下材料的允许应力,0.1 MPa。

当 $[\sigma]/[\sigma]'$ 大于 1.8 时,取 1.8。

表9-1　压力容器耐压试验和气密性试验的压力规定　　　单位:0.1 MPa

容器名称	压力等级	耐压试验压力 $p_T = \eta \cdot p$		气密性试验压力
		液(水)压	气压	
非铸造容器	低压	1.25p[①]	1.20p	1.00p
	中压	1.25p	1.15p	1.00p
	高压	1.25p		1.00p
	超高压	1.25p		1.00p

注:① 对不是按内压强度计算公式决定壁厚的容器,如考虑稳定因素等设计的容器,应适当提高耐压试验的压力。

四、压力容器的安全附件

承压容器(锅炉和压力容器)的安全附件是为防止容器超温、超压、超负荷而装设在设备上的一种安全装置。承压容器的安全附件较多,但最常用的安全附件有安全阀、

爆破片、压力表和液位计等。

（一）安全阀

1. 安全阀的作用及工作原理

安全阀的作用是当承压容器的压力超过允许工作压力时,阀门自动开启发出警报声响,继而全量开放,以防止设备内的压力继续升高。当压力降低到正常工作压力时,阀门及时自动关闭,从而保护设备在正常工作压力下安全运行。当承压容器正常运行时,安全阀应该严密不漏。

2. 安全阀的结构

具体的安全阀结构有多种,其中较典型的弹簧式安全阀如下所述:

弹簧式安全阀主要由阀座、阀芯、阀杆、弹簧和调整螺丝等部分组成,如图 9-1 所示。它是利用弹簧的力量将阀芯压在阀座上,使承压容器内的压力保持在允许的范围内。弹簧的力量是通过拧紧或放松调整螺丝来调节的。如果气体压力超过了弹簧作用在阀芯上部的压力时,弹簧就被压缩,阀芯和阀杆被顶起离开阀座,气体即从排气口排出。

弹簧式安全阀具有体积小、调整方便、适用压力范围广、灵敏度高等优点。因此,在工业锅炉和压力容器上使用较普遍。

安全阀根据气体排放的方式可分为全封闭式、半封闭式和敞开式 3 种;根据阀芯开启的最大高度与阀孔直径之比值来划分,又可分为全启式（比值 ≥ 0.25）和微启式（比值<0.25）。

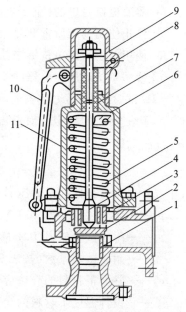

图 9-1　弹簧式安全阀

1. 阀座；2. 阀芯；3. 阀盖；4. 阀杆；
5. 弹簧；6. 弹簧压盖；7. 调整螺丝；
8. 销子；9. 阀帽；10. 手柄；11. 阀体

3. 安全阀的选用

（1）安全阀的排放能力必须大于压力容器的安全泄放量:即压力容器在超压时,为保证它的压力不再升高,在单位时间内所必须泄放的气量,只有如此,才能保证承压容器超压时,安全阀开启后能及时把气体排出,避免容器的压力继续升高。

（2）要考虑压力容器的工艺条件和工作介质的特性:一般容器应选用弹簧式安全阀,压力较低而又没有震动影响的容器可以用杠杆式安全阀,如果容器的工作介质是有毒、易燃气体或其他污染大气的气体,应选用封闭式安全阀。高压容器及安全泄放量较大的中、低压容器,最好采用全启式安全阀,但全启式安全阀的回座压力较低,一般比容器正常工作压力低一些,所以对要求压力绝对平稳的容器不宜采用。

（3）应按承压容器的工作压力选用相同级别的安全阀:例如,不应把工作压力很低的安全阀过分加载,用于压力很高的承压容器上;也不应把工作压力很高的安全阀过分卸载,用于压力很低的承压容器上。

（4）压力容器安全泄放量计算:压力容器安全泄放量指为保证容器出现超压时,器内压力不再继续升高,安全泄放装置在单位时间内所必需的最低泄放（介质）量。因压力容器超压的原因不同,有物理的也有化学的,还有人为的操作失误,加上器内介质状态也不一样,所以计算安全泄放量的方法各不相同。这里仅介绍较简单的压缩气体储罐的安全泄放量的计算方法,其他介质的计算法见《固定式压力容器安全技术监察规程》。

压缩气体储罐的安全泄放量按其进口管截面积和最大流速进行计算,即

$$W_s = 0.785(d/1\,000)^2 \rho(v \times 3\,600) = 2.83 \times 10^{-3} d^2 \rho v$$

式中:W_s——压力容器的安全泄放量,kg/h;

$\quad d$——容器进口管的内直径,mm;

$\quad \rho$——泄放状态下的介质密度,kg/m^3;

$\quad v$——进口管内的气体流速,通常可取气体:10～15 m/s;饱和蒸气:20～30 m/s;过热蒸气:30～60 m/s。

$$\rho = T_0 \rho_0 p/(p_0 Z T)$$

式中:ρ_0——标准状态(p_0、T_0)下的气体密度,kg/m^3;

$\quad p$——排气压力（绝对）,MPa;

$\quad T$——排气温度,K;

$\quad Z$——气体压缩因子,一般接近于 1。

（5）安全阀的排放能力计算:所谓安全阀的排放能力指在排放压力下,阀全部开启时,单位时间内安全阀的理论气体排量。安全阀的排放能力按下式计算:

$$G = 7.6 \times 10^{-2} CpAK\sqrt{M_r/(ZT)}$$

式中:G——排放能力,kg/h;

$\quad p$——排放压力, MPa;

$\quad T$——气体的温度,K;

$\quad M_r$——气体相对分子质量;

$\quad A$——最小排气截面积,mm^2;

$\quad K$——排放系数,全启式安全阀 $K = 0.60 \sim 0.70$,带调节圈的微启式安全阀 $K = 0.4 \sim 0.5$;

$\quad C$——气体特性系数,$C = 520\sqrt{k[2/(k+1)]^{(k+1)/(k-1)}}$,其中 k 为气体绝热指数,如空气 $k = 1.4$;

$\quad Z$——气体压缩因子,如空气 $Z = 1$。

（二）爆破片

爆破片（又称防爆片、防爆膜）是一种破裂型的安全泄压装置。它利用膜片的破裂来达到泄压目的,泄压后便不能继续使用,压力容器也被迫停止运行。所以,通常它只

用于泄压可能性较小而又不宜装安全阀的压力容器上。

1. 爆破片的特点

爆破片装置是一种很薄的膜片,用一副特殊的管法兰夹持着装入容器的引出管中,也可把膜片直接与密封垫片一起放入管法兰内。爆破片有以下几个特点:

(1) 泄压装置的动作与介质的状态无关,它可以用于下列介质的压力容器:高黏度的液体、容易产生结晶的液体及粉状物质。

(2) 由于爆破片的泄放面积是根据工艺要求事先确定的,故卸压速度快、泄放量大,特别适用于由物料的化学反应而增大压力的反应釜。

(3) 密封性能可靠,保证绝对不泄漏。所以,工作介质为易燃、易爆物质或剧毒气体的压力容器,宜采用爆破片。

(4) 爆破片的材料可以根据腐蚀介质的性质确定,因此,能达到耐腐蚀要求。

(5) 它具有结构简单、安装维修方便、价格低廉等优点。

爆破片在压力容器中可以用作主要泄压装置单独使用,也可以用作辅助泄压装置而与安全阀联合使用。应根据压力容器的安全要求、介质性质及设备运转条件等,选择合适的配置方法。

安装爆破片时,应检查爆破片表面及夹持压紧面,不得有任何损伤,并将夹持器和爆破片的两个表面擦拭干净。根据爆破片的形式不同,应注意安装方向。爆破片与夹持器需正确配合,拧紧螺栓施加压紧力要适中,而且要均匀,安装时应注意产品说明书规定的螺栓扭矩。爆破片夹偏和不均匀夹紧,将严重影响膜片的爆破压力。

爆破片要定期检查和更换。定期检查主要是检查外表面有无伤痕和腐蚀情况;是否有明显的变形;有无异物黏附等。此外,应注意检查排入管是否通畅,腐蚀是否严重和支撑是否牢固。一般在设备大修时应更换爆破片。对设备超压而未破的爆破片及正常运行中有明显变形的爆破片应立即更换。

2. 爆破片的选用原则

爆破片一般应用在以下几种场合:

(1) 存在爆燃或异常反应使压力瞬间急剧上升的隐患场合,因这种场合弹簧式安全阀由于惯性而不相适应。

(2) 不允许介质有任何泄漏的场合,因各种形式的安全阀一般总有微量的泄漏。

(3) 运行产生大量沉淀或黏附物、妨碍安全阀正常运作的场合。

爆破片爆破压力的选定一般为容器最高工作压力的 1.15~1.3 倍。压力波动幅度较大的容器,其比值还可增大。但任何情况下,爆破片的爆破压力均应小于压力容器的设计压力。

3. 爆破片泄放面积的计算

爆破片一般有平板型和预拱型两种形式。相同材料制成的爆破片两种形式的起爆压力是一样的,但预拱型具有较高的抗疲劳能力。爆破片的设计计算包括材料选用、泄放面积、爆破片厚度的计算。爆破片厚度一般由生产厂根据材质结合经验计算。预拱

型的泄放面积 $A(\mathrm{mm}^2)$ 的计算如下:

$$A \geqslant W_s \bigg/ \left[7.6 \times 10^{-2} C p_b K' \sqrt{M/(ZT)} \right]$$

式中:K'——额定排放系数,$K' = 0.62$;

p_b——爆破片设计爆破压力,一般取设备工作压力的 1.47 倍,当操作压力波动幅度>20%,可取 1.75 倍;

其余符号见前文 G 的计算公式。

（三）压力表

压力表是用来测量承压容器压力的仪表。操作人员可以根据压力表所指示的压力进行操作,并将压力控制在允许的范围内。如果压力表不准或与安全阀同时失灵时,则承压容器将可能发生事故。因此,压力表的准确与否直接关系到承压容器的安全。压力表的种类很多,目前使用最广泛的是弹簧管式压力表。这种压力表具有结构坚固、不易泄漏、准确度较高、安装使用方便、测量范围较宽等优点。

1. 压力表的选用

应根据使用的具体要求,如承压容器的工作压力或最高压力等,确定压力表的精度、表盘直径和量程。

压力表的量程应为测量点最高工作压力的 1.5~3.0 倍,以 2 倍为宜。压力表表盘大小和安装位置,应便于操作人员观察,表盘直径一般不应小于100 mm。压力表的精度是以压力表的允许误差占表盘刻度极限值的百分数来表示的。例如,精度为 1.5 级的压力表,其允许误差为表盘刻度极限值的 1.5%,精度级别一般都标在表盘上。对于低压容器压力表的精度不应低于 2.5 级;中压不低于 1.5 级;高压、超高压不应低于 1 级。工业锅炉压力表的精度一般不应低于 2.5 级。

2. 压力表的安装

压力表应安装在照明充足、便于观察、没有震动、不受高温辐射和低温冷冻的地方。压力表与容器之间应装设三通旋塞或针型阀,并有开启标志,以便校对和更换。指示蒸汽压力的压力表,在压力表与容器之间应有存水弯管。盛装高温、强腐蚀性介质的容器,在压力表与容器之间应有隔离缓冲装置。

3. 压力表的维护

压力表应保持清洁,表面玻璃要光滑无污,表盘内指针所指的压力值清楚可见。

压力表必须定期校验,一般应半年校验一次,合格的应加封印。若发生一些情况,如无压时指针不到零位或表面玻璃破碎、表盘刻度模糊、封印损坏、超期未检验、表内漏气或指针跳动等,均应停止使用,进行修理或更换。

第二节　化工检修安全技术

化工企业的生产效益与企业设备完好状况密切相关。一方面,完好的设备是安全生产和增加效益的根本保障。设备若使用、维护和保养不当,必定会引发各类生产事故发生,包括重大人身损害事故。另一方面化工检修是最容易发生人员伤亡事故的工作。在检修过程中,原有的在正常生产状况下的多重设计保护,如监测、控制、报警、联锁、安全释放(安全阀、爆破片)等难以正常启动或发挥作用。同时,检修过程中不确定因素很多,既定的检修规程难以面面俱到,也缺乏容错机制,如果维修操作人员稍有不慎,就会导致事故的发生。因此,对化工设备进行定期和规范的检修、维护和保养是化工企业特别重要的工作。

一、化工检修的分类

化工检修可分为计划检修和计划外检修。

1. 计划检修

企业根据设备管理经验和设备实际状况,制定检修计划,按计划进行的检修称为计划检修。

计划检修又可按其规模大小,所需时间长短及检修项目多少,分为小修、中修和大修。

计划检修是为了降低设备的故障率,为了防止设备因技术状态劣化而发生突发故障或事故而进行的预防性维修。

一般化工企业通常一年进行一次停产的定期大修。也有一年进行两次、几年进行一次的情况。

2. 计划外检修

设备运行中突然发生故障或事故,必须进行不停工或临时停工的检修或抢修称为计划外检修。

计划外检修是事先对故障停机无思想准备的非计划修理,属于事后维修。由于其计划性差,维修质量得不到保证,有时因急于恢复生产而勉强修复,不久可能又出现重复故障,使设备的有效利用率降低,维修费用升高,甚至影响设备的使用寿命。因此,在连续化生产的化工企业中,备机少的设备应尽量减少这种维修方式。

由于化工生产的复杂性,受意外因素影响造成故障停机是很难避免的,如设备的泄漏、阻塞、控制装置或传动装置的失灵等,都是事先难以预料的,只能采取事后维修的方式。此外,对于结构简单、故障少、备机较多、容易修理而又不影响安全的设备,采用事后维修的方式反而更经济。所以,在化工企业中,计划外检修仍然是目前不可缺少的检修方式之一。

二、化工检修的特点

由化工生产的特点所决定,化工设备的故障具有多发性和突发性。因此,与其他工业企业的检修相比,化工企业检修的特点是:检修频繁、复杂、技术性强,且检修过程中危险性较大。

化工设备运行中的不稳定因素很多,如介质自身的危险性、对设备的腐蚀性,高温、高压的生产条件,设备的设计及制造错误,材料及制造的缺陷,安全装置或控制装置的失灵、安装、修理不当及违章操作等,都可能导致设备突发性的破坏,因此,除计划内的定期检修外,计划外的小修及临时性的停工抢修极为频繁。

在化工检修中,除了更换磨损、失效的构件之外,还常常要对设备的故障或破坏进行理论分析,找到事故发生的原因,改动设备或其构件的设计,消除事故的隐患。化工生产物料及生产条件的危险性决定了化工生产过程较其他工业生产具有更大的危险性。

停工检修时,设备和管道中残存有易燃易爆、有毒或具有腐蚀性的介质,在客观上存在着发生火灾、爆炸、中毒、化工灼烧等事故和人身伤害的危险,如果在检修时不制定相应的防范措施,在动火、入罐、入塔等检修作业中就会发生火灾、爆炸或人身伤亡事故。在不停工的检修或抢修中危险就更大。必须十分重视化工检修中的安全问题。

三、化工检修作业的安全技术

从保证生产安全出发,加强对设备检修的科学管理,提高检修的预测性,对检修任务进行统筹安排,保证检修的质量和安全是十分重要的。为此,检修前应做充分的准备,制定切实可行的实施方案,对所有参加检修的人员进行安全教育,使其学习、掌握化工检修的安全制度和相关规定。对检修过程实行认真的检查和监督,对检修后的设备进行认真的验收和试车。有两类常见的重要的化工检修作业应予以特别关注。

（一）动火作业

1. 动火及动火的危险性

在化工企业中,凡是动用明火或可能产生火种的作业都属于动火作业。如焊接、切割、熬沥青、烘沙及喷灯等明火作业;凿水泥基础、打墙眼、开坡口、砂轮机打磨及电气设备的耐压试验等易产生火花或高温的作业。凡在禁火区内从事上述作业,都需要办理动火证审批手续,落实安全动火措施。

检修动火具有很大的危险性。因检修人员缺乏安全常识,或违反动火安全制度而发生的重大火灾爆炸事故接连不断,教训十分深刻。如某合成氨厂施放储罐,仅三年内,因不置换或虽进行置换但未达到安全要求就动火而发生爆炸事故多起,造成数十人伤亡;盛放过电石或汽油之类易燃液体的桶、储槽,不经清洗贸然动火而发生的爆炸事故也屡见不鲜;还有乙炔发生器系统经清扫置换,当时取样分析时空气中乙炔浓度符合要求,但残留的电石沉积物与空气中的水分作用生成乙炔,达到一定浓度后遇到铲刮产生的火花而发生爆炸事故等。所以,检修动火必须制定严格的安全规定,高度重视动火作业的安全。

安全小课堂——动火作业规范

2. 固定动火区和禁火区的划定

化工企业应根据火灾危险程度及生产、维修工作的需要,在厂区内划分固定动火区和禁火区。

(1)固定动火区:固定动火区为允许从事焊接、切割、使用喷灯和火炉作业的区域。设立固定动火区应符合下列条件。

① 距易燃易爆厂房、设备、管道等不应小于 30 m。

② 室内固定动火区应与危险源隔开,门窗要向外开,道路要通畅。

③ 生产正常放空或发生事故时,可燃性气体不能扩散到固定动火区内;在任何气象条件下,固定动火区内的可燃性气体含量必须在允许含量以下。

④ 固定动火区要有明显标志,不准堆放易燃杂物,并配有适用的、数量足够的灭火器具。

⑤ 固定动火区的划定应由车间(科室)申请,经防火、安全技术部门审查,报主管厂长或总工程师批准。

(2)禁火区:一般认为在正常或不正常情况下都有可能形成爆炸性混合物的场所和存在易燃、可燃化学物质的场所都应划为禁火区。按照原化工部《化工企业安全管理制度》的规定:厂内除固定动火区外,其他均为禁火区。

需要在禁火区动火时,必须申请办理"动火证",动火证中包括作业时间、地点、动火人、监火人及负责人等。

动火作业实行分级管理,根据危险程度划分为三级:

一级动火　易燃易爆车间装置、设备、管道及其周围的动火。

二级动火　固定动火区及一级动火范围外的动火。

特殊危险动火　指在处于运行状态的一级动火范围的动火。

按原化工部规定:一级动火由工厂安全技术部门和防火部门审批;二级动火由车间主任审批;特殊危险动火由厂长或总工程师审批。

3. 动火的安全规定和措施

为了确保动火作业的安全,必须严格遵守动火的安全规定。

(1)动火作业的一般要求:进行动火作业,必须执行原化工部关于动火作业的 6 大禁令:

① 动火证未经批准,禁止动火;

② 不与生产系统可靠隔绝,禁止动火;

③ 不清洗、置换不合格,禁止动火;

④ 不消除周围易燃物,禁止动火;

⑤ 不按时做动火分析,禁止动火;

⑥ 没有消防措施,禁止动火。

为此,动火时需做到以下几点:

① 按规定办理"动火证"的申请、审核和批准手续　按"动火证"的要求,认真填写

和落实动火中的各项安全措施；必须在"动火证"批准的有效时间范围内进行动火工作；凡延期动火或补充动火都必须重新办理"动火证"。

② 检查落实动火的安全措施　凡在储存输送可燃性气体、易燃液体的管道、容器及设备上动火，应首先切断物料来源，加堵盲板，并与运行系统进行隔离；还可将动火区与其他区域采取临时隔火墙等措施加以隔离，防止火星飞溅而引起事故。

动火设备经清洗、置换后，必须在动火前半小时以内做动火分析。考虑到取样的代表性、分析化验的误差及测试分析仪器的灵敏度等因素，应留有一定的安全裕度，分析结果符合以下标准方为合格：

爆炸下限>4%（体积分数）的可燃性气体或蒸气浓度应小于0.5%；

爆炸下限<4%（体积分数）的可燃性气体或蒸气浓度应小于0.2%。

分析人员在"动火证"上填写分析结果并签字，方为有效。

分析时间与动火时间间隔30 min以上或中间休息后再动火，需重做动火分析。

将动火现场周围10 m范围内的一切易燃和可燃物质（溶剂、润滑油、可燃废物等）清除干净。

动火地点应备有足够的灭火器材，设有监火人，必要时消防车和消防人员应到动火现场做好准备，并保证动火期间水源充足，不得中断。动火完毕，应待余火熄灭后方可离开现场。

③ 动火人要有一定资格　动火作业应由经安全考试合格的人员担任，压力容器的补焊工作应由锅炉压力容器焊工考试合格的工人担任。"动火证"由动火人随身携带，不得转让、涂改，动火人到达动火地点时，需呈验"动火证"。

④ 其他注意事项　在动火中如遇到生产装置紧急排空或设备、管道突然破裂而造成可燃物质外泄时，应立即停止动火，待恢复正常后，重新审批并分析合格后，方可重新动火。

焊割动火还必须同时符合焊接作业的有关规定。高处焊割作业要采取防止火花飞溅的措施，遇有5级以上大风时应停止作业。

高处动火作业应戴安全帽、系安全带，遵守登高作业的安全规定。

罐内动火时还应同时遵守罐内作业的安全规定。

（2）典型特殊危险动火作业的要点。

① 油罐带油动火　当油罐内油品无法抽空，不得不带油动火时，除了上述动火的一般要求外，还应注意在油面以上不准带油动火。必要时可采取向油罐灌装清水，以减少容器内可能形成的爆炸性混合物的空间。

补焊前先进行壁厚的测定，补焊处的壁厚应满足焊时不被烧穿的最小壁厚要求（一般应≥3 mm）。根据测得的壁厚确定合适的焊接电流值，防止因电流过大而烧穿。

动火前用铅或石棉绳将裂缝塞严，外面用钢板补焊。

油管带油动火的要求基本与上述要求相同。

带油动火补焊的危险性很大，只在万不得已的情况下才采用，除采取比一般动火更严格的安全措施外,还需选派经验丰富的人员担任,施焊要稳、准、快。焊接过程中,监护人员、扑救人员不得离开现场。

② 带压不置换动火 对易燃、易爆、有毒气体的低压设备、容器、管道进行带压不置换动火,在理论上是允许的,只要严格控制补焊设备内介质中的含氧量,不形成达到爆炸范围的含量。在正压条件下外泄的可燃性气体只燃烧不爆炸,即点燃可燃性气体,并保证稳定的燃烧,就可控制燃烧过程,不致发生爆炸。在实践上,已有企业带压安全补焊了大型煤气柜的成功先例,在技术上是可行的。必须采用带压不置换动火时,应注意以下一些关键问题。

a. 补焊前和整个动火作业过程中,补焊设备或管道必须连续保持稳定的正压。一旦出现负压,空气进入补焊设备、管道,就将发生爆炸。

b. 必须保证系统内的氧含量低于安全标准(一般规定除环氧乙烷外可燃性气体中氧含量不超过1%为安全标准)。即动火前和整个补焊作业中,都必须始终保持系统内氧含量≤1%。若氧含量超过此标准,应立即停止作业。

c. 焊前先测壁厚,裂缝处其他部位的最小壁厚应大于强度计算所需的最小壁厚,并能保证补焊时不被烧穿。否则不准补焊。

带压不置换动火的危险性极大,一般情况下不宜采用。

(二) 罐内作业

1. 化工罐内作业特点

凡进入塔、釜、槽、罐、容器及地下沟道、阴井或其他密闭场所进行的作业,统称为罐内作业。

化工检修中罐内作业比较频繁,检修项目多,但"罐内"空间小,作业面窄,泄压、逸散、散热、避让及协作均十分困难,故与动火作业相比其危险性更大。

2. 罐内作业的安全规定

进行罐内作业,必须遵守原化工部关于"进入容器、设备的8个必须"的安全规定。

(1) 必须申请办证、并得到批准:为了切实保证进入罐内作业人员的安全,必须建立罐内作业许可证制度。凡属于罐内作业,必须申请办证。要明确进入设备作业的内容、时间、方案,制定并落实安全措施,分工明确责任到人,并指定专人担任安全监护人。

审批人员应逐项审查、核实并到现场勘查安全措施落实情况后,方可签批"进入设备容器作业证"。

作业证一般由施工的班长或工长填写,车间主任审批。作业证应一式两份,批准后,一份由进入容器人收执备查,另一份送交容器所属车间的班长,经确认无误后方可进入容器设备作业。

(2) 必须进行安全隔离:需进入罐内作业的设备必须和其他设备、管道进行可靠的隔离,绝不允许其他系统中的介质进入被修的罐内。

(3) 必须切断动力电,并使用安全灯具:有搅拌机等机械装置的设备,进入罐内作业前应把传动皮带卸下,启动电动机的电源断开(可取下保险丝或拉下闸刀等)并上锁,使在检修中不能启动机械装置,还应在电源处挂上"有人检修、禁止合闸"的警告牌。上述措施落实后,还需经检查、核实。

罐内作业照明和使用的电动工具必须使用安全电压,在干燥的罐内电压小于 36 V,潮湿的环境或密闭性好的金属容器内电压小于 12 V,若有可燃物质存在时,还应符合防爆要求。悬吊行灯时不能使导线承受张力,必须用附属的吊具来悬吊;行灯的防护装置和电动工具的机架等金属部分应该用三芯软线或导线预先接地。

(4)必须进行置换、通风:罐内作业前必须对设备进行一系列化工处理(如置换、中和、吹扫和清洗等)。凡用惰性气体置换过的设备,入罐前必须用空气置换出惰性气体,然后进行取样分析,符合标准后,检验人员方可入内。

对涂漆、除垢、焊接等作业过程中能产生易燃、有毒、有害气体的作业,还应加强通风换气,确保器内作业人员的安全。对通风不良及容积较小的设备,作业人员应采取间歇作业,不得强行连续作业。

密闭空间科
学施救篇

(5)必须按时间要求进行安全分析:在设备置换后,入罐作业 30 min 前要取样分析。罐内动火作业,除了测定罐内空气中可燃物含量是否符合动火规定外,还应测定罐内空气中的氧含量。一般规定氧含量应在 18% ~ 21%。若罐内介质有毒或罐内作业过程中能产生有毒有害气体,还应按时间要求取样分析,并符合卫生标准。

以上 3 个方面的分析结果均符合各自的标准后,检修人员方可入罐作业。

(6)必须佩戴规定的防护用具:在入罐清理有毒残留物时,应佩戴防毒面具,防毒面具必须事前做严格检查,确保完好,作业人员应在严格监护下,按规定的罐内停留时间轮换作业。此外,罐内作业人员还必须穿戴好工作服、工作帽、工作鞋;衣袖、裤子不得卷起,皮肤不要裸露;接触酸、碱等腐蚀性介质时,应戴防护眼镜、面罩、毛巾,保护面部和颈部。

(7)必须有人在器外监护,并坚守岗位:罐内作业一般应指派两人以上作罐外监护。监护人应了解介质的理化性能、毒性、中毒症状和火灾、爆炸性;监护人应位于能经常看见罐内全部作业人员的位置,目光不得离开作业人员;除了向罐内作业人员递送工具、材料外,不得从事其他工作,更不准擅离岗位,发现罐内异常时,应立即召集急救人员。监护人只应从事罐外的急救工作,在无人代理监护的情况下,监护人不得进入罐内。抢救人员绝不允许不采取任何防护而冒险入罐救人。

(8)必须有抢救后备措施:罐内作业要按设备深度搭设安全梯及架台,配备救护绳索,以保证应急撤离。升降机具也必须安全可靠。对一旦发生事故进罐内抢救困难的作业,入罐前作业人员就应系好安全带。进入罐内作业时,监护人应握住安全带的一端,随时准备好可把操作人员拉上来;罐外至少准备好一套急救防护用具,如隔离式面具、苏生器等,以便在缺氧或有毒的环境下使用。对于接触酸、碱的罐内作业,预先应准备好大量的清水,以供急救用。

罐内作业的危险性很大,必须严格落实各项安全措施,做到上述"8 个必须"。还应在作业罐的明显位置上挂上"罐内有人作业"的标志牌。

作业结束时,应清除杂物,把所有的工具、材料、梯子等搬出罐外,不得遗漏在罐内。检修人员和监护人共同检查罐内外,在确认无疑后,监护人在"罐内作业证"上签字后,检修人员方可封闭各人孔。

复习思考题

1. 简述压力容器的安全技术管理内容。
2. 简述压力容器常用的分类方法。
3. 简述压力容器定期检验种类及内容。
4. 简述压力容器的安全附件主要种类。
5. 简述化工检修中的动火作业和罐内作业的安全技术原则。
6. 简述化工检修分类。
7. 简述化工检修的特点。
8. 简述化工检修中"特殊危险动火"的安全技术。

10

第十章   化工系统安全分析与评价

随着科学技术日新月异的发展,工业(包括民用工业和军用工业)规模越来越大,效率越来越高。同时,潜在事故的损害量或破坏力也越来越大。近年来,国内外工矿企业为了防止重大的灾难事故发生,开始全面推广现代安全管理方法,变事后处理为事前预防,其主要手段是对工程项目进行系统安全分析与评价。1998年2月5日,我国政府以劳动部令的形式规定,凡属6种类型的建设(工程)项目,必须进行建设项目(工程)劳动安全卫生预评价。这6种类型的建设(工程)项目是:大中型的,有火灾危险的,有爆炸危险的,有毒害物的,有石棉或二氧化硅粉料的,以及其他危险的。显然,化工生产项目都属规定范围。评价工作应在项目可行性研究阶段进行,在项目初步设计会审前完成。由建设单位自由选择本建设项目设计单位以外的、熟悉本行业和本项目特点的、有劳动安全卫生预评价资格的单位承担。同时规定,应做评价而未做评价的工程项目(包括已建成的)要补做、要改进。

系统安全分析与评价的关键是采用先进的科学方法,全面分析、预测生产活动中的各种危险,正确辨识和评价危险性问题,从而采取有效措施减少或消除其危险因素。随着相关科学理论和技术的发展,经过几代安全技术领域研究人员的努力,现已形成一门新兴的工程学科——安全系统工程。这是目前进行工程项目全面或局部系统安全分析与评价的最有效科学方法。

第一节   安全系统工程简介

安全系统工程属于系统工程学科,其萌芽于20世纪60年代,成熟于20世纪90年代,目前还处于蓬勃发展阶段。

1957年,苏联成功发射人类第一颗人造卫星,开始了当时美、苏新一轮军备竞赛。

为了赶超苏联,美国采用研究、设计、施工齐头并进的方案进行导弹技术研究,但一年内连续发生 4 起重大事故,造成了巨大损失。痛定思痛,美国空军以系统工程原理和方法,认真研究了导弹系统的可靠性和安全性,于 1962 年制定了"武器系统安全标准",首次创立了安全系统工程的概念。20 世纪 60 年代后半叶到 20 世纪 70 年代,英国原子能公司和美国原子能委员会先后收集各原子能电站事故的有关数据,建立事故数据库,分析各个部位发生事故的概率,提出原子能电站风险评价方法,采用系统分析的方法分析评价人、机器和环境可能发生的事故。并依此调整原子能电站的工艺、设备和操作管理,使原子能电站的事故大为减少,成为安全性极高的电站,使原子能电站进入快速发展阶段。而安全系统工程也很快被世界各国科技人员认识、接受和发展。

一、安全系统工程的内容

安全系统工程(safety system engineering)就是应用科学和工程原理、标准和技术知识,分析、评价和控制系统中的危险。它把生产和作业作为一个整体系统,应用科学的方法对构成系统的各个要素进行全面分析,判明各种危险的分布特点及导致灾害性事故的因果关系,进行定性和定量分析,对系统的安全性做出评价,为安全预测和安全决策提供强有力的依据。安全系统工程主要包括以下 3 方面内容。

1. 系统安全分析

系统安全分析是以预测和防止事故为前提,对系统的功能、环境、可靠性等经济技术指标以及系统的潜在危险性进行分析和测定。系统安全分析的程序、方法和内容如下。

(1)把所研究的生产过程和作业形式作为一个整体,确定安全设想和预定的目标。

(2)把工艺过程和作业形式分成几个部分和环节,绘制流程图。

(3)应用数学模型和图表形式及有关符号,将系统的结构和功能抽象化,并将因果关系、层次和逻辑结构用方框或流线图表示出来,也就是将系统变换为图像模型。

(4)分析系统的现状及其组成部分,测定与诊断可能发生的事故、危险及其灾难性后果,分析并确定导致危险的各个事件的发生条件及其相互关系。

(5)对已确立的系统,采用概率论、数理统计、网络技术、模型和模拟技术、逻辑运算等数学方法,对各种因素进行数量描述,分析它们之间的数量关系,并进一步探求那些不容易直接观察到的各种因素的数量变化及其规律。

2. 系统安全评价

系统安全评价包括对物料、机械装置、工艺过程及人机系统的安全性评价,内容主要有以下 3 个方面。

(1)确定适用的评价方法、评价指标和安全标准。

(2)依据既定的评价程序和方法,对系统进行客观的、定性或定量的评价,结合效益、费用、可靠性、危险度等指标及经验数据,求出系统的最优方案和最佳工作条件。

（3）在技术上不可能或难以达到预期效果时，应对计划和设计方案进行可行性研究，反复评价，以达到最优化和安全标准的目的。

3. 系统安全措施

系统安全措施是在系统分析与安全评价的基础上，采取综合的控制和消除危险的措施，内容包括以下 3 个方面。

（1）对已建立的系统形式、潜在的危险程度及可能的事故损失进行验证，提出检查与测定方式，制定安全技术规程和规定，确定对危险性物料、装置及废物的处理措施。

（2）根据安全分析评价的结果，研究并改进工艺流程、设备、安全装置及控制系统，从而控制危险性物料、装置及废物的危险概率。

（3）采取管理、教育和技术等综合措施，对预防及处理事故方案、安全组织与管理、教育培训等方面进行统筹安排和检查测定，以有效控制和消除危险危害。

二、安全系统工程的特点

安全系统工程在工业中的应用使安全管理工作从传统的凭直观经验进行主观判断的方法，转变为有一定理论依据的定性、定量分析，是一种新的、科学的方法体系，它具有以下 5 个特点。

（1）能够系统地从计划、设计、制造、运行等全过程中考虑安全技术和安全管理问题，便于找出生产过程中固有的或潜在的危险因素。

（2）便于对生产系统的安全性进行定性和定量的分析评价。

（3）可对事故进行预测，并求得系统安全的最优方案。

（4）有利于实现安全管理系统化，形成教育培训、日常检查、操作维修等的完整系统。

（5）有利于实现安全技术和安全管理的科学化、规范化和标准化。

三、系统危险性分析

1. 危险性及其表示方法

所谓危险性是指对人体和财产造成危害和损失的事故发生的可能性。前文所说系统安全分析实质上就是系统危险性分析。危险性本身含有许多不确定的因素，因为在生产过程中的许多因素是随机的，危险的程度也是难以确定的。但要对系统的安全作明确的分析和评价，确定危险性的尺度是必要的。一方面，以事故频率和损失严重程度作为危险性的尺度，即根据经验和统计，找出一定的时间内危险因素可能导致事故的次数——事故频率；另一方面是确定事故可能造成的人员伤亡和财产损失的数值，即损失严重度。二者之间的乘积称为危险率或风险率，可表示为

$$危险率 = 严重度 \times 频率 = (损失额/事故次数) \times (事故次数/单位时间)$$
$$= 损失额/单位时间$$

有了量的概念，就可以对系统的危险性进行定性或定量评价。所谓定性评价，就是对生产活动中的危险性进行系统的、不遗漏的检查，根据检查结果做出大致的评价。为了便于管理，也可以按其重要程度做概略的分级。所谓定量评价，就是在定性评价的基础上，以统计方法得到的频率数据，如各种事故频率、设备零部件故障率等，比较精确地计算出其危险率。然后把计算出的危险率与可接受的危险率进行比较，确定被评价对象危险状况是否在允许范围之内。

在评价危险性时，除去危险率外，还有一个常用指标，即死亡概率。在一定的统计样本中，死亡概率可表示为

$$死亡概率 = 死亡人数 / (年 \times 总人数)$$

世界上许多事件的发生看似偶然，但经过统计会发现一定的规律性。例如，人的死亡概率便是自然规律。这个规律是由人的机体固有的特性及生活环境、医疗保健等条件决定的，人们普遍承认各个寿命阶段存在的这种规律。所有生产系统都有一定的危险率，这与工作性质、环境条件和管理因素有关。对此，也可以采用自然死亡率的统计方法，利用常年积累的资料，得出为人们所能接受的事故发生概率。例如，1971 年美国国内发生约 1 500 万次汽车事故，造成 5 万人死亡。美国总人口以 20 000 万计，则美国每个人在汽车事故中的死亡概率为 (2.5×10^{-4})/年。但美国人为了享受汽车的便利，承认这样的风险是可以接受的。

不同产业的死亡概率，表示出了其危险性的差异。表 10-1 列出了英国 1976 年统计资料披露的英国部分行业（每人每年工作 1 920 h）的死亡概率。

表 10-1 英国部分行业的年死亡概率（1976 年）

行业种类	化学工业	钢铁工业	渔业	煤炭工业	建筑业	飞机乘员	拳击	赛车
死亡概率	6.75×10^{-5}	1.54×10^{-4}	6.72×10^{-4}	7.68×10^{-4}	1.28×10^{-3}	4.80×10^{-3}	7.10×10^{-2}	0.5

死亡概率在 10^{-3} 数量级的产业或部门，与人的自然死亡率相当，操作危险性极高，必须立即采取措施予以改进；死亡概率在 10^{-4} 数量级的产业或部门，其操作为中等程度危险，应采取改进措施；死亡概率在 10^{-5} 数量级的产业或部门和游泳或煤气做饭属同一数量级，人们对此比较关心，也愿采取措施加以预防；死亡概率在 10^{-6} 数量级的产业或部门，相当于地震或天灾的死亡概率，人们并不担心这类事故的发生；死亡概率在 $10^{-7} \sim 10^{-8}$ 数量级的产业或部门，相当于陨石坠落伤人，没有人愿为此投资加以预防。

2. 危险性分析步骤

危险性分析一般按以下步骤进行。

（1）把评价系统的危险因素辨别出来。

（2）计算系统危险率及事故后果的严重程度。

（3）根据以往的经验或数据，确定可接受的危险率指标。

（4）将计算的危险率与可接受的危险率指标进行比较，确定系统的危险性水平。

（5）对危险性高的系统，找出主要危险性，并进一步分析、寻找降低危险性的途径，将危险率控制在可接受的指标内。

如仅做定性评价，则只要做到第二步即可。

3. 危险性分析方法

时至今日，人们已开发出几十种系统危险性的分析方法，各有特点，各有适用范围。主要的定性方法有：安全检查表法（SCA）、预先危险性分析法（PHA）、故障类型和影响分析法（FMEA）、事故树分析法（FTA）、事件树分析法（EDA）、危险与可操作性分析法（HAZOP）等。典型的定量评价法有：概率风险评价法、伤害（或破坏）范围评价法和火灾、爆炸危险指数评价法等。后文，将择常用而有效的方法予以讨论。

第二节　安全检查表法

安全检查表法产生于 20 世纪 30 年代，当时安全系统工程尚未出现，安全工作者为解决生产中遇到的事故，主要靠经验对生产过程编制较详尽的安全检查表。安全系统工程建立与应用，使安全检查表的编制逐步朝着科学化、系统化、规范化、程序化的方向发展。现代安全检查表的定义为：运用安全系统工程的方法，找出系统及各部分工艺流程、设备、安全装置、环境影响及操作管理中的各种不安全因素，按顺序编制成表格，表中应设有提问栏，以免漏检。

安全检查表按其性质可分为一般性检查、专业检查、季节性检查、特种检查等。通过安全检查表能及时了解和掌握安全生产情况，一旦发现物的不安全状态和人的不安全行为，应及时采取措施加以整顿和改进，总结经验，指导工作，这是管理部门防止事故、保护职工安全与健康的好方法。

一、编制安全检查表的主要依据

（1）相关法律标准、规程、规范及规定：包括《中华人民共和国安全生产法》《危险化学品安全管理条例》等国家有关安全生产的法律、法规和标准规范，以及企业的有关规章制度和操作管理标准等。

《危险化学品安全管理条例》

（2）事故案例和行业经验：搜集国内外同行业及同类产品的事故案例，分析找出不安全因素，作为安全检查的内容。

（3）通过系统分析确定危险因素：这也是安全检查的内容。

（4）研究成果：编制安全检查表必须采用最新的知识和研究成果。包括新的理论、方法、技术、法规和标准等。

二、安全检查表的编制

安全检查表应能列举评价对象所有所需查明的、能导致事故的不安全状态和行为。这就需要对系统不安全因素有正确而全面的分析，列出清单，分门别类地制定安全检查表。表中所列的因素均采用提问的方式，并要求以"是"或"否"来回答。"是"表示符合要求；"否"表示存在问题，需要改进。

为了编制出全面、正确、切合实际的安全检查表，应采取专业干部、技术人员和一线工人相结合的方式进行。

三、安全检查表编制举例

为了使读者直观理解、掌握安全检查表的编制方法，现举化工生产最常见的设备——蒸汽锅炉安全检查表加以说明。

为使锅炉及其安全附件、辅助设备完好无损，正常运行，必须对锅炉进行定期或经常性的安全检查，及时消除不安全因素，安全检查表法可圆满完成此项任务。依据锅炉安全检查程序表进行检查，可使重点检查能够抓住关键，全面检查不致漏项。检查时逐条对照标准，做出评价，做好记录，保存备查。表 10-2 就是某单位蒸汽锅炉的安全检查表（部分）。

表 10-2　蒸汽锅炉安全检查表（部分）

检查顺序	检查项目	检查标准	实际情况
（1）	气压情况	不超过工作压力	
（2）	水位报警器	灵敏可靠	
（3）	安全阀完好状况	完好	
（4）	安全阀调压情况	调压准确	
（5）	操作人员坚守岗位情况	坚守岗位	
（6）	操作人员工作情况	精力集中	
	工作时看书看报	无	
	打瞌睡聊天	无	
	干与工作无关的事	无	
	酒后上（值）班	无	

续表

检查顺序	检查项目	检查标准	实际情况
（7）	操作规程执行情况	完善	
（8）	操作规程掌握程度	熟练,并持证上岗	
（9）	安全阀动作情况	灵活	
（10）	安全阀检验情况	按时检验,有检验证	
（11）	气压表完好情况	完好,按期检验	
（12）	气压表照明情况	充足	
（13）	气压表表盘尺寸	合适	
	气压表刻度范围	合适	
	气压表精度等级	合适	
	气压表清晰情况	清晰	
（14）	锅炉设计状况	合格,有使用证	
（15）	锅炉制造状况	合格,有使用证	
（16）	锅炉焊接状况	合格,有使用证	
（17）	锅炉安装状况	合格	
（18）	计划检修情况	计划检修	
（19）	技术检修情况	定期检验,有合格证	
（20）	气压表连接管件	通畅	
	水位计连接管件	通畅	

注:检查时对照标准逐项进行,在"实际情况"栏中凡符合者打"√",不符合者打"×"。

第三节　事故树分析法

事故树分析法(FTA)是 20 世纪 60 年代初美国 Bell 实验室的 Watson 首先提出来的,当时是为了分析评价美国民兵式导弹控制系统的安全性,其后美国波音公司及美国原子能委员会应用并完善了该分析法,现已成为安全系统工程分析中运用最广泛的分析方法之一。

　　事故树分析是通过预先编制的事故树来进行系统安全性分析评价的。通过分析可以找出事故的直接原因和间接原因。可以用其对事故进行定性分析,辨明事故原因的主次及未曾考虑到的隐患;也可以进行定量分析,预测事故发生的概率。事故树分析是数学和专业知识的密切结合。其特点是直观明了,表达简洁,思路清晰,逻辑性强,易于掌握,故受到安全工作者的广泛欢迎。

一、事故树的编制

1. 事故树的符号和意义

　　事故树(fault tree,FT)是由事件符号按其相互之间的逻辑关系连接起来的关系图。目前,对事故树符号没有明确统一的规定,本书常用符号表示方法参阅图 10-1。

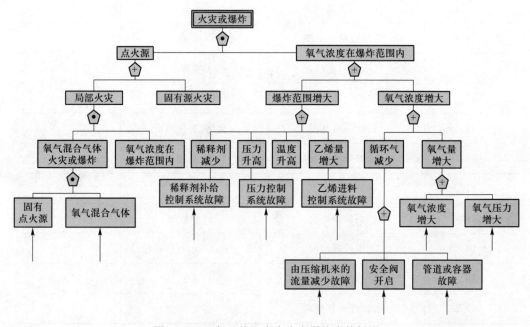

图 10-1　环氧乙烷生产中火灾爆炸事故树图

　　双线矩形符号,表示事故,即顶端事件(top event);

　　单线矩形符号,表示事件,即中间事件和基本事件(middle event and end event),基本事件是不需要展开的事件,基本事件有时也用○表示;

　　屋形且内有"·"符号,表示事件之间的逻辑关系"与门"(and gate),即表示两个以上原因事件同时发生时特定结果事件(屋尖所向事件)才会发生;

　　屋形且内有"+"符号,表示事件之间的逻辑关系"或门"(or gate),即表示一个或多个原因事件发生,特定结果事件就会发生。

2. 收集资料

为做好分析,应广泛收集分析对象的工艺流程、设备特点、介质性质、控制系统、操作参数,以及周围环境和同行的事故分析等资料。

3. 事故树编制步骤

事故树是事故发展过程的图样模型。从已发生或设想的事故结果即顶端事件,用逻辑推理的方法,寻找造成事故的原因。事故树分析与事故形成过程方向相反,所以是逆向分析程序。事故树编制步骤如下:

(1) 确定分析系统的顶端事件。

(2) 找出顶端事件的各种直接原因作为中间事件,并用"与门"或"或门"与顶端事件连接。

(3) 把上一步找出的直接原因作为中间事件,再找出中间事件的直接原因,并用逻辑门与中间事件连接。

(4) 反复重复步骤(3),直到找出最基本的原因事件。

(5) 绘制事故树图并进行必要的整理。

(6) 确定各种原因事件的发生概率,按逻辑门符号进行运算,得出顶端事件的发生概率。

(7) 对事故进行分析评价,确定改进措施。

如果数据不足,步骤(6)可以免做,可直接由步骤(5)到步骤(7),得出定性结论。

下面以纯氧直接氧化法生产环氧乙烷过程中爆炸事故为例进行说明。其生产工艺流程如图 10-2 所示。

原料乙烯、纯氧和循环气经预热后进入列管式固定床反应器,乙烯在银催化下选择性氧化生成环氧乙烷;副反应是乙烯深度氧化生成二氧化碳。乙烯的单程转化率约 35%,生成环氧乙烷的选择性约 70%。反应气经热交换器冷却后进入环氧乙烷吸收塔,用水吸收环氧乙烷。未被吸收的气

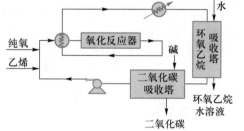

图 10-2　环氧乙烷生产工艺流程简图

体经二氧化碳吸收塔除去副反应生成的二氧化碳后,再经循环压缩机返回氧化反应器。

环氧乙烷生产属有火灾爆炸危险的化工生产,这种危险主要是气相反应中氧气浓度达到爆炸极限范围,在点火源存在下发生燃烧或爆炸。混合可燃气爆炸浓度的上下限与混合气的温度、压力和组成有关。如压力上升,爆炸上下限都将扩大;温度上升,则下限扩大;惰性气体减少会导致混合气中氧的浓度增大。而工艺过程中的点火源,则有静电火花、明火及局部可能发生的火灾等因素。据此可绘制出环氧乙烷合成火灾爆炸事故树图,如图 10-1 所示。

二、事故树分析

当一幅事故树图绘制成后,人们一般凭经验和常识就可以从图上对分析对象的安全性做出粗略的评价。但要得到更明晰精确的评价,就需借助一定的数学手段,结合统计数据进行有理有据的分析才能完成。

在事故树中,如果所有的基本事件都发生,则顶端事件必然发生。但在多数情况下,只要某个或某几个基本事件发生,顶端事件就会发生。事故树中能使顶端事件发生的基本事件的集合称为割集。能使顶端事件发生的最低限度的基本事件的集合称为最小割集。事故树中每一个最小割集都对应一种顶端事件发生的可能性。确定了事故树的所有最小割集,就可以明确顶端事件的发生有哪些模式。事故树的分析,就是按照事故树所标示的各个事件之间的关系,运用逻辑运算的方法,求出事故树的所有最小割集,并计算出顶端事件的发生概率。

1. 逻辑运算方法

事故树分析中常用的逻辑运算法则和定律有如下几种:

(1)逻辑乘法则:如果事件 $A, B, C, \cdots, K$ 同时成立,事件 T 才成立,则 $A, B, C, \cdots, K$ 的逻辑运算称为事件的"与",也叫逻辑积。其表达式为

$$T = A \cdot B \cdot C \cdot \cdots \cdot K$$

(2)逻辑加法则:如果事件 $A, B, C, \cdots, K$ 任意一个成立,事件 T 就成立,则 $A, B, C, \cdots, K$ 的逻辑运算称为事件的"或",也叫逻辑和。其表达式为

$$T = A + B + C + \cdots + K$$

(3)分配律:　　$A \cdot (B+C) = (A \cdot B) + (A \cdot C)$
　　　　　　　　$A + (B \cdot C) = (A+B) \cdot (A+C)$

(4)幂等律:　　$A + A = A$　　　　$A \cdot A = A$

(5)吸收律:　　$A + A \cdot B = A$　　　　$A \cdot (A+B) = A$

逻辑运算求出事故树最小割集的过程,实际是事故树逻辑关系的化简过程。最后求出事故树的逻辑积的逻辑和,其中每一个逻辑积就是一个最小割集。最小割集常用符号 $\{A、B、C、\cdots\}$ 表示,其中 $A、B、C、\cdots$ 为基本事件。

图 10-3 和图 10-4 是两个事故树逻辑运算示例。由两图运算结果可知,图 10-3 的事故树有 12 个最小割集,分别是 $\{A、C、F\}$、$\{A、C、G\}$、$\{B、C、F\}$、$\{B、C、G\}$、$\{A、D、F\}$、$\{A、D、G\}$、$\{B、D、F\}$、$\{B、D、G\}$、$\{A、E、F\}$、$\{A、E、G\}$、$\{B、E、F\}$、$\{B、E、G\}$。而图 10-4 的事故树有 3 个最小割集,分别是 $\{A、B\}$、$\{C、D、E\}$、$\{F、G\}$。由两图运算结果可知,图 10-3 事故树的顶端事件发生有 12 种可能性,而图 10-4 事故树的顶端事件发生只有 3 种可能性。

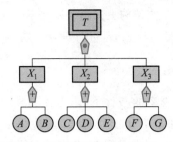

图 10-3　事故树逻辑表达式（1）

$$T = (A+B)(C+D+E)(F+G)$$
$$= ACF+ACG+BCF+BCG+ADF+ADG+$$
$$BDF+BDG+AEF+AEG+BEF+BEG$$

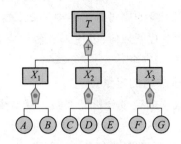

图 10-4　事故树逻辑表达式（2）

$$T = AB+CDE+FG$$

2. 事故树的定性分析

通过逻辑运算,求出最小割集,就可对事故树做出较清晰的定性分析。一般可做如下分析。

（1）根据最小割集数:可确定导致顶端事件发生的基本事件组合数和可能性:一般来说,最小割集数就是基本事件组合数。其数量大,说明发生顶端事件（事故）的可能性大,即危险性大。

（2）根据各最小割集的组合情况:可比较出各基本组合对事故发生的影响大小:这可根据一个最小割集中的基本事件的个数来比较。即个数越少,系统越危险;个数越多,系统越安全。例如,只有一个基本事件的割集比有两个基本事件的割集容易发生。因为只有一个基本事件的只要该事件发生,顶端事件必然发生;而有两个基本事件的,则必须两个事件同时都发生,顶端事件才会发生。由此可推理,只要采取给基本事件个数少的割集增加基本事件的方法,就可提高系统的安全性和可靠性。例如,给一个危险点增设一个保护装置,往往可使系统的可靠性提高几倍,甚至上百倍。这实际是一种"冗长"技术措施。

（3）根据各最小割集的组合情况:可比较各基本事件对顶端事件发生的影响程度大小,影响程度又称结构重要度,用 I 表示。对结构重要度的比较,可按以下 3 项原则进行:

① 当最小割集中的基本事件个数不同时,基本事件少的割集中的基本事件比基本事件多的割集中的基本事件的结构重要度大。如某事故树的最小割集为 $\{A、B、C、D\}$、$\{E、F\}$、$\{H\}$、$\{G\}$,则该事故树中基本事件的结构重要度顺序依次为:$I_H = I_G > I_E = I_F > I_A = I_B = I_C = I_D$。

② 当最小割集中的基本事件个数相等时,在各最小割集中重复出现的基本事件,比只在一个最小割集中出现的基本事件结构重要度要大;重复次数多的比重复次数少的结构重要度要大。

③ 在基本事件少的最小割集中出现次数少的基本事件,与基本事件多的最小割集中出现次数多的基本事件相比较,前者的结构重要度大于后者。

用以上 3 原则可排出结构重要度顺序,就可以从结构上知道各基本事件对顶端事件发生的影响程度如何,以便采取防护措施,编制安全检查表,进行重点预防,加强安全检查,确保生产安全。

3. 事故树的定量分析

事故树的定量分析是在给定基本事件发生概率的条件下,求出顶端事件发生的概率。将所求的结果与预定目标值进行比较。如果超出了目标值,就应采取必要的改进措施,使其降至目标值以下。如果事故发生的概率及其造成的损失能够为社会认可,就不必花费更多的人力、物力和财力进一步加强安全措施。

所谓基本事件发生概率就是研究对象系统元件或设备的故障率。故障率是指单位时间(或周期)发生故障的概率。故障率的确定是通过元件(或设备)的故障实验或实际经验系统分析得到的。表 10-3 列出了部分元件的统计故障率。

表 10-3   部分元件的故障率

元件	故障率/(次·年$^{-1}$)	元件	故障率/(次·年$^{-1}$)
控制阀	0.60	压力测量	1.41
控制器	0.29	泄压阀	0.022
流量测量(液体)	1.14	压力开关	0.14
流量测量(固体)	3.75	电磁阀	0.42
流量开关	1.12	步进电动机	0.044
气液色谱	30.6	长纸条记录仪	0.22
手动阀	0.13	热电偶温度测量	0.52
指示灯	0.044	温度计温度测量	0.027
液位测量(液体)	1.70	阀动定位器	0.44
物位测量(固体)	6.85		
氧分析仪	5.65		
pH 计	5.88		

资料来源:Frank P. Lees,Loss Prevention in the Process Industries (London:Butterworths,1986)

现以氧化反应器爆炸概率计算为例进行说明。在氧化反应器中,由流量控制系统分别输入燃料与氧化剂。当控制系统发生故障,导致输入燃料量过高或输入氧化剂量过低时,在反应器中就会形成爆炸性混合物,遇起爆源便会引发爆炸。氧化反应器爆炸事故树图如图 10-5 所示。应用各个事故的故障率资料及其他有关统计资料,沿事故树逆向逻辑运算,即可求出氧化反应器爆炸事故发生的概率。

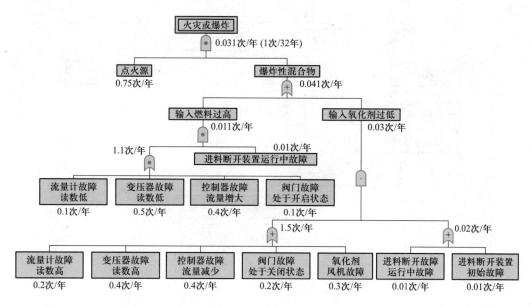

图 10-5　氧化反应器爆炸事故树图

第四节　化工火灾爆炸危险指数评价方法

火灾爆炸危险指数评价方法由美国陶氏化学公司首创。该法的成功开发和应用，开创了化工生产危险度定量评价的历史。自从 1964 年公布第一版以来，已做了多次修改，于 1995 年公布了第 7 版。该评价方法以物质系数为基础，再考虑工艺过程中的其他因素，如工艺条件、设备状况、安全装置等因素的影响，计算出装置的火灾爆炸指数（即危险度），并可进一步测算出最大可能的财产损失。陶氏化学公司火灾爆炸危险指数评价方法推出以后，各国竞相研究应用，推动了这项技术的发展，使该方法日臻完善，现简单介绍于后。

一、评价程序与评价单元

陶氏化学公司火灾爆炸危险指数评价方法的评价程序如图 10-6 所示。一套生产装置包括许多工艺单元（单元可以是具体设备、仓库，也可以是区域等），计算火灾爆炸危险指数时，只评价那些从损失预防角度来看影响比较大的工艺单元，这些单元被称为评价单元。

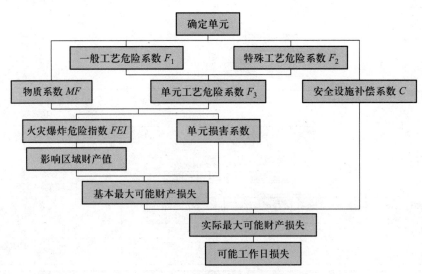

图 10-6   单元评价程序框图

二、物质系数(MF)

在计算火灾爆炸危险指数时,物质系数是最基本的数据,它表述了相关物质在燃烧或在其他化学反应中引起火灾爆炸事故所释放能量的大小。

陶氏化学公司提出的物质系数 MF 的定量方法不是采用理论计算,而是由美国消防协会(NFPA)燃烧性等级及物质稳定性状况确定的。部分物质的 MF 值见表 10-4。

表 10-4   部分物质的 MF 值

物质	MF 值	物质	MF 值	物质	MF 值
乙醛	24	1-丁醇	16	异丁烷	21
醋酸	14	1-丁烯	21	异丁醇	16
醋酐	14	醋酸丁酯	16	异戊烷	21
丙酮	16	丙烯酸丁酯	24	异丙醇	16
丙酮合氰化氢	24	正丁胺	16	乙酸异丙酯	16
乙腈	16	溴丁烷	16	二氯丙烷	21
乙酰氯	24	氯丁烷	16	异丙醚	16
乙炔	29	3-环氧丁烷	24	异丁胺	16
乙酰乙醇氨	14	丁基醚	16	异丁基氯	16
过氧化乙酰	40	叔丁基过氧化氢	40	异戊间二烯	24
乙酰水杨酸	16	硝酸丁酯	29	异丙烯基乙炔	24
乙酰柠檬酸三丁酯	4	胺氨	29	异丙胺	21
丙烯醛	19	氰化氢	24	喷气燃料 A 和 JP-5-6	10
邻溴甲苯	10	羟基胺	29		
3-丁二烯	24	六氯二苯醚	14	喷气燃料 B 和 JP-4	16
丁烷	21	六氯丁二烯	14	过氧化月桂酰	40

续表

物质	MF 值	物质	MF 值	物质	MF 值
月桂溴	4	陶氏载热体 HT	4	矿物油	4
月桂基硫醇	4	陶氏载热体 LF	4	氯化苯	16
润滑油	4	乙烯基乙炔	29	一乙醇胺	10
马来酸酐	14	2-二氯乙烷	16	甲基丙烯醛	24
镁	14	3-氯-1,2-环氧	24	丙烯酸甲酯	24
甲烷	21	丙烷		过氧化乙酸叔丁酯	40
甲醇	16	乙烷	21	过氧化苯甲酸特丁酯	40
醋酸甲酯	16	乙醇胺	10	过氧化叔丁酯	29
甲基乙炔	24	醋酸乙酯	16	碳化钙	24
甲胺	21	丙烯酸乙酯	24	二硫化碳	21
戊烷	21	乙醇	16	一氧化碳	21
氧己环	16	乙苯	16	氯气	1
过醋酸	40	乙基溴	4	二氧化氯	40
酚	10	乙基氯	21	氯乙酰氯	14
高氯酸钾	14	丙烯酰胺	24	氯苯	16
丙烷	21	丙烯酸	24	氯仿	1
炔丙醇	29	丙烯腈	24	氯甲乙醚	14
炔丙基溴	40	烯丙醇	16	1-氯-1-硝基乙烷	29
丙烯	21	烯丙胺	16	邻氯酚	10
二氯丙烯	16	烯丙基溴	16	三氯硝基甲烷	29
丙二醇	4	烯丙基氯	16	氯丙烷	21
氧化丙烯	24	烯丙醚	24	氯苯乙烯	24
吡啶	16	氯化铝	24	香豆素	24
2-甲基吡啶	14	氨	4	异丙基苯	16
粗石油	16	硝酸铵	29	异丙基过氧化氢	40
丙醛	16	醋酸戊酯	16	氨基氰	29
3-丙二酰胺	16	硝酸戊酯	10	环丁烷	21
醋酸丙酯	16	甲基溶纤剂	10	环己烷	16
丙醇	16	氯甲烷	21	环己醇	10
丙胺	16	甲基氯醋酸	14	环丙烷	21
丙苯	16	甲基环己烷	16	DER×331	14
丙基氯	16	甲基醚	21	二氯苯	10
丙醚	16	甲基乙基酮	16	2-二氯乙烯	24
硝酸丙酯	29	甲肼	24	1,3-二氯丙烯	16
高氯酸	29	甲基异丁基酮	16	乙烯	24
陶氏载热体 A	4	甲硫醇	21	碳酸乙酯	14
陶氏载热体 G	4	甲基苯乙烯	14	乙二胺	10

续表

物质	MF 值	物质	MF 值	物质	MF 值
乙二醇	4	过氧化钾	14	二乙烯基醚	24
环氧乙烷	29	苯胺	10	硼酸甲酯	16
氮丙啶	29	氯酸钡	14	碳酸二甲酯	16
硝酸乙酯	40	硬脂酸钡	4	甲基环戊二烯	14
乙胺	21	苯甲醛	10	甲酸甲酯	21
苯甲酸乙酯	4	苯	16	甲基丙烯酸甲酯	24
乙基丁基碳酸酯	14	苯甲酸	14	2-甲基丙烯醛	24
氯甲酸乙酯	16	醋酸苄酯	4	甲基乙烯基酮	24
2-乙基己醛	14	苄醇	4	石脑油	16
乙硫醇	21	苄基氯	14	萘	10
乙醚	21	过氧化苯甲酰	40	硝基乙烷	29
乙基丁基胺	16	双酚 A	14	硝酸甘油	40
丁酸乙酯	16	溴	1	硝基甲烷	40
甲酸乙酯	16	溴苯	10	硝基丙烷	29
乙二醇二甲醚	10	2,3-二氯丙烯	16	2-硝基甲苯	29
乙二醇-乙酸酯	4	5-二氯水杨酸	24	硝基苯	14
乙基丙基醚	16	二氯苯乙烯	24	硝基双酚	14
甲醛	21	过氧化二异丙苯	29	硝基氯化苯	4
甲酸	10	二聚环戊二烯	16	辛烷	16
氟苯	16	柴油	10	辛硫醇	10
燃油 1#~6#	10	二乙醇胺	4	油酸	4
呋喃	21	二乙基胺	16	钾	24
氟	40	间二乙苯	10	钠	24
甘油	4	碳酸二乙酯	16	氯酸钠	24
乙醇腈	14	二甘醇	4	高氯酸钠	14
汽油	16	二乙基醚	21	过氧化钠	14
庚烷	16	过氧化二乙基	40	重铬酸钠	14
己烷	16	二异丁烯	16	氢化钠	24
己醛	16	二异丙苯	10	保险粉	24
无水肼	29	无水二甲胺	21	硬脂酸	4
氢	21	2-二甲基丙醇	16	苯乙烯	24
硫化氢	21	二硝基苯	40	硫	4
(40%~60%)过氧化氢	14	2,4-二硝基酚	40	二氧化硫	1
		二氧戊环	24	氯化硫	14
氯酸钾	14	二苯醚	4	四氯苯	4
硝酸钾	29	二丙二醇	4	甲苯	16
高氯酸钾	14	二乙烯基苯	24	三丁胺	10

物质	MF 值	物质	MF 值	物质	MF 值
三氯苯	4	三乙基铝	29	氯乙烯	24
三氯乙烯	10	三异丁基铝	29	乙烯基环己烯	24
三氯乙烷	4	三甲基铝	29	乙烯基乙基醚	24
三乙基胺	16	三异丙基苯	4	二氯乙烯	24
三乙醇胺	14	乙烯基醋酸酯	24	甲苯乙烯	24
三甲基胺	21	乙烯基乙炔	29	乙苯	16
三丙基胺	10	乙烯基丙基醚	24	硬脂酸锌	4
三甘醇	4	乙烯基丁基醚	24	氯酸锌	14

有些物质在表 10-4 中未列出,可按表 10-5 所列方法求出。在该方法中,易燃性气体和液体的物质系数根据全美消防协会易燃性等级 N_f 及物质稳定性指数 N_r 确定;易燃性粉尘或烟雾则根据全美消防协会爆炸指数 S_t 及物质稳定性指数 N_r 确定。物质稳定性指数 N_r 表示的是:$N_r=0$,燃烧条件下仍保持稳定;$N_r=1$,加温加压条件下稳定性较差;$N_r=2$,加温加压条件下易发生化学变化;$N_r=3$,有引发源时能发生爆炸;$N_r=4$,敞开环境自身易发生爆炸。

表 10-5　不同物质的 MF 值

易燃性气体、液体(包括挥发性固体)	NFPA	$N_r=0$	$N_r=1$	$N_r=2$	$N_r=3$	$N_r=4$
暴露在 816 ℃热空气中 5 min 不燃烧	$N_f=0$	1	14	24	29	40
F·P>93.3 ℃	$N_f=1$	4	14	24	29	40
37.8 ℃<F·P≤93.3 ℃	$N_f=2$	10	14	24	29	40
F·P<37.8 ℃,且 B·P>37.8 ℃	$N_f=3$	16	16	24	29	40
F·P<22.8 ℃,且 B·P>37.8 ℃	$N_f=4$	21	21	24	29	40
易燃性粉尘或烟雾						
S_t-1(K_{St}≤20.0 MPa·m·s^{-1})		16	16	24	29	40
S_t-2(K_{St}=20.0~30.0 MPa·m·s^{-1})		21	21	24	29	40
S_t-3(K_{St}>30.0 MPa·m·s^{-1})		24	24	24	29	40

注:F·P 为闭杯闪点;B·P 为常压沸点;K_{St}值是用带强点火源的 16 L 或更大密闭容器测定的。

三、单元工艺危险系数(F_i)

将单元的工艺条件进行分类,分别归入一般工艺危险和特殊工艺危险栏目,求出相应的危险系数。进而由一般工艺危险系数和特殊工艺危险系数,可计算出单元工艺危险系数。一般工艺危险系数和特殊工艺危险系数分别列于表 10-6 和表 10-7。

表 10-6　一般工艺危险系数 F_1

基本系数		1.00	基本系数		1.00
工艺过程	工艺条件	附加系数	工艺过程	工艺条件	附加系数
放热反应	轻微(中和、加氢、水合)	0.3	物料储运	液化石油气	0.5
	中等(烷基化、加成、氧化)	0.5		N_f 为 3 或 4 的可燃性气、液体	0.85
	临界(卤化等)	1.0		N_f 为 3 的可燃性固体	0.4
	剧烈(硝化)	1.25		闪点 38~60 ℃ 的可燃性液体	0.25
吸热反应	任何吸热反应	0.2	封闭结构(三面墙有顶或四面墙无顶)	处理超过闪点的可燃性液体	0.3
	固、液、气供热	0.4		同上述条件但量超过 4.5t	0.45
	1. 煅烧	0.4		处理超过沸点的可燃性液体	0.6
	2. 电解	0.2		同上述条件但量超过 4.5t	0.9
	3. 热裂与热解	0.2	通路(危险区不少于 2 条)	操作区域大于 925 m²	0.35
	电加热或载热体加热	0.2		操作区域小于 925 m²	0.2
	明火直接加热	0.4	排放和泄漏	一般情况	0.5

表 10-7　特殊工艺危险系数 F_2

基本系数		1.00	基本系数		1.00
工艺过程	工艺条件	附加系数	工艺过程	工艺条件	附加系数
毒性物质	N_h=0 无毒且可燃 N_h=1 有轻微毒害 N_h=2 急性危害需医疗监护 N_h=3 可致急性中毒和慢性影响 N_h=4 可造成死亡或严重伤害	$0.2×N_h$	腐蚀	年腐蚀速度小于 0.5 mm	0.1
				年腐蚀速度在 0.5~1 mm	0.2
				年腐蚀速度在大于 1.0 mm	0.5
				有断裂危险的应力腐蚀	0.75
				有防腐衬里装置	0.2
爆炸极限内或附近操作	N_f 为 3 或 4 的可燃性液体储罐	0.5	轴封和接头处泄漏	有轻微泄漏	0.1
	闪点以上储存液体且不封闭	0.5		有周期性泄漏	0.3
	运载可燃性液体的船舶、槽车	0.3		操作问题、压力周期性变化	0.3
	在爆炸极限内或附近操作	0.8		介质为渗透剂或浆状研磨剂	0.4
低温操作		0.2~0.3		有玻璃视镜、膨胀节装置	1.50
明火设备		1.00	传动设备	评价单元中使用或本身是传动设备	0.5

注：N_h 为全美消防协会的毒性等级符号。

把评价单元的工艺过程与表 10-6 对照,即可得到相应项的一般工艺危险附加系数。把这些附加系数相加,再加上基本系数 1,即可得到评价单元的一般工艺危险系数 F_1。

与一般工艺危险系数计算类似,把评价单元的工艺过程与表 10-7 对照,即可得到相应项的特殊工艺危险附加系数。把这些附加系数相加,再加上基本系数 1,即可得到评价单元的特殊工艺危险系数 F_2。

一般工艺危险系数 F_1 和特殊工艺危险系数 F_2 相乘,可得到评价单元工艺危险系数 F_3:

$$F_3 = F_1 \times F_2$$

四、安全设施补偿系数(C)

设计时除了按照有关规范标准的安全要求设计外,还应考虑一些专用的安全设施或冗长设计以增进工艺的安全性。有了这些,工艺危险性可以得到补偿而降低。由此引入了补偿系数的概念。补偿系数与附加系数不同,后者反映危险性的增加,而前者是为了抵消危险性。不同安全设施的补偿系数见表 10-8。

表 10-8 安全设施的补偿系数

类别	安全设施	补偿系数	类别	安全设施	补偿系数
工艺控制(C_1)	紧急状态动力源	0.98	防火设施(C_3)	泄漏气体检测装置	0.94~0.98
	骤冷装置	0.97~0.99		钢质结构	0.95~0.98
	抑爆装置	0.84~0.98		双层储罐	0.84~0.91
	紧急切断装置	0.96~0.99		供水系统	0.97
	计算机控制	0.97~0.99		特殊灭火系统	0.91
	惰性气体保护装置	0.94~0.96		自动洒水系统	0.74~0.97
	操作规程十分完善	0.91~0.99		防火水幕	0.97~0.98
	化学活性物质评价	0.91~0.98		泡沫灭火装置	0.92~0.97
隔离措施(C_2)	远距离控制阀	0.96~0.98		手提式灭火器/水枪	0.95~0.98
	切断/排放装置	0.96~0.98		电缆屏蔽(埋入沟或罩有防火涂料的金属罩)	0.94~0.98
	排污系统	0.91~0.97			
	联锁装置	0.98			

把评价单元的安全设施与表 10-8 对照,即可得到相应设施的补偿系数。安全设施分为三类,每类的补偿系数 C_i 是该类中所选取系数的乘积,把这些补偿系数相乘,即为评价单元总的补偿系数:

$$C = C_1 \times C_2 \times C_3$$

五、单元危险与损失评价

评价单元的物质系数、单元工艺危险系数和安全设施补偿系数确定以后,就可以评价单元的危险性和可能损失量。

1. 火灾爆炸危险指数和影响区域的确定

（1）单元火灾爆炸危险指数：单元工艺危险系数 F_3 与物质系数相乘便可得到单元火灾爆炸危险指数 FEI，即

$$FEI = F_3 \times MF$$

计算出单元火灾爆炸危险指数，根据美国陶氏化学公司火灾爆炸危险指数评价法中 FEI 与危险程度关系表，可确定该评价单元的危险等级，见表10-9。

表 10-9　FEI 与危险程度关系

FEI	危险等级	FEI	危险等级
1~60	最轻	128~158	很大
61~96	较轻	159 以上	非常大
97~127	中等		

（2）火灾和爆炸影响区域：火灾和爆炸影响区域与事故设备的位置、风向、排污系统的布置等因素有关。但当评价单元内设备尺寸不是很大时，影响半径可以从设备中心算起。图10-7绘出了影响半径与火灾爆炸危险指数的曲线关系。应用图10-7，由火灾爆炸危险指数可查出影响半径，从而可以确定影响区域。

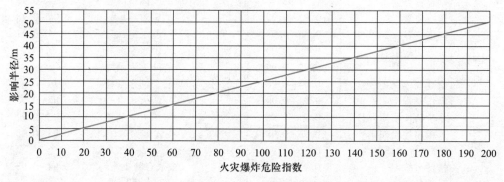

图 10-7　影响半径与火灾爆炸危险指数关系图

2. 单元损害系数的确定

单元损害系数是由单元工艺危险系数 F_3 与物质系数 MF 确定，它表示出了工艺单元中危险物质的能量释放造成的火灾爆炸事故的全部效应。图10-8为单元损害系数与物质系数的关系图。对于 F_3 值超过 8.0 时，F_3 按最大系数 8.0 计算。

3. 各种损失计算

（1）基本最大可能财产损失（基本 MPPD）：确定了火灾爆炸影响区域，即可应用该区域的设备（包括建筑物）价值及单元损害系数，计算出基本 MPPD。计算公式为

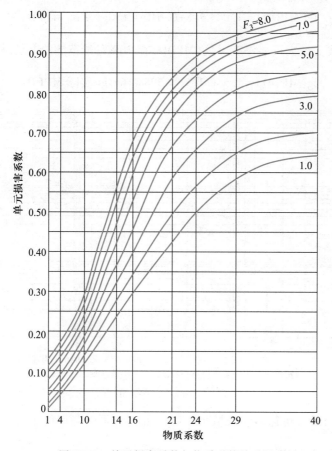

图 10-8　单元损害系数与物质系数关系图

基本 MPPD＝0.82×单元损害系数×影响区域财产值×价格上涨因素

式中：0.82 是指道路、地下管线、基础等扣除后的价值分量。

（2）实际最大可能财产损失（实际 MPPD）：基本 MPPD 与安全设施补偿系数相乘，可计算出实际 MPPD，即

实际 MPPD＝基本 MPPD×安全设施补偿系数 C

（3）最大可能停工天数（MPDO）和停产损失：最大可能停工天数 MPDO 可应用实际 MPPD 由图 10-9 查出。由最大可能停工天数 MPDO 可以估算出停产损失 BI：

$$BI＝VPM×(MPDO/30)×0.70$$

式中：VPM——月产值；

　0.70——固定成本和利润。

图 10-9 中有 3 条斜线，最下面斜线为最大可能停工天数（MPDO）在 70%可能范围的下限，其值为

$$\lg(\mathrm{MPDO}) = 1.045\ 515 + 0.610\ 426 \times \lg(实际\ \mathrm{MPPD})$$

最上面斜线为最大可能停工天数(MPDO)在70%可能范围的上限,其值为

$$\lg(\mathrm{MPDO}) = 1.550\ 233 + 0.598\ 416 \times \lg(实际\ \mathrm{MPPD})$$

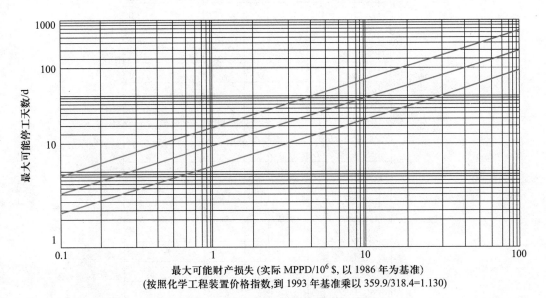

图10-9　最大可能停工天数(MPDO)计算图

中间斜线为最大可能停工天数(MPDO)在70%可能范围的正常值,其值为

$$\lg(\mathrm{MPDO}) = 1.325\ 132 + 0.592\ 471 \times \lg(实际\ \mathrm{MPPD})$$

可根据实际最大可能财产损失和最大可能停工天数,结合该评价企业实际情况进行安全技术状况评价等。

需要说明的是:本节所讨论的火灾爆炸危险指数评价体系是假定评价单元中所处理的易燃、可燃或化学活性物质的最低量为 2 268 kg 或 2.27 m³,若单元内物料量较少,则评价结果有可能被放大。

第五节　事件树分析法

一、事件树分析原理

事件树分析法(ETA)是从一个初始事件开始,分析此事件可能导致的次生事件(一般分为成功与失败两个事件),再对每种次生事件分析可能导致的再次事件,如此逐步分析直至最终事件。分析过程以图形表示,呈树状,故称事件树。该分析法思想方法与事故树相同,均为步步深入,但方向相反。事故树是从顶部(结果)分析至底部(原

因），而事件树是从底部分析至顶部。这是一种既能定性又能定量的分析方法。

二、事件树分析步骤

（1）确定初始事件：初始事件一般是指系统故障、设备失效、人工失误或工艺异常，它们都是经过事先设想或估计的，同时也设定为防止它们继续发展的安全措施、操作人员处理措施和程序等。通常安全措施包括：报警装置、自动停车（或保护）系统、正确的操作规程等。

（2）编制事件图：把初始事件写在左边，各种设定的安全措施按先后顺序写在上部横栏。每经过一个措施，就是事件发展的一个阶段，即有两个分支（成功与失败），直到不能再分。

（3）说明事件结果：通过事件树可以得到由初始事件导出的各种结果。如果知道各个阶段事件发生的概率（一个节点失败的概率设为 P_i，则成功的概率为 $1-P_i$），则可以进行定量分析。

下面以某厂溶剂回收罐爆炸事故为例说明事件树分析过程。该溶剂回收罐系统如图 10-10（a）所示：有单向自动放空阀、放料底阀。正常生产时，黏合剂在罐内被加热，蒸出溶剂，经电磁阀被抽走。某日生产时，该系统发生爆炸，死亡 3 人。经事后调查，起因是电磁阀被黏住，溶剂蒸气无法抽走。其事件树绘制如图 10-10（b）所示。从该图可以看出，从初始事件到爆炸共经历 7 个阶段，要有 6 次失败，才导致爆炸事故发生。

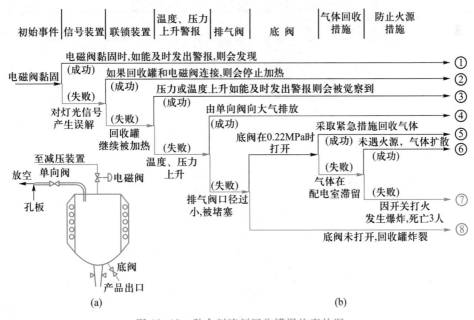

图 10-10　黏合剂溶剂回收罐爆炸事故图

复习思考题

1. 简述安全系统工程的内容及特点。

2. 举例说明安全检查表的编制方法。

3. 美国陶氏化学公司第 7 版评价法的步骤有哪些？

4. 美国陶氏化学公司第 7 版评价法中的物质系数是什么？它是根据什么确定的？

5. 已知如图 1 和图 2 所示的事故树，其基本事件的故障概率如表 1 所示，请分别求出顶端事件的发生概率。

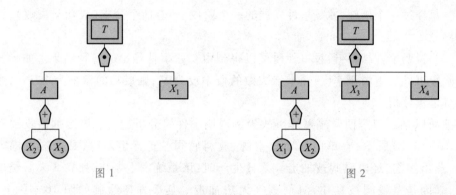

图 1   图 2

表 1

基本事件	X_1	X_2	X_3	X_4
故障概率	0.01	0.02	0.03	0.04

附录

附录 1　地表水环境质量标准(GB 3838—2002) 摘录

表 1.1　地表水环境质量标准基本项目标准限值　　　　　　单位:mg/L

序号	项目	Ⅰ类	Ⅱ类	Ⅲ类	Ⅳ类	Ⅴ类
1	水温/℃	人为造成的环境水温变化应限制在周平均最大温升≤1,周平均最大温降≤2				
2	pH（量纲为1）	6~9				
3	溶解氧≥	饱和率90%（或7.5）	6	5	3	2
4	高锰酸盐指数≤	2	4	6	10	15
5	化学需氧量（COD）≤	15	15	20	30	40
6	五日生化需氧量（BOD₅）≤	3	3	4	6	10
7	氨氮(NH_3)≤	0.15	0.5	1.0	1.5	2.0
8	总磷（以P计）≤	0.02(湖、库 0.01)	0.1(湖、库 0.025)	0.2(湖、库 0.05)	0.3(湖、库 0.1)	0.4(湖、库 0.2)
9	总氮（湖、库,以N计）≤	0.2	0.5	1.0	1.5	2.0
10	铜≤	0.01	1.0	1.0	1.0	1.0
11	锌≤	0.05	1.0	1.0	2.0	2.0
12	氟化物（以F计）≤	1.0	1.0	1.0	1.5	1.5

续表

序号	项目	Ⅰ类	Ⅱ类	Ⅲ类	Ⅳ类	Ⅴ类
13	硒≤	0.01	0.01	0.01	0.02	0.02
14	砷≤	0.05	0.05	0.05	0.1	0.1
15	汞≤	0.000 05	0.000 05	0.000 1	0.001	0.001
16	镉≤	0.001	0.005	0.005	0.005	0.01
17	铬(六价)≤	0.01	0.05	0.05	0.05	0.1
18	铅≤	0.01	0.01	0.05	0.05	0.1
19	氰化物≤	0.005	0.05	0.2	0.2	0.2
20	挥发酚≤	0.002	0.002	0.005	0.01	0.1
21	石油类≤	0.05	0.05	0.05	0.5	1.0
22	阴离子表面活性剂≤	0.2	0.2	0.2	0.3	0.3
23	硫化物≤	0.05	0.1	0.2	0.5	1.0
24	粪大肠菌群/(个·L^{-1})≤	200	2 000	10 000	20 000	40 000

表 1.2　集中式生活饮用水地表水源地补充项目标准限值　　单位:mg/L

序号	项目	标准值
1	硫酸盐(以 SO_4^{2-} 计)	250
2	氯化物(以 Cl^- 计)	250
3	硝酸盐(以 N 计)	10
4	铁	0.3
5	锰	0.1

表 1.3　集中式生活饮用水地表水源地特定项目标准限值　　单位:mg/L

序号	项目	标准值	序号	项目	标准值
1	三氯甲烷	0.06	8	1,1-二氯乙烯	0.03
2	四氯化碳	0.002	9	1,2-二氯乙烯	0.05
3	三溴甲烷	0.1	10	三氯乙烯	0.07
4	二氯甲烷	0.02	11	四氯乙烯	0.04
5	1,2-二氯乙烷	0.03	12	氯丁二烯	0.002
6	环氧氯丙烷	0.02	13	六氯丁二烯	0.000 6
7	氯乙烯	0.005	14	苯乙烯	0.02

序号	项目	标准值	序号	项目	标准值
15	甲醛	0.9	43	邻苯二甲酸二丁酯	0.003
16	乙醛	0.05	44	邻苯二甲酸二(2-乙基己基)酯	0.008
17	丙烯醛	0.1			
18	三氯乙醛	0.01	45	水合肼	0.01
19	苯	0.01	46	四乙基铅	0.000 1
20	甲苯	0.7	47	吡啶	0.2
21	乙苯	0.3	48	松节油	0.2
22	二甲苯①	0.5	49	苦味酸	0.5
23	异丙苯	0.25	50	丁基黄原酸	0.005
24	氯苯	0.3	51	活性氯	0.01
25	1,2-二氯苯	1.0	52	滴滴涕	0.001
26	1,4-二氯苯	0.3	53	林丹	0.002
27	三氯苯②	0.02	54	环氧七氯	0.000 2
28	四氯苯③	0.02	55	对硫磷	0.003
29	六氯苯	0.05	56	甲基对硫磷	0.002
30	硝基苯	0.017	57	马拉硫磷	0.05
31	二硝基苯④	0.5	58	乐果	0.08
32	2,4-二硝基甲苯	0.000 3	59	敌敌畏	0.05
33	2,4,6-三硝基甲苯	0.5	60	敌百虫	0.05
34	硝基氯苯⑤	0.05	61	内吸磷	0.03
35	2,4-二硝基氯苯	0.5	62	百菌清	0.01
36	2,4-二氯苯酚	0.093	63	甲萘威	0.05
37	2,4,6-三氯苯酚	0.2	64	溴氰菊酯	0.02
38	五氯酚	0.009	65	阿特拉津	0.003
39	苯胺	0.1	66	苯并[a]芘	2.8×10^{-6}
40	联苯胺	0.000 2	67	甲基汞	1.0×10^{-6}
41	丙烯酰胺	0.000 5	68	多氯联苯⑥	2.0×10^{-5}
42	丙烯腈	0.1	69	微囊藻毒素-LR	0.001

续表

序号	项目	标准值	序号	项目	标准值
70	黄磷	0.003	76	镍	0.02
71	铝	0.07	77	钡	0.7
72	钴	1.0	78	钒	0.05
73	铍	0.002	79	钛	0.1
74	硼	0.5	80	铊	0.000 1
75	锑	0.005			

注:① 二甲苯:指对二甲苯、间二甲苯、邻二甲苯。

② 三氯苯:指 1,2,3-三氯苯、1,2,4-三氯苯、1,3,5-三氯苯。

③ 四氯苯:指 1,2,3,4-四氯苯、1,2,3,5-四氯苯、1,2,4,5-四氯苯。

④ 二硝基苯:指对二硝基苯、间二硝基苯、邻二硝基苯。

⑤ 硝基氯苯:指对硝基氯苯、间硝基氯苯、邻硝基氯苯。

⑥ 多氯联苯:指 PCB-1016、PCB-1221、PCB-1232、PCB-1242、PCB-1248、PCB-1254、PCB-1260。

附录 2   污水综合排放标准(GB 8978—1996)摘录

表 2.1   第一类污染物最高允许排放浓度   单位:mg/L

序号	污染物	最高允许排放浓度	序号	污染物	最高允许排放浓度
1	总汞	0.05	8	总镍	1.0
2	烷基汞	不得检出	9	苯并[a]芘	0.000 03
3	总镉	0.1	10	总铍	0.005
4	总铬	1.5	11	总银	0.5
5	铬(六价)	0.5	12	总 α 放射性	1 Bq/L
6	总砷	0.5	13	总 β 放射性	10 Bq/L
7	总铅	1.0			

表 2.2   第二类污染物最高允许排放浓度(1997 年 12 月 31 日之前建设的单位)

单位:mg/L

序号	污染物	适用范围	一级标准	二级标准	三级标准
1	pH	一切排污单位	6~9	6~9	6~9
2	色度(稀释倍数)	染料工业	50	180	—
		其他排污单位	50	80	—

续表

序号	污染物	适用范围	一级标准	二级标准	三级标准
3	悬浮物(SS)	采矿、选矿、选煤工业	100	300	—
		脉金选矿	100	500	—
		边远地区沙金选矿	100	800	—
		城镇二级污水处理厂	20	30	—
		其他排污单位	70	200	400
4	五日生化需氧量(BOD$_5$)	甘蔗制糖、苎麻脱胶、湿法纤维板工业	30	100	600
		甜菜制糖、酒精、味精、皮革、化纤浆粕工业	30	150	600
		城镇二级污水处理厂	20	30	—
		其他排污单位	30	60	300
5	化学需氧量(COD)	甜菜制糖、焦化、合成脂肪酸、湿法纤维板、染料、洗毛、有机磷农药工业	100	200	1 000
		味精、酒精、医药原料药、生物制药、苎麻脱胶、皮革、化纤浆粕工业	100	300	1 000
		石油化工工业(包括石油炼制)	100	150	500
		城镇二级污水处理厂	60	120	—
		其他排污单位	100	150	500
6	石油类	一切排污单位	10	10	30
7	动植物油	一切排污单位	20	20	100
8	挥发酚	一切排污单位	0.5	0.5	2.0
9	总氰化合物	电影洗片(铁氰化合物)	0.5	5.0	5.0
		其他排污单位	0.5	0.5	1.0
10	硫化物	一切排污单位	1.0	1.0	2.0
11	氨氮	医药原料药、染料、石油化工工业	15	50	—
		其他排污单位	15	25	—

续表

序号	污染物	适用范围	一级标准	二级标准	三级标准
12	氟化物	黄磷工业	10	20	20
		低氟地区（水体含氟量＜0.5 mg/L）	10	20	30
		其他排污单位	10	10	20
13	磷酸盐（以 P 计）	一切排污单位	0.5	1.0	—
14	甲醛	一切排污单位	1.0	2.0	5.0
15	苯胺类	一切排污单位	1.0	2.0	5.0
16	硝基苯类	一切排污单位	2.0	3.0	5.0
17	阴离子表面活性剂（LAS）	合成洗涤剂工业	5.0	15	20
		其他排污单位	5.0	10	20
18	总铜	一切排污单位	0.5	1.0	2.0
19	总锌	一切排污单位	2.0	5.0	5.0
20	总锰	合成脂肪酸工业	2.0	5.0	5.0
		其他排污单位	2.0	2.0	5.0
21	彩色显影剂	电影洗片	2.0	3.0	5.0
22	显影剂及氧化物总量	电影洗片	3.0	6.0	6.0
23	元素磷	一切排污单位	0.1	0.3	0.3
24	有机磷农药（以 P 计）	一切排污单位	不得检出	0.5	0.5
25	粪大肠菌群数	医院[1]、兽医院及医疗机构含病原体污水	500 个/L	1 000 个/L	5 000 个/L
		传染病、结核病医院污水	100 个/L	500 个/L	1 000 个/L
26	总余氯（采用氯化消毒的医院污水）	医院[1]、兽医院及医疗机构含病原体污水	<0.5[2]	>3（接触时间≥1 h）	>2（接触时间≥1 h）
		传染病、结核病医院污水	<0.5[2]	>6.5（接触时间≥1.5 h）	>5（接触时间≥1.5 h）

注：① 指 50 个床位以上的医院。
② 加氯消毒后需进行脱氯处理，达到本标准。

表 2.3　部分行业最高允许排水量(1997 年 12 月 31 日之前建设的单位)

序号	行业类别			最高允许排水量或最低允许水重复利用率	
1	矿山工业	有色金属系统选矿		水重复利用率 75%	
		其他矿山工业采矿、选矿、选煤等		水重复利用率 90%(选煤)	
		脉金选矿	重选	16.0 m³/t(矿石)	
			浮选	9.0 m³/t(矿石)	
			氰化	8.0 m³/t(矿石)	
			碳浆	8.0 m³/t(矿石)	
2	焦化企业(煤气厂)			1.2 m³/t(焦炭)	
3	有色金属冶炼及金属加工			水重复利用率 80%	
4	石油炼制工业(不包括直排水炼油厂)加工深度分类: A. 燃料型炼油 B. 燃料+润滑油型炼油厂 C. 燃料+润滑油型+炼油化工型炼油厂(包括加工高含硫原油页岩油和石油添加剂生产基地的炼油厂)		A	>500 万吨,1.0 m³/t(原油) 250~500 万吨,1.2 m³/t(原油) <250 万吨,1.5 m³/t(原油)	
			B	>500 万吨,1.5 m³/t(原油) 250~500 万吨,2.0 m³/t(原油) <250 万吨,2.0 m³/t(原油)	
			C	>500 万吨,2.0 m³/t(原油) 250~500 万吨,2.5 m³/t(原油) <250 万吨,2.5 m³/t(原油)	
5	合成洗涤剂工业	氯化法生产烷基苯		200.0 m³/t(烷基苯)	
		裂解法生产烷基苯		70.0 m³/t(烷基苯)	
		烷基苯生产合成洗涤剂		10.0 m³/t(产品)	
6	合成脂肪酸工业			200.0 m³/t(产品)	
7	湿法生产纤维板工业			30.0 m³/t(板)	
8	制糖工业	甘蔗制糖		10.0 m³/t(甘蔗)	
		甜菜制糖		4.0 m³/t(甜菜)	
9	皮革工业	猪盐湿皮		60.0 m³/t(原皮)	
		牛干皮		100.0 m³/t(原皮)	
		羊干皮		150.0 m³/t(原皮)	

续表

序号	行业类别		最高允许排水量或 最低允许水重复利用率
10	发酵酿造工业	酒精工业 以玉米为原料	150.0 m³/t(酒精)
		酒精工业 以薯类为原料	100 m³/t(酒精)
		酒精工业 以糖蜜为原料	80.0 m³/t(酒)
		味精工业	600.0 m³/t(味精)
		啤酒工业(排水量不包括麦芽水部分)	16.0 m³/t(啤酒)
11	铬盐工业		5.0 m³/t(产品)
12	硫酸工业(水洗法)		15.0 m³/t(硫酸)
13	苎麻脱胶工业		500 m³/t(原麻)或 750 m³/t(精干麻)
14	化纤浆粕		本色:150 m³/t(浆);漂白:240 m³/t(浆)
15	黏胶纤维工业 (单纯纤维)	短纤维(棉型中长纤维、毛型中长纤维)	300 m³/t(纤维)
		长纤维	800 m³/t(纤维)
16	铁路货车洗刷		5.0 m³/辆
17	电影洗片		5 m³/1 000 m(35 mm 的胶片)
18	石油沥青工业		冷却池的水循环利用率 95%

注:排水量是指在生产过程中直接用于工艺生产的水的排放量。不包括间接冷却水、厂区锅炉、电站排水。

表 2.4　第二类污染物最高允许排放浓度(1998 年 1 月 1 日后建设的单位)　　　单位:mg/L

序号	污染物	适用范围	一级 标准	二级 标准	三级 标准
1	pH	一切排污单位	6~9	6~9	6~9
2	色度(稀释倍数)	一切排污单位	50	80	—
3	悬浮物 (SS)	采矿、选矿、选煤工业	70	300	—
		脉金选矿	70	400	—
		边远地区沙金选矿	70	800	—
		城镇二级污水处理厂	20	30	—
		其他排污单位	70	150	400

续表

序号	污染物	适用范围	一级标准	二级标准	三级标准
4	五日生化需氧量（BOD₅）	甘蔗制糖、苎麻脱胶、湿法纤维板、染料、洗毛工业	20	60	600
		甜菜制糖、酒精、味精、皮革、化纤浆粕工业	20	100	600
		城镇二级污水处理厂	20	30	—
		其他排污单位	20	30	300
5	化学需氧量（COD）	甜菜制糖、合成脂肪酸、湿法纤维板、染料、洗毛、有机磷农药工业	100	200	1 000
		味精、酒精、医药原料药、生物制药、苎麻脱胶、皮革、化纤浆粕工业	100	300	1 000
		石油化工工业（包括石油炼制）	60	120	—
		城镇二级污水处理厂	60	120	500
		其他排污单位	100	150	500
6	石油类	一切排污单位	5	10	20
7	动植物油	一切排污单位	10	15	100
8	挥发酚	一切排污单位	0.5	0.5	2.0
9	总氰化合物	一切排污单位	0.5	0.5	1.0
10	硫化物	一切排污单位	1.0	1.0	1.0
11	氨氮	医药原料药、染料、石油化工工业	15	50	—
		其他排污单位	15	25	—
12	氟化物	黄磷工业	10	15	20
		低氟地区（水体含氟量<0.5 mg/L）	10	20	30
		其他排污单位	10	10	20
13	磷酸盐（以 P 计）	一切排污单位	0.5	1.0	—
14	甲醛	一切排污单位	1.0	2.0	5.0
15	苯胺类	一切排污单位	1.0	2.0	5.0
16	硝基苯类	一切排污单位	2.0	3.0	5.0
17	阴离子表面活性剂（LAS）	一切排污单位	5.0	10	20
18	总铜	一切排污单位	0.5	1.0	2.0

续表

序号	污染物	适用范围	一级标准	二级标准	三级标准
19	总锌	一切排污单位	2.0	5.0	5.0
20	总锰	合成脂肪酸工业	2.0	5.0	5.0
		其他排污单位	2.0	2.0	5.0
21	彩色显影剂	电影洗片	1.0	2.0	3.0
22	显影剂及氧化物总量	电影洗片	3.0	3.0	6.0
23	元素磷	一切排污单位	0.1	0.1	0.3
24	有机磷农药（以P计）	一切排污单位	不得检出	0.5	0.5
25	乐果	一切排污单位	不得检出	1.0	2.0
26	对硫磷	一切排污单位	不得检出	1.0	2.0
27	甲基对硫磷	一切排污单位	不得检出	1.0	2.0
28	马拉硫磷	一切排污单位	不得检出	5.0	10
29	五氯酚及五氯酚钠(以五氯酚计)	一切排污单位	5.0	8.0	10
30	可吸附有机卤化物（AOX）（以Cl计）	一切排污单位	1.0	5.0	8.0
31	三氯甲烷	一切排污单位	0.3	0.6	1.0
32	四氯化碳	一切排污单位	0.03	0.06	0.5
33	三氯乙烯	一切排污单位	0.3	0.6	1.0
34	四氯乙烯	一切排污单位	0.1	0.2	0.5
35	苯	一切排污单位	0.1	0.2	0.5
36	甲苯	一切排污单位	0.1	0.2	0.5
37	乙苯	一切排污单位	0.4	0.6	1.0
38	邻二甲苯	一切排污单位	0.4	0.6	1.0
39	对二甲苯	一切排污单位	0.4	0.6	1.0
40	间二甲苯	一切排污单位	0.4	0.6	1.0
41	氯苯	一切排污单位	0.2	0.4	1.0

续表

序号	污染物	适用范围	一级标准	二级标准	三级标准
42	邻二氯苯	一切排污单位	0.4	0.6	1.0
43	对二氯苯	一切排污单位	0.4	0.6	1.0
44	对硝基氯苯	一切排污单位	0.5	1.0	5.0
45	2,4-二硝基氯苯	一切排污单位	0.5	1.0	5.0
46	苯酚	一切排污单位	0.3	0.4	1.0
47	间甲酚	一切排污单位	0.1	0.2	0.5
48	2,4-二氯酚	一切排污单位	0.6	0.8	1.0
49	2,4,6-三氯酚	一切排污单位	0.6	0.8	1.0
50	邻苯二甲酸二丁酯	一切排污单位	0.2	0.4	2.0
51	邻苯二甲酸二辛酯	一切排污单位	0.3	0.6	2.0
52	丙烯腈	一切排污单位	2.0	5.0	5.0
53	总硒	一切排污单位	0.1	0.2	0.5
54	粪大肠菌群数	医院[1]、兽医院及医疗机构含病原体污水	500 个/L	1 000 个/L	5 000 个/L
		传染病、结核病医院污水	100 个/L	500 个/L	1 000 个/L
55	总余氯(采用氯化消毒的医院污水)	医院[1]、兽医院及医疗机构含病原体污水	<0.5[2]	>3 (接触时间≥1 h)	>2 (接触时间≥1 h)
		传染病、结核病医院污水	<0.5[2]	>6.5 (接触时间≥1.5 h)	>5 (接触时间≥1.5 h)
56	苄总有机碳 (TOC)	合成脂肪酸工业	20	40	—
		麻脱胶工业	20	60	—
		其他排污单位	20	30	—

注:其他排污单位:指除在该控制项目中所列行业以外的一切排污单位。

① 指 50 个床位以上的医院。

② 加氯消毒后须进行脱氯处理,达到本标准。

表 2.5　部分行业最高允许排水量(1998 年 1 月 1 日后建设的单位)

序号	行业类别			最高允许排水量或 最低允许排水重复利用率
1	矿山工业	有色金属系统选矿		水重复利用率 75%
		其他矿山工业采矿、选矿、选煤等		水重复利用率 90%(选煤)
		脉金选矿	重选	16.0 m³/t(矿石)
			浮选	9.0 m³/t(矿石)
			氰化	8.0 m³/t(矿石)
			碳浆	8.0 m³/t(矿石)
2	焦化企业(煤气厂)			1.2 m³/t(焦炭)
3	有色金属冶炼及金属加工			水重复利用率 80%
4	石油炼制工业(不包括直排水炼油厂) 加工深度分类: A. 燃料型炼油厂 B. 燃料+润滑油型炼油厂 C. 燃料+润滑油型+炼油化工型炼油厂 (包括加工高含硫原油、页岩油和石油添加剂生产基地的炼油厂)	A		>500 万吨,1.0 m³/t(原油) 250~500 万吨,1.2 m³/t(原油) <250 万吨,1.5 m³/t(原油)
		B		>500 万吨,1.5 m³/t(原油) 250~500 万吨,2.0 m³/t(原油)<250 万吨,2.0 m³/t(原油)
		C		>500 万吨,2.0 m³/t(原油) 250~500 万吨,2.5 m³/t(原油)<250 万吨,2.5 m³/t(原油)
5	合成洗涤剂工业	氯化法生产烷基苯		200.0 m³/t(烷基苯)
		裂解法生产烷基苯		70.0 m³/t(烷基苯)
		烷基苯生产合成洗涤剂		10.0 m³/t(产品)
6	合成脂肪酸工业			200.0 m³/t(产品)
7	湿法生产纤维板工业			30.0 m³/t(板)
8	制糖工业	甘蔗制糖		10.0 m³/t(甘蔗)
		甜菜制糖		4.0 m³/t(甜菜)
9	皮革工业	猪盐湿皮		60.0 m³/t(原皮)
		牛干皮		100.0 m³/t(原皮)
		羊干皮		150.0 m³/t(原皮)

右上角：续表

序号	行业类别			最高允许排水量或 最低允许排水重复利用率
10	发酵酿造工业	酒精工业	以玉米为原料	100.0 m³/t(酒精)
			以薯类为原料	80.0 m³/t(酒精)
			以糖蜜为原料	70.0 m³/t(酒)
		味精工业		600.0 m³/t(味精)
		啤酒工业(排水量不包括麦芽水部分)		16.0 m³/t(啤酒)
11	铬盐工业			5.0 m³/t(产品)
12	硫酸工业(水洗法)			15.0 m³/t(硫酸)
13	苎麻脱胶工业			500 m³/t(原麻);750 m³/t(精干麻)
14	黏胶纤维工业单纯纤维	短纤维(棉型中长纤维、毛型中长纤维)		300.0 m³/t(纤维)
		长纤维		800.0 m³/t(纤维)
15	化纤浆粕			本色:150 m³/t(浆);漂白:240 m³/t(浆)
16	制药工业医药原料药	青霉素		4 700 m³/t(氰霉素)
		链霉素		1 450 m³/t(链霉素)
		土霉素		1 300 m³/t(土霉素)
		四环素		1 900 m³/t(四环素)
		洁霉素		9 200 m³/t(洁霉素)
		金霉素		3 000 m³/t(金霉素)
		庆大霉素		20 400 m³/t(庆大霉素)
		维生素 C		1 200 m³/t(维生素 C)
		氯霉素		2 700 m³/t(氯霉素)
		新诺明		2 000 m³/t(新诺明)
		维生素 B_1		3 400 m³/t(维生素 B_1)
		安乃近		180 m³/t(安乃近)
		非那西汀		750 m³/t(非那西汀)
		呋喃唑酮		2 400 m³/t(呋喃唑酮)
		咖啡因		1 200 m³/t(咖啡因)

续表

序号	行业类别		最高允许排水量或最低允许排水重复利用率
17	有机磷农药工业	乐果[①]	700 m³/t(产品)
		甲基对硫磷(水相法)[②]	300 m³/t(产品)
		对硫磷(P_2S_5法)[②]	500 m³/t(产品)
		对硫磷($PSCl_3$法)[②]	550 m³/t(产品)
		敌敌畏(敌百虫碱解法)	200 m³/t(产品)
		敌百虫	40 m³/t(产品)(不包括三氯乙醛生产废水)
		马拉硫磷	700 m³/t(产品)
18	除草剂工业	除草醚	5 m³/t(产品)
		五氯酚钠	2 m³/t(产品)
		五氯酚	4 m³/t(产品)
		2甲4氯	14 m³/t(产品)
		2,4-D	4 m³/t(产品)
		丁草胺	4.5 m³/t(产品)
		绿麦隆(以 Fe 粉还原)	2 m³/t(产品)
		绿麦隆(以 Na_2S 还原)	3 m³/t(产品)
19	火力发电工业		3.5 m³/(MW·h)
20	铁路货车洗刷		5.0 m³/辆
21	电影洗片		5 m³/(1 000 m)(35 mm 胶片)
22	石油沥青工业		冷却池的水循环利用率 95%

注:① 产品按 100% 浓度计。

② 不包括 P_2S_5、$PSCl_3$、PCl_3 原料生产废水。

附录 3　大气污染物综合排放标准(GB 16297—1996)摘录

表 3.1　现有污染源大气污染物排放限值

序号	污染物	最高允许排放浓度 mg/m³	最高允许排放速率/(kg·h⁻¹)				无组织排放监控浓度限值	
			排气筒高度/m	一级	二级	三级	监控点	浓度 mg/m³
1	二氧化硫	1 200 (硫、二氧化硫、硫酸和其他含硫化合物生产)<hr>700 (硫、二氧化硫、硫酸和其他含硫化合物使用)	15 20 30 40 50 60 70 80 90 100	1.6 2.6 8.8 15 23 33 47 63 82 100	3.0 5.1 17 30 45 64 91 120 160 200	4.1 7.7 26 45 69 98 140 190 240 310	无组织排放源上风向设参照点,下风向设监控点①	0.50 (监控点与参照点浓度差值)
2	氮氧化物	1 700 (硝酸、氮肥和火炸药生产)<hr>420 (硝酸使用和其他)	15 20 30 40 50 60 70 80 90 100	0.47 0.77 2.6 4.6 7.0 9.9 14 19 24 31	0.91 1.5 5.1 8.9 14 19 27 37 47 61	1.4 2.3 7.7 14 21 29 41 56 72 92	无组织排放源上风向设参照点,下风向设监控点	0.15 (监控点与参照点浓度差值)
3	颗粒物	22 (炭黑尘、染料尘)	15 20 30 40	禁排	0.60 1.0 4.0 6.8	0.87 1.5 5.9 10	周界外浓度最高点②	肉眼不可见
		80③ (玻璃棉尘、石英粉尘、矿渣棉尘)	15 20 30 40	禁排	2.2 3.7 14 25	3.1 5.3 21 37	无组织排放源上风向设参照点,下风向设监控点	2.0 (监控点与参照点浓度差值)
		150 (其他)	15 20 30 40 50 60	2.1 3.5 14 24 36 51	4.1 6.9 27 46 70 100	5.9 10 40 69 110 150	无组织排放源上风向设参照点,下风向设监控点	5.0 (监控点与参照点浓度差值)

续表

序号	污染物	最高允许排放浓度 / mg/m³	最高允许排放速率/(kg·h⁻¹)				无组织排放监控浓度限值	
			排气筒高度/m	一级	二级	三级	监控点	浓度 / mg/m³
4	氯化氢	150	15 20 30 40 50 60 70 80	禁排	0.30 0.51 1.7 3.0 4.5 6.4 9.1 12	0.46 0.77 2.6 4.5 6.9 9.8 14 19	周界外浓度最高点	0.25
5	铬酸雾	0.080	15 20 30 40 50 60	禁排	0.009 0.015 0.051 0.089 0.14 0.19	0.014 0.023 0.078 0.13 0.21 0.29	周界外浓度最高点	0.007 5
6	硫酸雾	1 000（火炸药厂） 70（其他）	15 20 30 40 50 60 70 80	禁排	1.8 3.1 10 18 27 39 55 74	2.8 4.6 16 27 41 59 83 110	周界外浓度最高点	1.5
7	氟化物	100（普钙工业） 11（其他）	15 20 30 40 50 60 70 80	禁排	0.12 0.20 0.69 1.2 1.8 2.6 3.6 4.9	0.18 0.31 1.0 1.8 2.7 3.9 5.5 7.5	无组织排放源上风向设参照点,下风向设监控点	20 μg/m³（监控点与参照点浓度差值）
8	氯气④	85	25 30 40 50 60 70 80	禁排	0.60 1.0 3.4 5.9 9.1 13 18	0.90 1.5 5.2 9.0 14 20 28	周界外浓度最高点	0.50

续表

序号	污染物	最高允许排放浓度 mg/m³	最高允许排放速率/(kg·h⁻¹)				无组织排放监控浓度限值	
			排气筒高度/m	一级	二级	三级	监控点	浓度 mg/m³
9	铅及其化合物	0.90	15	禁排	0.005	0.007	周界外浓度最高点	0.007 5
			20		0.007	0.011		
			30		0.031	0.048		
			40		0.055	0.083		
			50		0.085	0.13		
			60		0.12	0.18		
			70		0.17	0.26		
			80		0.23	0.35		
			90		0.31	0.47		
			100		0.39	0.60		
10	汞及其化合物	0.015	15	禁排	1.8×10^{-3}	2.8×10^{-3}	周界外浓度最高点	0.001 5
			20		3.1×10^{-3}	4.6×10^{-3}		
			30		10×10^{-3}	16×10^{-3}		
			40		18×10^{-3}	27×10^{-3}		
			50		28×10^{-3}	41×10^{-3}		
			60		39×10^{-3}	59×10^{-3}		
11	镉及其化合物	1.0	15	禁排	0.060	0.090	周界外浓度最高点	0.050
			20		0.10	0.15		
			30		0.34	0.52		
			40		0.59	0.90		
			50		0.91	1.4		
			60		1.3	2.0		
			70		1.8	2.8		
			80		2.5	3.7		
12	铍及其化合物	0.015	15	禁排	1.3×10^{-3}	2.0×10^{-3}	周界外浓度最高点	0.001 0
			20		2.2×10^{-3}	3.3×10^{-3}		
			30		7.3×10^{-3}	11×10^{-3}		
			40		13×10^{-3}	19×10^{-3}		
			50		19×10^{-3}	29×10^{-3}		
			60		27×10^{-3}	41×10^{-3}		
			70		39×10^{-3}	58×10^{-3}		
			80		52×10^{-3}	79×10^{-3}		
13	镍及其化合物	5.0	15	禁排	0.18	0.28	周界外浓度最高点	0.050
			20		0.31	0.46		
			30		1.0	1.6		
			40		1.8	2.7		
			50		2.7	4.1		
			60		3.9	5.9		
			70		5.5	8.2		
			80		7.4	11		

序号	污染物	最高允许排放浓度 mg/m³	最高允许排放速率/(kg·h⁻¹)				无组织排放监控浓度限值	
			排气筒高度/m	一级	二级	三级	监控点	浓度 mg/m³
14	锡及其化合物	10	15 20 30 40 50 60 70 80	禁排	0.36 0.61 2.1 3.5 5.4 7.7 11 15	0.55 0.93 3.1 5.4 8.2 12 17 22	周界外浓度最高点	0.30
15	苯	17	15 20 30 40	禁排	0.60 1.0 3.3 6.0	0.90 1.5 5.2 9.0	周界外浓度最高点	0.50
16	甲苯	60	15 20 30 40	禁排	3.6 6.1 21 36	5.5 9.3 31 54	周界外浓度最高点	3.0
17	二甲苯	90	15 20 30 40	禁排	1.2 2.0 6.9 12	1.8 3.1 10 18	周界外浓度最高点	1.5
18	酚类	115	15 20 30 40 50 60	禁排	0.12 0.20 0.68 1.2 1.8 2.6	0.18 0.31 1.0 1.8 2.7 3.9	周界外浓度最高点	0.10
19	甲醛	30	15 20 30 40 50 60	禁排	0.30 0.51 1.7 3.0 4.5 6.4	0.46 0.77 2.6 4.5 6.9 9.8	周界外浓度最高点	0.25
20	乙醛	150	15 20 30 40 50 60	禁排	0.060 0.10 0.34 0.59 0.91 1.3	0.090 0.15 0.52 0.90 1.4 2.0	周界外浓度最高点	0.050

续表

序号	污染物	最高允许排放浓度 mg/m³	最高允许排放速率/(kg·h⁻¹)				无组织排放监控浓度限值	
			排气筒高度/m	一级	二级	三级	监控点	浓度 mg/m³
21	丙烯腈	26	15 20 30 40 50 60	禁排	0.91 1.5 5.1 8.9 14 19	1.4 2.3 7.8 13 21 29	周界外浓度最高点	0.75
22	丙烯醛	20	15 20 30 40 50 60	禁排	0.61 1.0 3.4 5.9 9.1 13	0.92 1.5 5.2 9.0 14 20	周界外浓度最高点	0.50
23	氰化氢⑤	2.3	25 30 40 50 60 70 80	禁排	0.18 0.31 1.0 1.8 2.7 3.9 5.5	0.28 0.46 1.6 2.7 4.1 5.9 8.3	周界外浓度最高点	0.030
24	甲醇	220	15 20 30 40 50 60	禁排	6.1 10 34 59 91 130	9.2 15 52 90 140 200	周界外浓度最高点	15
25	苯胺类	25	15 20 30 40 50 60	禁排	0.61 1.0 3.4 5.9 9.1 13	0.92 1.5 5.2 9.0 14 20	周界外浓度最高点	0.50
26	氯苯类	85	15 20 30 40 50 60 70 80 90 100	禁排	0.67 1.0 2.9 5.0 7.7 11 15 21 27 34	0.92 1.5 4.4 7.6 12 17 23 32 41 52	周界外浓度最高点	0.50

序号	污染物	最高允许排放浓度 $\frac{}{mg/m^3}$	排气筒高度/m	最高允许排放速率/(kg·h⁻¹) 一级	二级	三级	无组织排放监控浓度限值 监控点	浓度 $\frac{}{mg/m^3}$
27	硝基苯类	20	15 20 30 40 50 60	禁排	0.060 0.10 0.34 0.59 0.91 1.3	0.090 0.15 0.52 0.90 1.4 2.0	周界外浓度最高点	0.050
28	氯乙烯	65	15 20 30 40 50 60	禁排	0.91 1.5 5.0 8.9 14 19	1.4 2.3 7.8 13 21 29	周界外浓度最高点	0.75
29	苯并[a]芘	$0.50×10^{-3}$（沥青、碳素制品生产和加工）	15 20 30 40 50 60	禁排	$0.06×10^{-3}$ $0.10×10^{-3}$ $0.34×10^{-3}$ $0.59×10^{-3}$ $0.90×10^{-3}$ $1.3×10^{-3}$	$0.09×10^{-3}$ $0.15×10^{-3}$ $0.51×10^{-3}$ $0.89×10^{-3}$ $1.4×10^{-3}$ $2.0×10^{-3}$	周界外浓度最高点	$0.01\ \mu g/m^3$
30	光气⑥	5.0	25 30 40 50	禁排	0.12 0.20 0.69 1.2	0.18 0.31 1.0 1.8	周界外浓度最高点	0.10
31	沥青烟	280(吹制沥青) 80（熔炼、浸涂） 150（建筑搅拌）	15 20 30 40 50 60 70 80	0.11 0.19 0.82 1.4 2.2 3.0 4.5 6.2	0.22 0.36 1.6 2.8 4.3 5.9 8.7 12	0.34 0.55 2.4 4.2 6.6 9.0 13 18	生产设备不得有明显无组织排放存在	
32	石棉尘	2 根(纤维)/cm³ 或 20 mg/m³	15 20 30 40 50	禁排	0.65 1.1 4.2 7.2 11	0.98 1.7 6.4 11 17	生产设备不得有明显无组织排放存在	

续表

序号	污染物	最高允许排放浓度/mg/m³	最高允许排放速率/(kg·h⁻¹)				无组织排放监控浓度限值	
			排气筒高度/m	一级	二级	三级	监控点	浓度/mg/m³
33	非甲烷总烃	150（使用溶剂汽油或其他混合烃类物质）	15 20 30 40	6.3 10 35 61	12 20 63 120	18 30 100 170	周界外浓度最高点	5.0

注：现有污染源是指 1997 年 1 月 1 日前设立的污染源。

① 一般应于无组织排放源上风向 2~50 m 范围内设参照点，排放源下风向 2~50 m 范围内设监控点，详见本标准附录 C*。

② 周界外浓度最高点一般应设于排放源下风向的单位周界外 10 m 范围内。如预计无组织排放的最大落地浓度点越出 10 m 范围，可将监控点移至该预计浓度最高点，详见附录 C*。

③ 均指含游离二氧化硅 10% 以上的各种尘。

④ 排放氯气的排气筒不得低于 25 m。

⑤ 排放氰化氢的排气筒不得低于 25 m。

⑥ 排放光气的排气筒不得低于 25 m。

* 本书所选标准为摘录，详细内容参见原标准。

表 3.2　新污染源大气污染物排放限值

序号	污染物	最高允许排放浓度/mg/m³	最高允许排放速率/(kg·h⁻¹)		无组织排放监控浓度限值	
			排气筒高度/m	二级	三级	监控点	浓度/mg/m³
1	二氧化硫	960（硫、二氧化硫、硫酸和其他含硫化合物生产） 550（硫、二氧化硫、硫酸和其他含硫化合物使用）	15 20 30 40 50 60 70 80 90 100	2.6 4.3 15 25 39 55 77 110 130 170	3.5 6.6 22 38 58 83 120 160 200 270	周界外浓度最高点①	0.40
2	氮氧化物	1 400（硝酸、氮肥和火炸药生产） 240（硝酸使用和其他）	15 20 30 40 50 60 70 80 90 100	0.77 1.3 4.4 7.5 12 16 23 31 40 52	1.2 2.0 6.6 11 18 25 35 47 61 78	周界外浓度最高点	0.12

续表

序号	污染物	最高允许排放浓度/mg/m³	最高允许排放速率/(kg·h⁻¹) 排气筒高度/m	二级	三级	无组织排放监控浓度限值 监控点	浓度/mg/m³
3	颗粒物	18（炭黑尘、染料尘）	15	0.51	0.74	周界外浓度最高点	肉眼不可见
			20	0.85	1.3		
			30	3.4	5.0		
			40	5.8	8.5		
		60②（玻璃棉尘、石英粉尘、矿渣棉尘）	15	1.9	2.6	周界外浓度最高点	1.0
			20	3.1	4.5		
			30	12	18		
			40	21	31		
		120（其他）	15	3.5	5.0	周界外浓度最高点	1.0
			20	5.9	8.5		
			30	23	34		
			40	39	59		
			50	60	94		
			60	85	130		
4	氯化氢	100	15	0.26	0.39	周界外浓度最高点	0.20
			20	0.43	0.65		
			30	1.4	2.2		
			40	2.6	3.8		
			50	3.8	5.9		
			60	5.4	8.3		
			70	7.7	12		
			80	10	16		
5	铬酸雾	0.070	15	0.008	0.012	周界外浓度最高点	0.006 0
			20	0.013	0.020		
			30	0.043	0.066		
			40	0.076	0.12		
			50	0.12	0.18		
			60	0.16	0.25		
6	硫酸雾	430（火炸药厂）	15	1.5	2.4	周界外浓度最高点	1.2
			20	2.6	3.9		
			30	8.8	13		
			40	15	23		
			50	23	35		
		45（其他）	60	33	50		
			70	46	70		
			80	63	95		

续表

序号	污染物	最高允许排放浓度/mg/m³	最高允许排放速率/(kg·h⁻¹)			无组织排放监控浓度限值	
			排气筒高度/m	二级	三级	监控点	浓度/mg/m³
7	氟化物	90（普钙工业） 9.0（其他）	15 20 30 40 50 60 70 80	0.10 0.17 0.59 1.0 1.5 2.2 3.1 4.2	0.15 0.26 0.88 1.5 2.3 3.3 4.7 6.3	周界外浓度最高点	20μg/m³（监控点与参照点浓度差值）
8	氯气③	65	25 30 40 50 60 70 80	0.52 8.7 2.9 5.0 7.7 11 15	0.78 1.3 4.4 7.6 12 17 23	周界外浓度最高点	0.40
9	铅及其化合物	0.70	15 20 30 40 50 60 70 80 90 100	0.004 0.006 0.027 0.047 0.072 0.10 0.15 0.20 0.26 0.33	0.006 0.009 0.041 0.071 0.11 0.15 0.22 0.30 0.40 0.51	周界外浓度最高点	0.006 0
10	汞及其化合物	0.012	15 20 30 40 50 60	1.5×10^{-3} 2.6×10^{-3} 7.8×10^{-3} 15×10^{-3} 23×10^{-3} 33×10^{-3}	2.4×10^{-3} 3.9×10^{-3} 13×10^{-3} 23×10^{-3} 35×10^{-3} 50×10^{-3}	周界外浓度最高点	0.001 2

序号	污染物	最高允许排放浓度 /mg/m³	最高允许排放速率/(kg·h⁻¹) 排气筒高度/m	二级	三级	无组织排放监控浓度限值 监控点	浓度 /mg/m³
11	镉及其化合物	0.85	15	0.050	0.080	周界外浓度最高点	0.040
			20	0.090	0.13		
			30	0.29	0.44		
			40	0.50	0.77		
			50	0.77	1.2		
			60	1.1	1.7		
			70	1.5	2.3		
			80	2.1	3.2		
12	铍及其化合物	0.012	15	1.1×10^{-3}	1.7×10^{-3}	周界外浓度最高点	0.000 8
			20	1.8×10^{-3}	2.8×10^{-3}		
			30	6.2×10^{-3}	9.4×10^{-3}		
			40	11×10^{-3}	16×10^{-3}		
			50	16×10^{-3}	25×10^{-3}		
			60	23×10^{-3}	35×10^{-3}		
			70	33×10^{-3}	50×10^{-3}		
			80	44×10^{-3}	67×10^{-3}		
13	镍及其化合物	4.3	15	0.15	0.24	周界外浓度最高点	0.040
			20	0.26	0.34		
			30	0.88	1.3		
			40	1.5	2.3		
			50	2.3	3.5		
			60	3.3	5.0		
			70	4.6	7.0		
			80	6.3	10		
14	锡及其化合物	8.5	15	0.31	0.47	周界外浓度最高点	0.24
			20	0.52	0.79		
			30	1.8	2.7		
			40	3.0	4.6		
			50	4.6	7.0		
			60	6.6	10		
			70	9.3	14		
			80	13	19		
15	苯	12	15	0.50	0.80	周界外浓度最高点	0.40
			20	0.90	1.3		
			30	2.9	4.4		
			40	5.6	7.6		

续表

序号	污染物	最高允许排放浓度/mg/m³	最高允许排放速率/(kg·h⁻¹)			无组织排放监控浓度限值	
			排气筒高度/m	二级	三级	监控点	浓度/mg/m³
16	甲苯	40	15	3.1	4.7	周界外浓度最高点	2.4
			20	5.2	7.9		
			30	18	27		
			40	30	46		
17	二甲苯	70	15	1.0	1.5	周界外浓度最高点	1.2
			20	1.7	2.6		
			30	5.9	8.8		
			40	10	15		
18	酚类	100	15	0.10	0.15	周界外浓度最高点	0.080
			20	0.17	0.26		
			30	0.58	0.88		
			40	1.0	1.5		
			50	1.5	2.3		
			60	2.2	3.3		
19	甲醛	25	15	0.26	0.39	周界外浓度最高点	0.20
			20	0.43	0.65		
			30	1.4	2.2		
			40	2.6	3.8		
			50	3.8	5.9		
			60	5.4	8.3		
20	乙醛	125	15	0.050	0.080	周界外浓度最高点	0.040
			20	0.090	0.13		
			30	0.29	0.44		
			40	0.50	0.77		
			50	0.77	1.2		
			60	1.1	1.6		
21	丙烯腈	22	15	0.77	1.2	周界外浓度最高点	0.60
			20	1.3	2.0		
			30	4.4	6.6		
			40	7.5	11		
			50	12	18		
			60	16	25		
22	丙烯醛	16	15	0.52	0.78	周界外浓度最高点	0.40
			20	0.87	1.3		
			30	2.9	4.4		
			40	5.0	7.6		
			50	7.7	12		
			60	11	17		

序号	污染物	最高允许排放浓度 mg/m³	最高允许排放速率/(kg·h⁻¹)			无组织排放监控浓度限值	
			排气筒高度/m	二级	三级	监控点	浓度 mg/m³
23	氰化氢④	1.9	25	0.15	0.24	周界外浓度最高点	0.024
			30	0.26	0.39		
			40	0.88	1.3		
			50	1.5	2.3		
			60	2.3	3.5		
			70	3.3	5.0		
			80	4.6	7.0		
24	甲醇	190	15	5.1	7.8	周界外浓度最高点	12
			20	8.6	13		
			30	29	44		
			40	50	70		
			50	77	120		
			60	100	170		
25	苯胺类	20	15	0.52	0.78	周界外浓度最高点	0.40
			20	0.87	1.3		
			30	2.9	4.4		
			40	5.0	7.6		
			50	7.7	12		
			60	11	17		
26	氯苯类	60	15	0.52	0.78	周界外浓度最高点	0.40
			20	0.87	1.3		
			30	2.5	3.8		
			40	4.3	6.5		
			50	6.6	9.9		
			60	9.3	14		
			70	13	20		
			80	18	27		
			90	23	35		
			100	29	44		
27	硝基苯类	16	15	0.050	0.080	周界外浓度最高点	0.040
			20	0.090	0.13		
			30	0.29	0.44		
			40	0.50	0.77		
			50	0.77	1.2		
			60	1.1	1.7		

续表

序号	污染物	最高允许排放浓度 mg/m³	排气筒高度/ m	最高允许排放速率/(kg·h⁻¹) 二级	三级	无组织排放监控浓度限值 监控点	浓度 mg/m³
28	氯乙烯	36	15	0.77	1.2	周界外浓度最高点	0.60
			20	1.3	2.0		
			30	4.4	6.6		
			40	7.5	11		
			50	12	18		
			60	16	25		
29	苯并[a]芘	0.30×10⁻³ (沥青、碳素制品生产和加工)	15	0.050×10⁻³	0.080×10⁻³	周界外浓度最高点	0.008 μg/m³
			20	0.085×10⁻³	0.13×10⁻³		
			30	0.29×10⁻³	0.43×10⁻³		
			40	0.50×10⁻³	0.76×10⁻³		
			50	0.77×10⁻³	1.2×10⁻³		
			60	1.1×10⁻³	1.7×10⁻³		
30	光气⑤	3.0	25	0.10	0.15	周界外浓度最高点	0.080
			30	0.17	0.26		
			40	0.59	0.88		
			50	1.0	1.5		
31	沥青烟	140 (吹制沥青) 40 (熔炼、浸涂) 75 (建筑搅拌)	15	0.18	0.27	生产设备不得有明显无组织排放存在	
			20	0.30	0.45		
			30	1.3	2.0		
			40	2.3	3.5		
			50	3.6	5.4		
			60	5.6	7.5		
			70	7.4	11		
			80	10	15		
32	石棉尘	1根(纤维)/cm³ 或 10 mg/m³	15	0.55	0.83	生产设备不得有明显无组织排放存在	
			20	0.93	1.4		
			30	3.6	5.4		
			40	6.2	9.3		
			50	9.4	14		

续表

序号	污染物	最高允许排放浓度 mg/m³	最高允许排放速率/(kg·h⁻¹)			无组织排放监控浓度限值	
			排气筒高度/m	二级	三级	监控点	浓度 mg/m³
33	非甲烷总烃	120（使用溶剂汽油或其他混合烃类物质）	15	10	16	周界外浓度最高点	4.0
			20	17	27		
			30	53	83		
			40	100	150		

注:新污染源是指 1997 年 1 月 1 日起设立(含新建、改建、扩建)的污染源。

① 周界外浓度最高点一般应设置于无组织排放源下风向的单位周界外 10 m 范围内,若预计无组织排放的最大落地浓度点越出 10 m 范围,可将监控点移至该预计浓度最高点,详见附录 C*。

② 均指含游离二氧化硅 10%以上的各种尘。

③ 排放氯气的排气筒不得低于 25 m。

④ 排放氰化氢的排气筒不得低于 25 m。

⑤ 排放光气的排气筒不得低于 25 m。

* 本书所选标准为摘录,详细内容参见原标准。

附录 4   环境空气质量标准(GB 3095—2012) 摘录

表 4.1   环境空气中镉、汞、砷、六价铬和氟化物参考浓度限值

序号	污染物项目	平均时间	浓度(通量)限值		单位
			一级	二级	
1	镉(Cd)	年平均	0.005	0.005	μg/m³
2	汞(Hg)	年平均	0.05	0.05	
3	砷(As)	年平均	0.006	0.006	
4	六价铬(Cr(Ⅵ))	年平均	0.000 025	0.000 025	
5	氟化物(F)	1 h 平均	20①	20①	
		24 h 平均	7①	7①	
		月平均	1.8②	3.0③	μg/(dm²·d)
		植物生长季平均	1.2②	2.0③	

注:① 适用于城市地区。

② 适用于牧业区和以牧业区为主的半农半牧区,蚕桑区。

③ 适用于农业和林业区。

表 4.2 环境空气污染物基本项目浓度限值

序号	污染物项目	平均时间	浓度限值		单位
			一级	二级	
1	二氧化硫（SO_2）	年平均	20	60	$\mu g/m^3$
		24 h 平均	50	150	
		1 h 平均	150	500	
2	二氧化氮（NO_2）	年平均	40	40	
		24 h 平均	80	80	
		1 h 平均	200	200	
3	一氧化碳（CO）	24 h 平均	4	4	mg/m^3
		1 h 平均	10	10	
4	臭氧（O_3）	日最大 8 h 平均	100	160	
		1 h 平均	160	200	
5	颗粒物（粒径≤10 μm）	年平均	40	70	$\mu g/m^3$
		24 h 平均	50	150	
6	颗粒物（粒径≤2.5 μm）	年平均	15	35	
		24 h 平均	35	75	

表 4.3 环境空气污染物其他项目浓度限值

序号	污染物项目	平均时间	浓度限值		单位
			一级	二级	
1	总悬浮颗粒物（TSP）	年平均	80	200	$\mu g/m^3$
		24 h 平均	120	300	
2	氮氧化物（NO_x）	年平均	50	50	
		24 h 平均	100	100	
		1 h 平均	250	250	
3	铅（Pb）	年平均	0.5	0.5	
		季平均	1	1	
4	苯并[a]芘（BaP）	年平均	0.001	0.001	
		24 h 平均	0.002 5	0.002 5	

表 4.4　污染物浓度数据有效性的最低要求

污染物项目	平均时间	数据有效性规定
二氧化硫（SO_2）、二氧化氮（NO_2）、颗粒物（粒径≤10 μm）、颗粒物（粒径≤2.5 μm）、氮氧化物（NO_x）	年平均	每年至少有 324 个日平均浓度值 每月至少有 27 个日平均浓度值（二月至少有 25 个日平均浓度值）
二氧化硫（SO_2）、二氧化氮（NO_2）、一氧化碳（CO）、颗粒物（粒径小于等于 10 μm）、颗粒物（粒径≤2.5 μm）、氮氧化物（NO_x）	24 h 平均	每日至少有 20 h 平均浓度值或采样时间
臭氧（O_3）	8 h 平均	每 8 h 至少有 6 h 平均浓度值
二氧化硫（SO_2）、二氧化氮（NO_2）、一氧化碳（CO）、臭氧（O_3）、氮氧化物（NO_x）	1 h 平均	每小时至少有 45 min 采样时间
总悬浮颗粒物（TSP）、苯并[a]芘（BaP）、铅（Pb）	年平均	每年至少有分布均匀的 60 个日平均浓度值 每月至少有分布均匀的 5 个日平均浓度值
铅（Pb）	季平均	每季至少有分布均匀的 15 个日平均浓度值 每月至少有分布均匀的 5 个日平均浓度值
总悬浮颗粒物（TSP）、苯并[a]芘（BaP）、铅（Pb）	24 h 平均	每日应有 24 h 采样的时间

附录 5　石油化工企业设计防火标准（GB 50160—2008,2018 年版）摘录

表 5.1　设备、建筑物平面布置的防火间距

单位：m

项目		控制室、机柜间、变配电所、化验室、办公室	明火设备	可燃气体压缩机或压缩机房 甲	可燃气体压缩机或压缩机房 乙	装置储罐 可燃气体 200~1000 m³ 甲	装置储罐 可燃气体 200~1000 m³ 乙	装置储罐 液化烃 50~100 m³ 甲	装置储罐 可燃液体 100~1000 m³ 甲B、乙A	装置储罐 可燃液体 100~1000 m³ 乙B、丙A	其他工艺设备或其房间 可燃气体 甲	其他工艺设备或其房间 可燃气体 乙	其他工艺设备或其房间 液化烃 甲A	其他工艺设备或其房间 可燃液体 甲B、乙A	其他工艺设备或其房间 可燃液体 乙B、丙A	操作温度等于或高于自燃点的工艺设备	含可燃液体的污水池、隔油池、酸性污水罐、含油污水罐	丙类物品仓库、乙类物品储存间	备注
控制室、机柜间、变配电所、化验室、办公室		—	15	15	9	15	9	22.5	15	9	15	9	15	15	9	15	15	15	—
明火设备		15	—	22.5	9	15	9	22.5	15	9	15	9	22.5	15	9	4.5	15	15	—
可燃气体压缩机或压缩机房	甲	15	22.5	—	—	9	7.5	15	9	7.5	9	7.5	9	9	7.5	9	9	15	注1
	乙	9	9	—	—	7.5	7.5	9	7.5	7.5	7.5	7.5	7.5	—	7.5	4.5	9	9	
装置储罐（总容积）可燃气体 200~1000 m³	甲	15	15	9	7.5	—	—	15	9	7.5	9	7.5	9	9	—	9	9	15	
	乙	9	9	7.5	7.5	—	—	9	7.5	7.5	7.5	—	7.5	7.5	7.5	9	7.5	9	
装置储罐 液化烃 50~100 m³	甲A	22.5	22.5	15	9	15	9	—	—	—	9	7.5	9	9	7.5	15	9	15	注2
装置储罐 可燃液体 100~1000 m³	甲B、乙A	15	15	9	7.5	9	7.5	—	—	—	9	7.5	9	9	—	9	9	15	
	乙B、丙A	9	9	7.5	7.5	7.5	7.5	—	—	—	7.5	—	7.5	7.5	—	9	7.5	9	
其他工艺设备或房间 可燃气体	甲	15	15	9	7.5	9	7.5	9	9	7.5	—	—	7.5	—	—	4.5	9	9	
	乙	9	9	7.5	7.5	7.5	—	7.5	7.5	—	—	—	7.5	—	—	—	9	9	
其他工艺设备或房间 液化烃	甲A	15	22.5	9	7.5	9	7.5	9	9	7.5	7.5	7.5	—	—	—	7.5	15	15	—

续表

项目				明火设备	操作温度低于自燃点的工艺设备													操作温度等于或高于自燃点的工艺设备	含可燃液体的污水池、隔油池、酸性污水罐、含油污水罐	丙类物品仓库、乙类物品储存间	备注
			控制室、机柜间、变配电所、化验室、办公室		可燃气体压缩机或压缩机房		装置储罐（总容积）					其他工艺设备或其房间									
					甲	乙	可燃气体 200~1000 m³		液化烃 50~100 m³	可燃液体 100~1000 m³		可燃气体		液化烃	可燃液体					
							甲	乙	甲_A	甲_A	乙_A、丙	甲	乙	甲	甲_B、乙_A	乙_B、丙_A				
操作温度低于自燃点的工艺设备	其他工艺设备或房间	可燃液体 甲_B、乙_A	15	15	9	—	9	—	7.5	9	7.5	9	—	7.5	—	—	4.5	—	9	—
		可燃液体 乙_B、丙_A	9	9	7.5	4.5	7.5	4.5	7.5	7.5	7.5	7.5	4.5	7.5	—	—	—	—	9	—
操作温度等于或高于自燃点的工艺设备			15	4.5	9	9	9	9	9	15	9	9	9	9	4.5	—	—	4.5	15	注3
含可燃液体的污水池、隔油池、酸性污水罐、含油污水罐			15	15	9	9	15	15	20	15	15	15	15	15	—	—	4.5	9	9	—
丙类物品仓库、乙类物品储存间			15	15	15	15	15	25	30	25	20	25	20	20	9	9	15	9	—	—
装置储罐（总容积）	可燃气体 >1000~5000 m³		20	20	15	25	*	*	*	*	*	15	15	20	15	9	15	15	15	注4
	液化烃 >100~500 m³ 甲_A		30	30	30	20	*	*	*	*	*	25	20	30	20	20	30	25	25	注4
	可燃液体 >1000~5000 m³	甲_B、乙_A	25	25	25	15	*	*	*	*	*	20	15	25	15	15	25	20	20	注4
		乙_B、丙_A	20	20	20	15	*	*	*	*	*	15	15	20	15	15	20	15	15	注4

注1：单机驱动功率小于150 kW的可燃气体压缩机，可按操作温度低于自燃点的"其他工艺设备"确定其防火间距。

注2：装置储罐（组）的总容积应符合本标准第5.2.22条的规定。当装置储罐的总容积：可燃气体储罐小于200 m³、可燃气体储罐小于100 m³、液化烃储罐小于50 m³、可燃液体储罐小于1000 m³时，可按操作温度低于自燃点的"其他工艺设备"确定其防火间距。

注3：查不到自燃点时，可取250 ℃。

注4：丙_B类物品仓库的防火间距不限。

注5：丙_B类液体设备的防火间距应符合本标准第6章的有关规定。

注6：丙_B类其他设备与其他设备的防火间距同明火设备。

注7：散发火花地点与其他地点同防火间距同明火设备。

表中"—"表示无防火间距要求或成组布置。"*"表示装置储罐集中成组布置。

附录 6　工作场所有害因素职业接触限值　第 1 部分:化学有害因素(GBZ 2.1—2019)摘录

表 6.1　工作场所空气中化学物质容许浓度(部分)

序号	中文名	英文名	化学文摘号(CAS No.)	OELs/(mg·m⁻³)			备注
				MAC	PC-TWA	PC-STEL	
2	氨	Ammonia	7664-41-7	—	20	30	—
13	苯胺	Aniline	62-53-3	—	3	—	皮
21	丙酮	Acetone	67-64-1	—	300	450	—
24	丙烯腈	Acrylonitrile	107-13-1	—	1	2	皮,G2B
35	臭氧	Ozone	10028-15-6	0.3	—	—	—
43	碘	Iodine	7553-56-2	1	—	—	—
50	丁烯	Butylene	25167-67-3	—	100	—	—
53	对苯二甲酸	Terephthalic acid	100-21-0	—	8	15	—
79	二硫化碳	Carbon disulfide	75-15-0	—	5	10	皮
95	氮氧化物(一氧化氮和二氧化氮)	Nitrogen oxides (Nitric oxide, Nitrogen dioxide)	10102-43-9; 10102-44-0	—	5	10	—
96	二氧化硫	Sulfur dioxide	7446-09-5	—	5	10	—
69	二甲苯(全部异构体)	Xylene(all isomers)	1330-20-7	—	50	108	—
108	酚	Phenol	108-95-2	—	10	—	皮
110	氟化氢(按 F 计)	Hydrogen fluoride, as F	7664-39-3	2	—	—	—
113	镉及其化合物(按 Cd 计)	Cadmium and compounds, as Cd	7440-43-9(Cd)	—	0.01	0.02	G1
114	汞-金属汞(蒸气)	Mercury metal (vapor)	7439-97-6	—	0.02	0.04	皮

续表

序号	中文名	英文名	化学文摘号 （CAS No.）	OELs/（mg·m⁻³）			备注
				MAC	PC-TWA	PC-STEL	
119	过氧化氢	Hydrogen peroxide	7722-84-1	—	1.5	—	—
127	环氧乙烷	Ethylene oxide	75-21-8	—	2	—	G1，皮
128	黄磷	Yellow phosphorus	7723-14-0	—	0.05	0.1	—
136	甲苯	Toluene	108-88-3	—	50	100	皮
138	甲醇	Methanol	67-56-1	—	25	50	皮
139	甲酚（全部异构体）	Cresol（all isomers）	1319-77-3；	—	10		皮
149	甲醛	Formaldehyde	50-00-0	0.5	—	—	敏，G1
173	磷酸	Phosphoric acid	7664-38-2	—	1	3	—
175	硫化氢	Hydrogen sulfide	7783-06-4	10	—	—	—
189	氯	Chlorine	7782-50-5	1	—	—	—
207	氯乙烯	Vinyl chloride	75-01-4	—	10	—	G1
220	尿素	Urea	57-13-6	—	5	10	—
224	铅及其无机化合物（按Pb计） 铅尘 铅烟	Lead and inorganic Compounds, as Pb Lead dust Lead fume	7439-92-1(Pb)		— — 	— 0.05 0.03	— — —	G2B（铅），G2A（铅的无机化合物）
228	氢氧化钠	Sodium hydroxide	1310-73-2	2	—	—	—
259	砷及其无机化合物（按As计）	Arsenic and inorganic compounds, as As	7440-38-2(As)	—	0.01	0.02	G1
267	四氯化碳	Carbon tetrachloride	56-23-5	—	15	25	皮，G2B
277	碳酸钠	Sodium carbonate	3313-92-6	—	3	6	—

续表

序号	中文名	英文名	化学文摘号 (CAS No.)	OELs/(mg·m⁻³)			备注
				MAC	PC-TWA	PC-STEL	
280	羰基镍(按 Ni 计)	Nickel carbonyl, as Ni	13463-39-3	0.002	—		G1
302	溴	Bromine	7726-95-6	—	0.6	2	—
308	氧化钙	Calcium oxide	1305-78-8	—	2		—
313	一氧化碳 非高原 高原 海拔 2 000~3 000 m 海拔>3 000 m	Carbon monoxide Not in high altitude area In high altitude area 2 000~3 000 m >3 000 m	630-08-0	— — — 20 15	20	30	—
315	乙苯	Ethyl benzene	100-41-4	—	100	150	G2B
327	乙酸	Acetic acid	64-19-7	—	10	20	—
333	乙酸乙酯	Ethyl acetate	141-78-6	—	200	300	—

注：1. 备注中有关(皮)、(敏)及(G1)、(G2A)、(G2B)的说明详见附录 A* 中的 A.4、A.5 及 A.6。

2. TEQ：Toxic Equivalent Quantity，国际毒性当量。由于环境中的二噁英类物质主要以混合物的形式存在，在对二噁英类进行评价时，通常将各同类物折算成相当于 2,3,7,8-TCDD 的量来表示，称为毒性当量。

＊本书所选标准为节选，详细内容参见原标准。

表 6.2 工作场所空气中粉尘职业接触限值

序号	中文名	英文名	化学文摘号 (CAS No.)	PC-TWA/(mg·m⁻³)		备注
				总尘	呼尘	
1	白云石粉尘	Dolomite dust		8	4	—
2	玻璃钢粉尘	Fiberglass reinforced plastic dust		3	—	—
4	沉淀 SiO₂(白炭黑)	Precipitated silica dust	112926-00-8	5	—	—
7	二氧化钛粉尘	Titanium dioxide dust	13463-67-7	8	—	—
9	酚醛树脂粉尘	Phenolic aldehyde resin dust		6	—	—
11	谷物粉尘(游离 SiO₂ 含量<10%)	Grain dust (free SiO₂<10%)		4	—	—

续表

序号	中文名	英文名	化学文摘号（CAS No.）	PC-TWA/(mg·m⁻³) 总尘	PC-TWA/(mg·m⁻³) 呼尘	备注
15	滑石粉尘（游离 SiO$_2$ 含量<10%）	Talc dust（free SiO$_2$<10%）	14807-96-6	3	1	—
16	活性炭粉尘	Active carbon dust	64365-11-3	5	—	—
23	煤尘（游离 SiO$_2$ 含量<10%）	Coal dust（free SiO$_2$<10%）		4	2.5	—
31	砂轮磨尘	Grinding wheel dust		8	—	—
32	石膏粉尘	Gypsum dust	10101-41-4	8	4	—
33	石灰石粉尘	Limestone dust	1317-65-3	8	4	—
34	石棉（石棉含量>10%） 粉尘 纤维	Asbestos（Asbestos>10%） Dust Asbestos fibre	1332-21-4	0.8 0.8 f/mL	—	G1 —
35	石墨粉尘	Graphite dust	7782-42-5	4	2	—
36	水泥粉尘（游离 SiO$_2$ 含量<10%）	Cement dust（free SiO$_2$<10%）		4	1.5	—
37	炭黑粉尘	Carbon black dust	1333-86-4	4	—	G2B
40	矽尘 10%≤游离 SiO$_2$ 含量≤50% 50%<游离 SiO$_2$ 含量≤80% 游离 SiO$_2$ 含量>80%	Silica dust 10%≤free SiO$_2$≤50% 50%<free SiO$_2$≤80% free SiO$_2$>80%	14808-60-7	1 0.7 0.5	0.7 0.3 0.2	G1 （结晶型）
42	洗衣粉混合尘	Detergent mixed dust		1	—	—
48	重晶石粉尘	Barite dust	7727-43-7	5	—	—
49	其他粉尘①	Particles not otherwise regulated		8	—	—

注：表中列出的各种粉尘（石棉纤维除外，凡游离除外），凡游离 SiO$_2$ 等于或高于10%者，均按矽尘职业接触限值对待。

① 指游离 SiO$_2$ 低于10%，不含石棉和有毒物质，而未制定职业接触限值的粉尘。

表 6.3　工作场所空气中生物因素职业接触限值

序号	中文名	英文名	化学文摘号 (CAS No.)	OELs			备注
				MAC	PC-TWA	PC-STEL	
1	白僵蚕孢子	Beauveria bassiana		$6×10^7$ 孢子数/m^3	—	—	—
2	枯草杆菌蛋白酶	Subtilisins	1395-21-7; 9014-01-1	—	15 ng/m^3	30 ng/m^3	敏

注:备注中(敏)的说明同表 6.1。

附录7　压力容器类别划分图(TSG R004—2009)

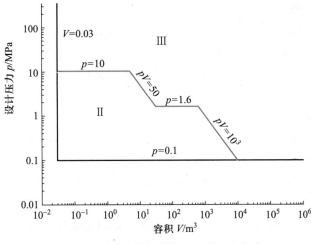

图 7.1　压力容器分类图——第一组介质

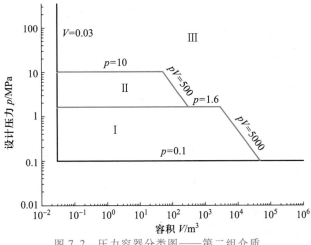

图 7.2　压力容器分类图——第二组介质

主要参考文献

［1］ 汪大翚,徐新华,杨岳平.化工环境工程概论.北京:化学工业出版社,2002.

［2］ 蒋展鹏.环境工程学.北京:高等教育出版社,1992.

［3］ 刘天齐.环境保护.北京:化学工业出版社,2000.

［4］ John G Riri T,Andrew C.Introduction to Environmental Impact Assessment.New York: UCL Press,1994.

［5］ 唐受印,等.废水处理工程.北京:化学工业出版社,1998.

［6］ 王振成,等.固体废物利用及处理.西安:西安交通大学出版社,1987.

［7］ 郝吉明,等.大气污染控制工程.北京:高等教育出版社,1989.

［8］ KarlI.Handbook of Urban Prainage and Waste Water Disposal.New York:John Wiley & Sons,1989.

［9］ David C.Waste Management,Planning Evaluation,Technologies.Oxford:Clarendon Press,1989.

［10］ 国家医药管理局上海医药设计院.化工工艺设计手册.2 版.北京:化学工业出版社,1996.

［11］ Paul N,Cheremisinoff,et al.Air Pollution Control and Design Handbook.New York: Marcel Dekler,1997.

［12］ 许文.化工安全工程概论.北京:化学工业出版社,2002.

［13］ 李景惠.化工安全技术基础.北京:化学工业出版社,1995.

［14］ 宋鸿铭,等.压力容器安全监察手册.北京:中国劳动出版社,1991.

［15］ Daniel A C.Chemical Process Safety Fundamentals with Application.New York:Prentice-Hall,1990.

［16］ ［日］难波桂芳.化工厂安全工程.李崇理,等译.北京:化学工业出版社,1986.

［17］ 贡长生,张克立.绿色化学化工实用技术.北京:化学工业出版社,2002.

［18］ 刘斌,庄源益.清洁生产工艺.北京:化学工业出版社,2003.

［19］ 周忠元,陈桂琴.化工安全技术与管理.2 版.北京:化学工业出版社,2002.

［20］ 左车红,贡凯青.安全系统工程.北京:化学工业出版社,2004.

［21］ 国家安全生产监督管理局.危险化学品安全评价.北京:中国石化出版社,2003.

［22］ 冯肇瑞,杨有启.化工安全技术手册.北京:化学工业出版社,1993.

［23］ 丁桑岚.环境评价概论.北京:化学工业出版社,2001.

［24］ 郑铭.环境影响评价导论.北京:化学工业出版社,2003.

［25］ 李仲谨.包装废弃物的综合利用.西安:陕西科学技术出版社,1998.

［26］ 崔克清,张礼敬,陶刚.化工安全设计.北京:化学工业出版社,2004.

［27］ American Institute of Chemical Engineers. Dow's Fire & Explosion Index Hazard Classification Guide. 7th ed. New York: John Wiley & Sons, 1994.

［28］ 尹奇德.环境与生态概论.北京:化学工业出版社,2007.

［29］ 王新.环境工程学基础.北京:化学工业出版社,2011.

［30］ 葛晓军,周厚云,梁缙,等.化工生产安全技术.2版.北京:科学出版社,2009.

［31］ 奚旦立.清洁生产与循环经济.北京:化学工业出版社,2005.

郑重声明

高等教育出版社依法对本书享有专有出版权。任何未经许可的复制、销售行为均违反《中华人民共和国著作权法》,其行为人将承担相应的民事责任和行政责任;构成犯罪的,将被依法追究刑事责任。为了维护市场秩序,保护读者的合法权益,避免读者误用盗版书造成不良后果,我社将配合行政执法部门和司法机关对违法犯罪的单位和个人进行严厉打击。社会各界人士如发现上述侵权行为,希望及时举报,我社将奖励举报有功人员。

反盗版举报电话　　(010)58581999　58582371
反盗版举报邮箱　dd@hep.com.cn
通信地址　北京市西城区德外大街4号　高等教育出版社法律事务部
邮政编码　100120

防伪查询说明

用户购书后刮开封底防伪涂层,使用手机微信等软件扫描二维码,会跳转至防伪查询网页,获得所购图书详细信息。

防伪客服电话　(010)58582300